非线性减隔振技术及典型应用

刘海平　著

科学出版社

北　京

内 容 简 介

　　本书全面介绍了作者近年在非线性振动及减隔振方面的研究成果和最新进展，同时也注意到本书应有的系统性。全书主要分为两部分。第一部分为非线性振动及非线性减隔振设计方法涉及的基本理论，主要介绍了非线性振动理论中常见分析方法，以及非线性能量阱、准零刚度隔振器、高稳定隔振器的理论建模、仿真分析及实验验证。第二部分为非线性隔振器的工程应用，主要介绍高稳定隔振器在北京高能同步辐射光源的应用实例。

　　本书既可作为高等院校相关专业高年级本科生、研究生和教师的参考书，也可供在非线性振动及减隔振专业领域从事研究和实践的工程技术人员参考。

图书在版编目（CIP）数据

非线性减隔振技术及典型应用 / 刘海平著. -- 北京：科学出版社，2024. 11. -- ISBN 978-7-03-078676-0

Ⅰ. TB535

中国国家版本馆 CIP 数据核字第 2024C0E467 号

责任编辑：闫　悦 / 责任校对：胡小洁
责任印制：师艳茹 / 封面设计：蓝正设计

科 学 出 版 社 出版

北京东黄城根北街 16 号
邮政编码：100717
http://www.sciencep.com

三河市春园印刷有限公司印刷
科学出版社发行　各地新华书店经销
＊

2024 年 11 月第 一 版　开本：720×1 000　1/16
2024 年 11 月第一次印刷　印张：14 3/4　插页：7
字数：297 000

定价：149.00 元
（如有印装质量问题，我社负责调换）

前　　言

振动在日常生活和工业生产领域普遍存在。针对振动对机械系统自身及周围环境引起的负面影响，传统方法是通过采用线性减振、吸振、隔振、阻尼耗能等技术措施将振动的影响控制在一定频率及量级范围内，从而降低机械振动系统的动态响应并阻断其传播途径。传统线性被动减隔振措施结构简单、可靠性高、无须外部供能而在日常生活和工业生产领域得到广泛应用。但是，随着机械系统向着集成化、小型化、智能化方向的发展，尤其核心光电模块的精度越来越高，对系统结构的动态响应特性和所处振动环境提出越来越苛刻的要求，主要体现在可影响其工作性能的振动呈现"低频宽带，小幅甚至微幅"等显著特征。显然，传统线性被动减隔振措施因其存在高稳定性和宽频减振性能的矛盾而难以满足上述高精度系统的技术指标要求，于是众多主动振动控制措施得到越来越多科研人员的注意，并通过持续发展已获得许多关键技术突破。随着主动振动控制措施在抑制挠性航天器结构振动、控制高精度机械设备振动，以及光电系统半主动/主动振动控制等领域的推广应用，控制算法健壮性不足、需要外部供能、系统复杂且可靠性低、无法适应极端或特殊环境等问题也被暴露出来。

在此背景下，随着非线性振动控制理论的发展，充分利用结构或几何非线性特征设计面向"低频、宽带、变幅"振动可实现有效控制的被动非线性减隔振措施已成为国内外振动控制学界和工程界的研究热点，是当前振动控制领域的热点研究方向及高新技术之一。目前，对被动非线性减隔振控制的研究工作主要集中在：小型化轻量化非线性新颖结构设计、动力学建模及求解方法、系统稳定性、振动能量利用等技术与应用方面。可以说，发展被动非线性减隔振技术对于促进国防建设及国民经济发展具有十分重要的意义。

本书是作者从事多年结构振动控制技术方面的教学和科研工作的经验及研究成果的总结，并吸收了振动控制领域及相关学科的新思想、新理论、新技术。本书着重从理论研究和工程实践角度，提出多种可推广应用的非线性减隔振措施。为使读者能够直接自学本书，从而通晓各种减隔振方案的基本原理、设计方案和效果评估，本书还编排了理论建模及详细推导和分析。

全书共分为 5 个章节。

第 1 章非线性振动的分析方法，概述非线性振动理论中定性分析方法、常用的近似解析方法以及分岔理论。

第 2 章非线性能量阱的理论及设计，介绍非线性能量阱的功能、组成及减振原理，并介绍屈曲梁型非线性能量阱的设计分析方法，实验验证及减隔振效果评价。

第 3 章准零刚度隔振器的理论及设计，介绍准零刚度隔振器的工作原理及静动态力学设计方法，并介绍一体化结构及弹性薄片梁构建准零刚度隔振器的结构设计、理论建模、数值分析、实验验证及减隔振效果评价。

第 4 章高稳定隔振器的理论及设计，介绍阻尼增效原理及减隔振系统刚度阻尼放大机理，并介绍 X 型结构和惯容器构成隔振器的组成及工作原理，通过理论计算和实验验证分析评价其减隔振效果。

第 5 章激光跟踪仪宽频高稳定隔振装置设计，结合实际工程需求，介绍面向双轴激光跟踪仪高稳定隔振装置的具体设计方法及静动态力学性能实测等相关内容。

在本书创作过程中，课题组研究生刘庆生、杨中仁（第 1 章）；张俊、申大山（第 2 章）；周诗坤、王岩、吕琦（第 3 章）；江凌宇、肖凯莉、赵鹏鹏、刘伟（第 4 章）；刘庆生、张世乘（第 5 章），在文字、图片处理和校稿等工作中贡献较大，在此表示感谢。

本书的完成得到了广东省基础与应用基础研究基金项目（项目编号：2021B1515120049），北京市自然科学基金—怀柔区创新联合基金项目（项目编号：L245008），国家自然科学基金项目（项目编号：51405014）和广东省佛山市科技创新专项资金项目（项目编号：BK22BE021）的资助。

限于作者的知识水平和经验，书中不足和疏漏在所难免，恳请广大专家和读者不吝赐教。

刘海平

2024 年 1 月

于北京学院路

全书主要字符表

a	加速度激励
a_0	加速度激励幅值
A	无量纲加速度激励
A_0	无量纲加速度激励幅值
A_L	约束面积
A_F	自由面积
b	惯容系数
b_0	惯容比
c	阻尼系数
C	等效阻尼系数
d_r	单层橡胶内径
d_s	环形金属片内径
d_L	薄片梁厚度
D_r	单层橡胶外径
D_s	环形金属片外径
D_F	封闭曲线
E	材料弹性模量
f	无量纲力激励
f_0	无量纲力激励幅值
F	力激励
F_0	力激励幅值
F_Z	集中载荷
G	剪切模量
G_X	水平约束
G_Y	垂向约束
H	橡胶块厚度
I	截面惯性矩
k	等效线性刚度
k_1	线性刚度
k_2	平方刚度
k_3	立方刚度

k_4	高次刚度
k_v	竖直弹簧刚度
k_h	水平弹簧刚度
k_t	传统线性隔振器刚度
K	主振系刚度
l	刚性杆杆长
L	弹性梁原长
m	非线性能量阱质量
M	主振系质量
n_b	谐波个数
n_x	X 型结构层数
p	矩阵的迹
P	轴向载荷
P_e	临界载荷
q	矩阵的特征值
S	横截面面积
S_1	第一影响系数
S_2	第二影响系数
t	时间
t_y	投影系数
T	周期
T	动能
T_{f_i}	不同类型 X 型结构隔振器力传递率
T_{rd_i}	不同类型 X 型结构隔振器绝对位移传递率
U	势能
v	泊松比
w	挠度
x	垂向位移
y	主振系惯性质量位移
y_z	屈曲梁末端轴向位移
z	无量纲位移激励
z_0	无量纲位移激励幅值
Z	位移激励
Z_0	位移激励幅值
$\bar{k}_1$	无量纲线性刚度
$\bar{k}_3$	无量纲立方刚度

续表

θ	相位角
θ_0	初始倾角
σ	失谐参数
λ	杆长比
γ	弹簧刚度比
τ	无量纲时间
δ_L	初始位置到静态平衡位置的位移
$\delta_{0,\text{peak}}$	频响曲线峰值点位移
ω	圆频率
ω_n	固有频率
Ω	频率比
Ω_{peak}	频响曲线峰值点频率
Ω_{backbone}	非稳定区域频率

目　　录

实践应用篇

理论及实验研究篇

第 1 章　非线性振动的分析方法

非线性振动理论主要包括三部分，具体为：①定性分析方法，稳定性和分岔特征研究，吸引子分析和确定非线性系统的吸引域等；②用于求解稳态解的近似计算理论方法，如多尺度法、平均法和谐波平衡法等；③采用前述方法开展特定非线性振动现象和实际物理系统动态特性的影响研究。开展上述研究均需要建立非线性振动系统的数学模型，在不同设计参数和边界条件下，确定非线性振动系统的定性特征和定量规律。相比于线性振动系统，非线性振动系统不再满足叠加原则和比例原则；而且，描述非线性振动系统的微分方程尚无普遍有效的求解方法，很难得到精确解析解，一般只能采用近似解析方法。因此，近似解析方法也成为一种求解非线性振动问题的有效手段[1]。针对非线性振动问题，本章将介绍定性分析方法、常用的近似解析方法以及基于分岔理论的系统稳定性分析方法。

1.1　定性分析方法

非线性振动的分析方法主要包括：定性分析方法和定量分析方法[2]。其中，定性分析方法主要通过在相平面上研究非线性动力学方程的解或平衡点的性质和相图的性质，从而确定解的形态。因此，定性分析方法也被称为几何法或相平面法。

定性分析方法能清楚地显示出非线性系统运动的主要性质和特征，因此，在非线性系统研究中得到了广泛的应用。定性分析方法适用于研究无阻尼非线性保守系统、有阻尼非保守系统、多自由度非线性系统和非自治系统等。

本节将分别从稳定性分析、奇点(平衡点)的分类、极限环等方面介绍非线性振动的定性分析方法。

1.1.1　稳定性分析

针对线性振动系统，若平衡态渐近稳定，则系统存在唯一平衡态且在状态空间中大范围渐近稳定；针对非线性振动系统，则可能存在多个局部渐近稳定的平衡态，以及不稳定的平衡态，稳定性情况远比线性振动系统复杂。在工程实践中，常常需要判断非线性振动系统的稳态运动是否稳定。其中，李雅普诺夫稳定性判据所起作用非常重要，涉及的稳定性判定方法主要包括：间接法和直接法[3]。

李雅普诺夫间接法(又称李雅普诺夫第一方法)，属于小范围稳定性分析方法。第一方法是研究非线性振动系统的一次近似线性化数学模型稳定性方法，其基本思路是：首先，将非线性振动系统的状态方程在平衡态附近线性化；然后，求解获得线性化状态方程组及其相应的特征值，通过全部特征值在复平面的分布情况判定系统的稳定性。

李雅普诺夫直接法(又称李雅普诺夫第二方法)，属于直接根据系统结构判断内部稳定性的方法。与间接法相比，直接法无须求解复杂的系统方程，通过构造李雅普诺夫函数，建立该函数与扰动方程的联系并估计受扰运动的趋势，从而判断系统未受扰运动的稳定性。

定义系统动力学方程为一阶常微分方程组：

$$\dot{y}_j = Y_j(y_1, y_2, \cdots, y_{2N}, t), \quad (j = 1, 2, \cdots, 2N) \tag{1-1}$$

式中，$y_j(j=1,2,\cdots,2N)$ 由 N 个广义坐标与 N 个广义速度组成 $2N$ 个状态变量，构成的微分方程组称为系统的状态方程。由 $2N$ 个状态变量构成的抽象空间称为状态空间或相空间，且相空间内的点与状态变量的每组值对应，称为相点。相点随着时间推移在相空间的位置变化所描绘的曲线称为相轨迹，由状态方程(1-1)确定。

引入阵列 $y(y_j)$ 和 $Y=(Y_j)$，则状态方程(1-1)可以写为矩阵形式：

$$\dot{y} = Y(y, t) \tag{1-2}$$

假设方程(1-2)存在特解 $y = y_s(t)$，则满足：

$$\dot{y}_s = Y(y_s, t) \tag{1-3}$$

上述特解对应的运动称为未受扰运动或稳态运动。如果状态变量的初始值 $y(t_0)$ 偏离 $y_s(t_0)$，则系统的运动将偏离稳态运动，称为该稳态运动的受扰运动。定义变量 $x(t)$ 表示受扰运动与未扰运动的差值：

$$x(t) = y(t) - y_s(t) \tag{1-4}$$

式中，$x(t)$ 称为扰动。将方程(1-2)与方程(1-3)相减，得到扰动方程：

$$\dot{x} = X(x, t) \tag{1-5}$$

$$X(x, t) = Y(y_s + x, t) - Y(y_s, t) \tag{1-6}$$

已知相空间中与零解对应的点称为平衡点。其中，扰动方程的右端不显含时间的系统称为自治系统，显含时间的系统称为非自治系统。

李雅普诺夫直接法的理论基础主要包括三个定理[1]。

定理一：若构造可微正定函数，使沿扰动方程(1-5)的解曲线计算得到全导数 $\dot{V}$ 为半负定或等于零，则系统的未受扰运动稳定。

定理二：若构造可微正定函数 $V(x)$，使沿扰动方程(1-5)的解曲线计算得到全导数 $\dot{V}$ 为负定，则系统的未受扰运动渐近稳定。

定理三：若构造可微正定、半正定或不定函数 $V(x)$，使沿扰动方程(1-5)解曲线计算得到全导数 $\dot{V}$ 为正定，则系统的未受扰运动不稳定。

将保守系统(作用力仅与位置有关的系统)作为研究对象，采用李雅普诺夫直接法判断其平衡稳定性。首先，选择保守系统的总机械能 $T+U$ 作为李雅普诺夫函数；其中，由于保守系统的机械能守恒，故任何扰动运动的总机械能保持不变，其沿扰动方程解曲线的全导数等于零。任何约束为定常系统，其动能 T 均为广义速度的正定函数。将平衡位置作为势能零点，则势能 U 在平衡位置取孤立极小值时，U 必为广义坐标的正定二次型。因此，$T+U$ 为包含坐标和速度的全部扰动变量的正定函数。根据定理一，平衡位置稳定，从而证明判断保守系统平衡稳定性的拉格朗日定理；若保守系统的势能在平衡状态处有孤立极小值，则平衡状态稳定。综上，利用李雅普诺夫方法可直接判断系统的未受扰运动的稳定性。

1.1.2　奇点的分类

1. 平面动力学系统

根据奇点类型可以定性描述平衡状态附近的运动状态，以下主要讨论一般情况奇点的分类问题。

设动力学系统的状态方程为

$$\dot{x}_1 = P(x_1, x_2), \quad \dot{x}_2 = Q(x_1, x_2) \tag{1-7}$$

式中，仅含两个状态变量的动力学系统称为平面动力学系统，或简称平面系统；当方程右项不显含时间 t 时，也称为平面自治系统。

将式(1-7)中两式相除，得到与时间变量无关的一阶微分方程：

$$\frac{\mathrm{d}x_2}{\mathrm{d}x_1} = \frac{Q(x_1, x_2)}{P(x_1, x_2)} \tag{1-8}$$

相轨迹上的奇点 x_{1s}、x_{2s} 为以下方程的解：

$$P(x_{1s}, x_{2s}) = 0, \quad Q(x_{1s}, x_{2s}) = 0 \tag{1-9}$$

将函数 $P(x_{1s}, x_{2s})$ 和 $Q(x_{1s}, x_{2s})$ 在奇点 $(0,0)$ 附近按照泰勒级数展开，得到：

$$\begin{aligned} P(x_1, x_2) &= a_{11}x_1 + a_{12}x_2 + \varepsilon_1(x_1, x_2) \\ Q(x_1, x_2) &= a_{21}x_1 + a_{22}x_2 + \varepsilon_2(x_1, x_2) \end{aligned} \tag{1-10}$$

式中，ε_1 和 ε_2 分别表示 x_1 和 x_2 二次以上的项，$a_{ij}(i, j = 1,2)$ 表示函数 P 和 Q 关于变量 x_1 和 x_2 的雅可比矩阵 A 的元素。

$$A = \frac{\partial(P, Q)}{\partial(x_1, x_2)} = \begin{pmatrix} a_{11} & a_{12} \\ a_{21} & a_{22} \end{pmatrix} \tag{1-11}$$

式中，

$$\begin{aligned} a_{11} &= \left(\frac{\partial P}{\partial x_1}\right)_s, \quad a_{12} = \left(\frac{\partial P}{\partial x_2}\right)_s \\ a_{21} &= \left(\frac{\partial Q}{\partial x_1}\right)_s, \quad a_{22} = \left(\frac{\partial Q}{\partial x_2}\right)_s \end{aligned} \tag{1-12}$$

式中，下角标 s 表示奇点处的值。

线性化方程可表示为

$$\dot{x} = Ax \tag{1-13}$$

式中，$x = (x_1, x_2)^{\mathrm{T}}$ 表示列阵。

引入非奇异线性变换：

$$x = Tu \tag{1-14}$$

将式 (1-14) 代入方程 (1-13) 并左乘 T^{-1}，得到正则方程：

$$\dot{u} = Ju, \quad J = T^{-1}AT \tag{1-15}$$

式中，$u = (u_1, u_2)^{\mathrm{T}}$ 为变换后的状态变量。

2. 线性系统的奇点类型

本节分别讨论矩阵 J 的本征值与奇点的关系。

情况 1：J 有不等实本征值 λ_1 和 λ_2：

$$J = \begin{pmatrix} \lambda_1 & 0 \\ 0 & \lambda_2 \end{pmatrix} \tag{1-16}$$

方程 (1-15) 的投影式：

$$\dot{u}_1 = \lambda_1 u_1, \quad \dot{u}_2 = \lambda_2 u_2 \tag{1-17}$$

方程 (1-17) 的通解：

$$u_1 = u_{10} e^{\lambda_1 t}, \quad u_2 = u_{20} e^{\lambda_2 t} \tag{1-18}$$

将方程 (1-17) 中两式相除，得到：

$$\frac{\mathrm{d}u_2}{\mathrm{d}u_1} = \alpha \frac{u_2}{u_1} \tag{1-19}$$

式中，$\alpha = \lambda_2 / \lambda_1$。

对方程 (1-19) 进行可分离变量积分得到指数曲线族的相轨迹方程：

$$u_2 = C_Q u_1 \alpha \tag{1-20}$$

当 λ_1 和 λ_2 异号，则 $\alpha < 0$，对应奇点为鞍点，参见图 1-1(a)；当 λ_1 和 λ_2 同号，则 $\alpha > 0$，对应奇点为结点。

综上，结点的稳定性可利用式 (1-18) 判断，即 λ_1 和 λ_2 同为负号时为稳定结点，参见图 1-1(b) 和图 1-1(c)；λ_1 和 λ_2 同为正号时则为不稳定结点。

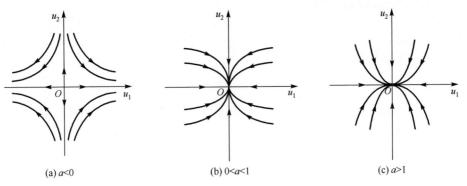

(a) $a<0$　　　　　　　　(b) $0<a<1$　　　　　　　　(c) $a>1$

图 1-1　鞍点与稳定结点

情况 2：$\boldsymbol{J}$ 有二重实本征值 $\lambda_1 = \lambda_2$：

$$\boldsymbol{J} = \begin{pmatrix} \lambda_1 & 0 \\ 1 & \lambda_2 \end{pmatrix} \tag{1-21}$$

方程 (1-15) 的投影式：

$$\dot{u}_1 = \lambda_1 u_1, \quad \dot{u}_2 = u_1 + \lambda_1 u_2 \tag{1-22}$$

上述方程组的通解：

$$u_1 = u_{10} e^{\lambda_1 t}, \quad u_2 = (u_{20} + u_{10} t) e^{\lambda_1 t} \tag{1-23}$$

将方程 (1-22) 中的两式相除，得到：

$$\frac{du_2}{du_1} = \frac{u_1 + \lambda_1 u_2}{\lambda_1 u_1} \tag{1-24}$$

若 $\lambda_1 = 0$ ，则相轨迹与 u_2 轴重合；若 $\lambda_1 = 0$ ，当 $t \to \infty$ 时 u_2 / u_1 无限增大，$du_2 / du_1 \to \infty$ ，即所有相轨迹都趋向与 u_2 轴相切，奇点为结点。结点的稳定性用式(1-23)判断，$\lambda_1 < 0$ 时稳定，参见图 1-2，$\lambda_1 > 0$ 时不稳定。

情况 3：$\boldsymbol{J}$ 有共轭复本征值：

$$\boldsymbol{J} = \begin{pmatrix} \alpha + \mathrm{i}\beta & 0 \\ 0 & \alpha - \mathrm{i}\beta \end{pmatrix} \tag{1-25}$$

将 u_1 和 u_2 变换为 $\lambda_{1,2} = \alpha \pm \mathrm{i}\beta$：

$$u_1 = r_u e^{\mathrm{i}\varphi_u} , \quad u_2 = r_u e^{-\mathrm{i}\varphi_u} \tag{1-26}$$

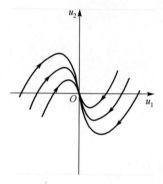

图 1-2　稳定结点

代入方程(1-15)，得到：

$$\dot{u}_1 = (\dot{r}_u + \mathrm{i}r_u\dot{\varphi}_u)e^{\mathrm{i}\varphi_u} = (\alpha + \mathrm{i}\beta)r_u e^{\mathrm{i}\varphi_u}, \quad \dot{u}_2 = (\dot{r}_u - \mathrm{i}r_u\dot{\varphi}_u)e^{-\mathrm{i}\varphi_u} = (\alpha - \mathrm{i}\beta)r_u e^{-\mathrm{i}\varphi_u} \tag{1-27}$$

从式(1-27)导出 r 和 φ 的微分方程：

$$\dot{r}_u = \alpha r_u , \quad \dot{\varphi}_u = \beta \tag{1-28}$$

进而，得到两方程的通解：

$$r_u = r_0 e^{\alpha t} \tag{1-29}$$

$$\varphi_u = \varphi_0 + \beta t \tag{1-30}$$

相轨迹为围绕奇点的螺旋线，奇点为焦点。焦点的稳定性可使用式(1-29)判断，当 $\alpha < 0$ 时为稳定焦点，参见图 1-3(a)；当 $\alpha > 0$ 时为不稳定焦点，参见图 1-3(b)；对于 $\alpha = 0$ 的特殊情形，相轨迹转化为椭圆，奇点为中心，参见图 1-3(c)。

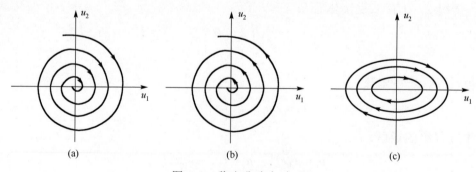

图 1-3　稳定焦点与中心

3. 奇点的分类准则

线性变换后的变量 u 与变换前的变量 x 为线性同构，相应的奇点类型完全相同。根据分析结果，奇点的类型取决于矩阵 A 的本征值。将 A 的本征方程展开，得到：

$$\left|A - \lambda E\right| = \lambda^2 - p\lambda + q = 0 \tag{1-31}$$

式中，

$$p = \mathrm{tr}A = a_{11} + a_{22}, \quad q = \det A = a_{11}a_{22} - a_{12}a_{21} \tag{1-32}$$

方程(1-31)的本征值为

$$\lambda_{1,2} = (p \pm \sqrt{\Delta}) / 2 \tag{1-33}$$

式中，$\Delta = p^2 - 4q$。

奇点的类型可由参数 p 和 Δ 确定。

(1) $\Delta > 0$ 时，λ_1 和 λ_2 为不等实根；若 $q > 0$，则 λ_1 和 λ_2 同号，奇点为结点，若 $p < 0$，奇点稳定，若 $p > 0$，奇点不稳定。若 $p < 0$，则 λ_1 和 λ_2 异号，奇点为鞍点；若 $q = 0$，则 A 为奇异情形，λ_1 和 λ_2 出现零根，相轨迹为平行直线族，奇点为退化情形。

(2) $\Delta = 0$ 时，λ_1 和 λ_2 为重根，奇点为结点；若 $p < 0$，奇点稳定，若 $p > 0$，奇点不稳定。

(3) $\Delta < 0$ 时，λ_1 和 λ_2 为共轭复根；若 $p = 0$，奇点为中心；若 $p \neq 0$，奇点为焦点；若 $p < 0$，奇点稳定，若 $p > 0$，奇点不稳定。

综上，在参数平面 (p, q) 内可划分出不同类型的奇点参见图 1-4。可见，A 的本征值实部不为零时，相应的奇点称为双曲奇点；本征值实部为零时，相应的奇点称为非双曲奇点。线性系统的双曲奇点只能是非中心型奇点。

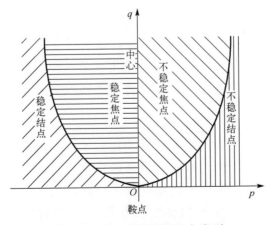

图 1-4　参数平面内的奇点类型

1.1.3　极限环

1. 瑞利方程和范德波尔方程

通过前述章节的分析，相平面内的封闭相轨迹是对系统周期运动的定性描述。稳定的中心奇点周围密集的闭轨迹族对应于单自由度保守系统的自由振动。在无数封闭相轨迹曲线中，实际运动相应的相轨迹由初始运动状态确定；其中，当振动系统运动微分方程的解与初始运动状态无关时，在相平面上所确定相轨迹是一条孤立的封闭曲线，所对应的周期运动由系统物理参数唯一确定。此类孤立的封闭相轨迹称为极限环[3]。自激振动是一种与极限环相对应的周期运动，作为典型例子讨论如下微分方程（又称瑞利方程）：

$$\ddot{x} - \varepsilon \dot{x}(1 - \delta_r \dot{x}^2) + \omega_0^2 x = 0 \tag{1-34}$$

将方程（1-34）中各项对 t 求导，将 $\dot{x}$ 作为新变量仍记为 x，参数 $3\delta_r$ 以 δ_r 代替，得到：

$$\ddot{x} - \varepsilon \dot{x}(1 - \delta_r x^2) + \omega_0^2 x = 0 \tag{1-35}$$

该方程（1-35）又被称为范德波尔方程。针对瑞利方程或范德波尔方程可以导致极限环的原因，开展定性分析。

方程（1-34）和方程（1-35）中第二项为耗散系统的阻尼项。当 x 或 $\dot{x}$ 取值较小时，阻尼项为负值；当 x 或 $\dot{x}$ 取值足够大时，阻尼项变为正值。因此，范德波尔方程对于小幅度运动为负阻尼，对于大幅度运动为正阻尼。利用变量 $y = \dot{x}$，方程（1-34）可化为一阶自治微分方程；令 $\omega_0^2 = 1$，得到：

$$\frac{\mathrm{d}y}{\mathrm{d}x} = \frac{\varepsilon y(1 - \delta_r y^2) - x}{y} \tag{1-36}$$

采用列纳作图法，绘制零斜率等倾线，参见图 1-5 所示虚线。由图可见，与原点重合的奇点为不稳定焦点，附近的相点必向外发散；在远离原点处，相点的运动规律接近于稳定焦点周围的相轨迹而向内收敛。

2. 闭轨迹的稳定

闭轨迹的稳定性定义为：给定任意小正数 ε，存在正数 δ_r，使得初始时刻 $t = t_0$ 时，从闭轨迹 Γ 任一侧距离 δ_r 处出现的受扰相轨迹上的点在 $t > t_0$ 时总留在闭轨迹 Γ 的 ε 距离以内，则称未扰闭轨迹为稳定；反之，则不稳定。若未扰闭轨迹稳定，且受扰轨迹与未扰闭轨迹的距离当 $t \to \infty$ 时趋近于零，则称未扰闭轨迹为渐近稳定，参见图 1-6。

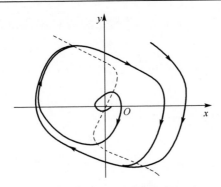

图 1-5 范德波尔方程的极限环

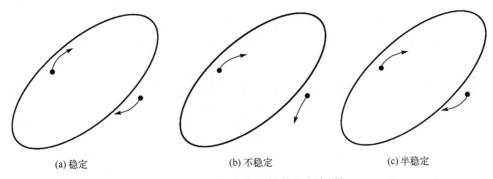

图 1-6 闭轨迹稳定性的几何解释

根据定义只要求未扰闭轨迹与受扰轨迹之间充分接近，而不要求任意瞬时未扰相点与受扰相点位置接近，称为轨道稳定性，也称为庞加莱意义下的稳定性。

综上可知：保守系统的闭轨迹是轨道稳定的，稳定极限环是轨道渐近稳定的。不稳定和半稳定极限环是轨道不稳定的。只有稳定的闭轨迹才是物理上能够实现的周期运动。

3. 闭轨迹存在的必要条件

平面自治系统的状态方程：

$$\dot{x} = P(x, y), \quad \dot{y} = Q(x, y) \tag{1-37}$$

对应的相轨迹微分方程为

$$\frac{\mathrm{d}y}{\mathrm{d}x} = \frac{Q(x, y)}{P(x, y)} \tag{1-38}$$

根据上式确定的相平面向量场，绘制不经过奇点的封闭曲线 C_G。当动点 P 沿曲线 C_G 逆时针环绕一周回到原点处，点 P 处的向量与固定坐标轴夹角 θ 的变

化为 2π 的整倍数 $2\pi j$，参见图 1-7。整数 j 称为封闭曲线 C_G 的庞加莱指数：

$$j(C_G) = \frac{1}{2\pi} \oint_{C_G} \mathrm{d}\left(\arctan\frac{Q}{P}\right) = \frac{1}{2\pi} \oint_{C_G} \frac{P\mathrm{d}Q - Q\mathrm{d}P}{P^2 + Q^2} \tag{1-39}$$

具有以下性质：

①若 C_G 内部不含奇点，则 $j = 0$；

②若 C_G 内部包含一个奇点，则 j 称为该奇点的奇点指数，中心、焦点、结点指数 $j = +1$，鞍点指数 $j = -1$；

③若 C_G 内部包含若干奇点，则 j 等于各奇点指数的代数和，参见图 1-8；

④若 C_G 与封闭相轨迹重合，则 $j = +1$；

⑤若 C_G 上各点向量都向外或向内，则 $j = +1$。

利用上述性质，包括极限环在内的封闭相轨迹存在的必要条件：

①封闭相轨迹内至少有一个奇点；

②若只有一个奇点，则此奇点必须是中心、焦点或结点；

③若有多个奇点，则奇点指数的代数和为 +1，即鞍点数目必须比其他奇点数目少 1。

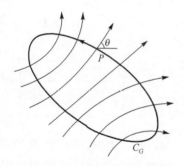

图 1-7　向量场中的闭曲线

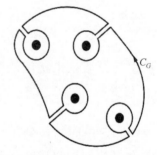

图 1-8　计算多个奇点指数的闭曲线

4. 闭轨迹存在的充分条件

定理 1.1　若平面自治系统在环形域 D 边界上的相轨迹均由外向内(或由内向外)进入 D 域，且 D 域内无奇点，则在 D 域内存在稳定(或不稳定)极限环，如图 1-9 所示。

5. 闭轨迹不存在条件

定理 1.2　由式(1-38)描述的平面自治系统，若在单连通域 D 内 P、Q 有连续偏导数，且 $\partial P/\partial x + \partial Q/\partial y$ 为常号函数，则在 D 域内不存在闭轨迹。

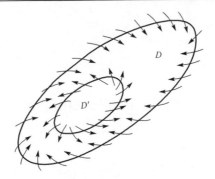

图 1-9　存在极限环的环形域

证明　假设 D 域内存在闭轨迹 $\boldsymbol{\Gamma}$，且 D' 为 $\boldsymbol{\Gamma}$ 包围的域，利用格林公式和方程 (1-38) 得到：

$$\iint_{D'}\left(\frac{\partial P}{\partial x}+\frac{\partial Q}{\partial y}\right)\mathrm{d}x\mathrm{d}y=\oint_{\Gamma}(P\mathrm{d}y-Q\mathrm{d}x)=0 \tag{1-40}$$

为保证上式成立，$\partial P/\partial x+\partial Q/\partial y$ 在 D 域内必须变号，而与定理的前提相矛盾。因此，闭轨迹必不存在。

6. **闭轨迹稳定性定理**

为判断由式 (1-38) 描述平面自治系统闭轨迹 $\boldsymbol{\Gamma}$ 的稳定性，庞加莱引入以下参数：

$$h=\frac{1}{T}\int_{0}^{T}\left(\frac{\partial P}{\partial x}+\frac{\partial Q}{\partial y}\right)_{\Gamma}\mathrm{d}t \tag{1-41}$$

式中，T 表示闭轨迹 $\boldsymbol{\Gamma}$ 所对应周期运动的周期，h 表示闭轨迹 $\boldsymbol{\Gamma}$ 的特征指数。

定理 1.3　若平面自治系统的闭轨迹 $\boldsymbol{\Gamma}$ 的特征指数 $h<0$，则闭轨迹 $\boldsymbol{\Gamma}$ 稳定；若 $h>0$，则 $\boldsymbol{\Gamma}$ 不稳定。

1.2　近似解析方法

前文重点讨论了非线性振动系统的定性分析方法，主要研究对象限于自治系统，而且不能定量计算运动时间历程及振动响应特征参数。从分析角度，非线性振动系统极少可求得精确解；因此，除采用数值计算方法以外，只能采用近似解析方法。相较而言，近似解析方法可以获得任何数值结果并找到解的范围[1]。本节内容以介绍方法为主，以典型的非线性振动系统为分析对象，通过分析展示出非线性振动系统特有的运动特征。

1.2.1 谐波平衡法

1. 概述

谐波平衡法(harmonic balance method, HBM)是求解非线性振动的定量方法之一，不仅适用于弱非线性问题，也适用于强非线性问题[4]。

假设非线性振动系统的受迫振动为

$$\ddot{x} + f(x, \dot{x}) = F(t) \tag{1-42}$$

不失一般性，设 $F(t)$ 为偶函数，且不含常值分量。当非线性振动系统做 $T = 2\pi/\omega$ 的周期运动时，可将 $F(t)$ 展成周期为 T 的傅里叶级数：

$$F(t) = \sum_{n=1}^{\infty} f_n \cos(n\omega t) \tag{1-43}$$

式中，

$$f_n = \frac{1}{T} \int_{-T/2}^{T/2} F(t)\cos(n\omega t)\mathrm{d}t \quad (n=1,2,\cdots) \tag{1-44}$$

代入方程(1-42)，得到：

$$\ddot{x} + f(x, \dot{x}) = \sum_{n=1}^{\infty} f_n \cos(n\omega t) \tag{1-45}$$

式中，函数 $f(x,\dot{x})$ 包含非线性恢复力和阻尼力。

方程(1-45)的解可以展开为以频率 ω 周期变化的傅里叶级数：

$$x(t) = A_0 + \sum_{n=1}^{\infty} [A_n \cos(n\omega t) + B_n \sin(n\omega t)] \tag{1-46}$$

将式(1-46)代入方程(1-45)，令左右两边各阶谐波系数相等，得到包含已知和未知系数的无穷代数方程组。假定 $x(t)$ 中所含谐波个数为 n，即可从有限个方程中解出待定系数以确定各阶谐波的振幅 $a_n(n=1,2,\cdots)$ 与频率 ω 之间的对应关系。当级数收敛时，谐波频率越高，振幅越小，因此实际计算时，可近似地取有限项代替无穷级数。

谐波平衡法另一种表述方法称为伽辽金法。根据虚功原理，将方程(1-42)各项与虚位移 δx 相乘，得到：

$$[\ddot{x} + f(x, \dot{x}) - F(t)]\delta x = 0 \tag{1-47}$$

式中，虚位移 δx 可由式(1-46)中各阶谐波振幅变分 $\delta a_n(n=1,2,\cdots)$ 确定：

$$\delta x = \sum_{n=1}^{\infty} \delta a_n \cos(n\omega t - \theta_n) \tag{1-48}$$

将式(1-43)和式(1-48)代入方程(1-47)，令各项在周期 T 内取平均值，得到：

$$\sum_{n=1}^{\infty} \int_0^T [\ddot{x} + f(x,\dot{x}) - F(t)] \cos(n\omega t - \theta_n) \delta a_n \mathrm{d}t = 0 \tag{1-49}$$

由于 $\delta a_n (n=1,2,\cdots)$ 为独立变分，对应 δa_n 各系数应分别为零。利用三角函数的正交性，得出与谐波平衡法完全相同的关系式。值得注意的是，其他正交函数族也可用于伽辽金法。

2. 弱非线性系统

设单自由度弱非线性系统的动力学方程为

$$\ddot{x} + \omega_0^2 x = F(t) + \varepsilon f(x,\dot{x},t) \tag{1-50}$$

式中，$\varepsilon f(x,\dot{x},t)$ 为非线性项，ε 是足够小且与 x、$\dot{x}$、t 无关的独立参数，称为小参数。当 $\varepsilon = 0$ 时，方程(1-50)可化为线性系统的受迫振动方程：

$$\ddot{x} + \omega_0^2 x = F(t) \tag{1-51}$$

若 $F(t) = 0$，则表示线性系统的自由振动方程。方程(1-51)所表示的线性系统称为原非线性系统的派生系统，ω_0 表示派生系统的固有频率，派生系统的解称为派生解。若 $F(t)$ 为周期函数，则派生系统的受迫振动是与激励频率相同的周期运动，原方程(1-51)的解称为基本解。若原方程代表的实际系统存在频率为 ω 的周期运动，则可将基本解展成频率为 ω 的傅里叶级数，利用谐波平衡法求解。

3. 杜芬系统的自由振动

对于弱非线性情形，以三次项系数 ε 为小参数，杜芬系统动力学方程为

$$\ddot{x} + \omega_0^2 (x + \varepsilon x^3) = 0 \tag{1-52}$$

将基本解展成频率为 ω 且含一次谐波项的傅里叶级数，得到：

$$x = A_F \cos \omega t \tag{1-53}$$

将上式代入方程(1-52)，利用三角函数公式 $\cos^3 \alpha = (3\cos \alpha + \cos 3\alpha)/4$，得到：

$$\left(\omega_0^2 - \omega^2 + \frac{3}{4} \varepsilon \omega_0^2 A_F^2 \right) A_F \cos \omega t + \frac{1}{4} \varepsilon \omega_0^2 A_F^3 \cos 3\omega t = 0 \tag{1-54}$$

令上式中一次谐波的系数为零，得到：

$$\omega^2 = \omega_0^2 \left(1 + \frac{3\varepsilon}{4} A_F^2\right) \qquad (1\text{-}55)$$

因此，杜芬系统的自由振动频率 ω 是振幅 A_F 的函数。

4. 杜芬系统的受迫振动

考虑含阻尼杜芬系统，设系统受频率 ω 的简谐激励，相应系统动力学方程为

$$\ddot{x} + 2\xi\omega_0\dot{x} + \omega_0^2(x + \varepsilon x^3) = B_F\omega_0^2\cos(\omega t + \theta) \qquad (1\text{-}56)$$

若激励力中待定的相位差为 0，可使动态响应的相位为 ωt，则稳态解为

$$x = A_F\cos\omega t \qquad (1\text{-}57)$$

对于 $\varepsilon = 0$ 情形，设基本解也是周期函数，形式上与式(1-57)相同。将式(1-57)代入方程(1-56)的左边，利用与上节类似的三角变换，得到：

$$\left[A_F(1-s^2) + \frac{3}{4}\varepsilon A_F^3\right]\cos\omega t - (2\xi s A_F)\sin\omega t + \cdots = B_F(\cos\theta\cos\omega t - \sin\theta\sin\omega t)$$

$$\qquad (1\text{-}58)$$

式中，省略号表示高于一次的谐波，$s = \omega/\omega_0$ 表示频率比。令上式两边一次谐波系数相等，得到：

$$A_F(1-s^2) + \frac{3}{4}\varepsilon A_F^3 = B_F\cos\theta, \quad 2\xi s A_F = B_F\sin\theta \qquad (1\text{-}59)$$

从上式中消去参数 θ，得到杜芬系统受迫振动的振幅与频率之间的关系式：

$$\left(1 - s^2 + \frac{3}{4}\varepsilon A_F^2\right)^2 + (2\xi s)^2 = \left(\frac{B_F}{A_F}\right)^2 \qquad (1\text{-}60)$$

进一步，变换为

$$\frac{A_F}{B_F} = \frac{1}{\sqrt{\left(1 - s^2 + \dfrac{3\varepsilon}{4} A_F^2\right)^2 + (2\xi s)^2}} \qquad (1\text{-}61)$$

式(1-60)还可变换为

$$s^4 - 2\left(1 + \frac{3\varepsilon}{4} A_F^2 - 2\xi^2\right)s^2 + \left(1 + \frac{3\varepsilon}{4} A_F^2\right)^2 - \left(\frac{B_F}{A_F}\right)^2 = 0 \qquad (1\text{-}62)$$

计算得到

$$s^2 = 1 + \frac{3\varepsilon}{4} A_F^2 - 2\xi^2 \pm \sqrt{\left(\frac{B_F}{A_F}\right)^2 - 4\xi^2 \left(1 + \frac{3\varepsilon}{4} A_F^2 - \xi^2\right)} \tag{1-63}$$

从式(1-59)中消去 B_F，得到相位差与频率的关系式：

$$\theta = \arctan \frac{2\xi s}{1 - s^2 + \frac{3\varepsilon}{4} A_F^2} \tag{1-64}$$

1.2.2　增量谐波平衡法

增量谐波平衡法(incremental harmonic balance method, IHBM)[5]的本质是把增量法和谐波平衡法相结合，以杜芬系统为例，下面介绍增量谐波平衡法的求解过程：

$$m\ddot{x} + k_1 x + k_3 x^3 = F_0 \cos \omega t \tag{1-65}$$

令 $\tau = \omega t$，代入方程(1-65)，得到：

$$m\omega^2 x'' + k_1 x + k_3 x^3 = F_0 \cos \tau \tag{1-66}$$

增量谐波平衡法的第一步是增量，设 x_0 和 ω_0 是方程(1-65)的解，则其邻近点表示为

$$x = x_0 + \Delta x, \quad \omega = \omega_0 + \Delta \omega \tag{1-67}$$

式中，Δx 和 $\Delta \omega$ 为增量，将式(1-67)代入方程(1-66)，略去高阶小量后得到以 Δx 和 $\Delta \omega$ 为未知量的增量方程：

$$m\omega_0^2 \Delta x'' + (k_1 + 3k_3 x_0^2)\Delta x = R - 2m\omega_0 x_0'' \Delta \omega \tag{1-68}$$

式中，

$$R = F_0 \cos \tau - (m\omega_0^2 x_0'' + k_1 x_0 + k_3 x_0^3) \tag{1-69}$$

R 表示不平衡力。如果 x_0 和 ω_0 为准确解，则 $R=0$。

增量谐波平衡法的第二步是谐波平衡过程，由于杜芬系统的解只含有余弦的奇次谐波项，故设：

$$x_0 = a_1 \cos \tau + a_3 \cos 3\tau + \cdots \tag{1-70}$$

$$\Delta x = \Delta a_1 \cos \tau + \Delta a_3 \cos 3\tau + \cdots \tag{1-71}$$

把方程(1-70)和方程(1-71)代入方程(1-68)，并令方程两边相同谐波项的系数相等，可得：

$$\boldsymbol{K}_m \Delta \boldsymbol{a} = \boldsymbol{R} + \boldsymbol{R}_m \cdot \Delta \omega \tag{1-72}$$

式中，$K_m = K - \omega_0^2 M$，$\Delta a = [\Delta a_1, \Delta a_3]^T$。

K 和 M 为 2×2 的矩阵，各元素分别为

$$K_{11} = k_1 + \frac{3}{2}k_3\left(\frac{3}{2}a_1^2 + a_1 a_3 + a_3^2\right)$$

$$K_{12} = \frac{3}{2}k_3\left(\frac{1}{2}a_1^2 + 2a_1 a_3\right)$$

$$K_{12} = K_{21}$$

$$K_{22} = k_1 + \frac{3}{2}k_3\left(a_1^2 + \frac{3}{2}a_3^2\right)$$

$$M_{11} = m，\quad M_{12} = M_{21} = 0，\quad M_{22} = 9m$$

R_1 和 R_m 为 2×1 的列阵，各元素为

$$R_1 = F_0 + \left[m\omega_0^2 - k_1 - k_3\left(\frac{3}{4}a_1^2 + \frac{3}{4}a_1 a_3 + \frac{3}{2}a_3^2\right)\right]a_1$$

$$R_2 = \left[9m\omega_0^2 - k_1 - k_3\left(\frac{3}{2}a_1^2 + \frac{3}{4}a_3^2\right)\right]a_3 - \frac{1}{4}k_3 a_1^2$$

$$R_{m1} = 2m\omega_0 a_1，\quad R_{m2} = 18m\omega_0 a_3$$

式中，有三个未知量 Δa_1，Δa_3 和 $\Delta \omega$；但是只有两个方程，故为了便于求解，预先定义任一变量为定值（如 $\Delta \omega$），其余两个变量（如 Δa_1，Δa_3）则可以唯一确定。

具体求解步骤如下：

(1)指定某一增量，如 $\Delta \omega$ 为指定增量，由式(1-72)可求得其余两个增量值，如 Δa_1 和 Δa_3；

(2)以 $a_1 + \Delta a_1$，$a_3 + \Delta a_3$ 代替原来的 a_1 和 a_3，代入式(1-72)求得新的 Δa_1 和 Δa_3，这样继续下去，循环迭代，直至求得 a_1 和 a_3；

(3)满足不平衡力 $R = 0$ 之后，给 ω_0 一个新的增量 $\Delta \omega$，以 $\omega_0 + \Delta \omega$ 代替原先的 ω_0，以新的 ω_0 和上一次迭代求得的 a_1 和 a_3 为初值，重新进入谐波平衡过程；

(4)求得对应于新 ω_0 的 a_1 和 a_3 后，就进入下一个增量过程。

实际计算时，谐波项取得越多，不平衡力 R 越容易趋于零，即迭代易收敛，但式(1-72)所含方程数目越多，每次求解所需时间也越长。若谐波项的数目太少，有时会造成不收敛，不平衡力 R 很难趋于零。

需要注意，增量谐波平衡法中的增量过程和谐波平衡过程的次序可以互换，

即先进行平衡，后进行增量，这两个过程等价。增量谐波平衡法由于采用谐波平衡过程，因此包含了谐波平衡法的优点，即不但适合于弱非线性系统，而且适合于强非线性系统[5]。

1.2.3　复变量平均法

复变量平均法(complexification-averaging method, CX-A Method)基于复化动力学和快变时间尺度下的平均化过程，可用于求解强非线性系统的瞬态解和稳态解[6-9]。复变量平均法的计算过程如下：

①定义复变量表示非线性系统的物理变量；

②分别获得复变量中的快变分量和慢变分量；

③对快变分量表达式在一个周期内进行平均化处理；

④推导得到慢变分量的控制方程。

本节通过弱简谐激励下弱非线性杜芬振子的例子介绍复变量平均法的使用方法：

$$\ddot{x} + x + \varepsilon(8x^3 - 2\cos t) = 0 \tag{1-73}$$

式中，$0 < \varepsilon \ll 1$ 为无量纲小参数。

引入复变量：

$$\varphi = \dot{x} + \mathrm{i}x \tag{1-74}$$

式中，$\mathrm{i} = \sqrt{-1}$。通过上式定义的复变量，即变量代换 $(x, \dot{x}) \to \varphi$，实现原方程(1-73)从固定坐标系到旋转坐标系，再结合欧拉公式 $\cos t = (e^{\mathrm{i}t} + e^{-\mathrm{i}t})/2$，得到复化运动微分方程：

$$\dot{\varphi} - \mathrm{i}\varphi + \varepsilon[\mathrm{i}(\varphi - \varphi^*)^3 - (e^{\mathrm{i}t} + e^{-\mathrm{i}t})] = 0 \tag{1-75}$$

式中，"*"表示复共轭。

假设公式(1-75)表示的动力学系统发生 1∶1 谐共振，即振子动态响应主谐波分量的频率与简谐激励频率相等。因此，复变量可以用极坐标形式表示为

$$\varphi(t) = N(t)e^{\mathrm{i}t} \tag{1-76}$$

通过修正，复变量平均法可以扩展到其响应具有多个主要(快变)频率分量的系统。将式(1-76)代入方程(1-75)得到运动微分方程：

$$\dot{N} + \mathrm{i}\varepsilon(N^3 e^{2\mathrm{i}t} - 3|N|^2 N + 3|N|^2 N^* e^{-2\mathrm{i}t} - N^{*3} e^{-4\mathrm{i}t}) - \varepsilon(1 + e^{-2\mathrm{i}t}) = 0 \tag{1-77}$$

对以上方程近似分析通常有两种方法。第一种方法是将多尺度分析应用于系

统式(1-77)，并将问题简化为以小参数 ε^k (k=0, 1, 2, ···)的幂指数递增的线性子问题。第二种方法是对含有快变频率高于 1 的项进行平均化处理，即假设方程(1-77)存在动力学的慢-快分区，$e^{i\omega t}$ 表示快速振荡，而 $N(t)$ 表示其复变慢调制[10]。

由于式(1-76)没有对系统的快变频率进行假设，因此采用第一种方法即多尺度奇异摄动法来分析其动力学特性。为此，引入以下因变量的渐近分解，以及自变量的相应变换：

$$N(t) = N_0(\tau_0, \tau_1, \cdots) + \varepsilon N_1(\tau_0, \tau_1, \cdots) + \varepsilon^2 N_2(\tau_0, \tau_1, \cdots) + O(\varepsilon^3)$$

$$\frac{\mathrm{d}}{\mathrm{d}t} = \frac{\partial}{\partial \tau_0} + \varepsilon[1 + \varepsilon f_2(\tau_1)]\frac{\partial}{\partial \tau_1} + O(\varepsilon^3) \tag{1-78}$$

式中，$\tau_0 = t$ 表示快变时间尺度，$\tau_1 = \varepsilon t$ 是第一阶慢变时间尺度，当确定慢变函数 $f_2(\tau_1)$ 后，代入到式(1-78)的第二个方程中可获得高阶慢变时间尺度 τ_k，$k=2,3,\cdots$。值得注意的是，式(1-78)中第二个方程与常规多尺度展开式略有不同，同时，在下面介绍 $O(\varepsilon^2)$ 项中引入慢变因子(如 $f_2(\tau_1)$)的必要性。

将式(1-77)变换为式(1-78)，以获得不同阶次的线性子问题。$O(1)$ 处产生以下形式：

$$\frac{\partial N_0}{\partial \tau_0} = 0 \Rightarrow N_0 = N_0(\tau_1) \tag{1-79}$$

上式表明，N 的主要近似值在时间尺度 $\tau_1 = \varepsilon t$ 上缓慢变化。同时，通过上述假设，式(1-76)表示动力学系统的慢变-快变分量。

通过对 ε^1 的逼近，得到下列关于 N_1 的动力学方程：

$$\frac{\partial N_0}{\partial \tau_1} + \frac{\partial N_1}{\partial \tau_0} + i(N_0^3 e^{2i\tau_0} - 3|N_0|^2 N_0 + 3|N_0|^2 N_0 e^{-2i\tau_0} - N_0^{*3} e^{-4i\tau_0}) - 1 - e^{-2i\tau_0} = 0 \tag{1-80}$$

该方程表示系统慢变动力学的 $O(\varepsilon^1)$ 近似值，即复振幅 N 随时间的缓慢变化。为了避免 N_1 在快变时间尺度下长期变化而产生不一致的响应，需要省略式(1-80)中的非振荡项，得到：

$$\frac{\partial N_0}{\partial \tau_1} - 3i|N_0|^2 N_0 - 1 = 0 \tag{1-81}$$

方程(1-81)对 $O(\varepsilon^1)$ 积分，可得：

$$h = \frac{3i}{2}|N_0|^4 + N_0^* - N_0 \tag{1-82}$$

上式表明 $O(\varepsilon^1)$ 存在封闭形式解析解。实际上，精确系统式(1-73)具有随时间变化的哈密顿量，并且通过应用平均法，可以证明系统式(1-82)是相应慢变部分在时间尺度 $\tau_1 = \varepsilon t$ 的积分。

引入 N_0 的极坐标形式，即 $N_0(\tau_1) = N_r(\tau_1)e^{i\delta(\tau_1)}$，等式(1-81)和系统式(1-82)变换为

$$\frac{\partial N_r}{\partial \tau_1} = \cos\delta_r, \quad \frac{\partial \delta_r}{\partial \tau_1} = 3N_r^2 - \frac{1}{N_r}\sin\delta_r$$

$$h = \frac{3}{2}N_r^4 - 2N_r\sin\delta_r = \text{const} \tag{1-83}$$

引入变量 $Z = N_r^2$，将式(1-83)变换为 Z 的形式，并通过二次积分，得到振幅 N_r 的显式解：

$$N_r(\tau_1) = -\left\{ \frac{aq\,\text{sn}^2\left(\frac{3}{2}\sqrt{pq}\tau_1, k\right) + bp\left[1 + \text{cn}\left(\frac{3}{2}\sqrt{pq}\tau_1, k\right)\right]^2}{q\,\text{sn}^2\left(\frac{3}{2}\sqrt{pq}\tau_1, k\right) + p\left[1 + \text{cn}\left(\frac{3}{2}\sqrt{pq}\tau_1, k\right)\right]^2} \right\}^{\frac{1}{2}} \tag{1-84}$$

$$4Z - \left(\frac{3}{2}Z^2 - h\right)^2 = 0 \tag{1-85}$$

式中，a 和 b 分别表示代数方程(1-85)的两个实根，其他两个根表示为 $m \pm in$，k 表示 Jacobi 椭圆函数 sn(·) 和 cn(·) 的模。$\delta(\tau_1)$ 可直接从方程(1-83)计算得出，其余参数如下：

$$p = \sqrt{(m-a)^2 + n^2}, \quad q = \sqrt{(m-b)^2 + n^2}, \quad k = \frac{1}{2}\sqrt{\frac{(a-b)^2 - (p-q)^2}{pq}}$$

$O(1)$ 近似表达式 N_0 是通过考虑 $O(\varepsilon)$ 项和应用多尺度的方法计算得到的。该结果与通过仅从精确方程(1-77)中省略所有非共振项，而不使用多尺度方法所获得的结果相同，即通过对快变时间尺度 τ_0 执行"纯平均"。这表明精确方程(1-77)中省略非共振项的方法可以通过多尺度方法的使用得到替代，因此对于求解弱非线性问题，复变量平均法同样能够适用。

省略方程(1-81)的永期项后，求解方程(1-80)，得到近似的显式表达式：

$$N_1(\tau_0, \tau_1) = -\frac{1}{2}N_0^3 e^{2i\tau_0} + \frac{3}{2}|N_0|^2 N_0^* e^{-2i\tau_0} - \frac{1}{4}N_0^{*3} e^{-4i\tau_0} + \frac{j}{2}e^{-2i\tau_0} + C_1(\tau_1) \tag{1-86}$$

式中，慢变函数 $C_1(\tau_1)$ 是相对快变时间尺度 τ_0 的积分常数，且是通过考虑控制

$O(\varepsilon^2)$ 近似值的方程计算得到：

$$\frac{\partial N_2}{\partial \tau_0} + f_2(\tau_1)\frac{\partial N_0}{\partial \tau_1} - \frac{3}{4}\mathrm{i}N_0^5 e^{4\mathrm{i}\tau_0} + \left[-\frac{15}{2}\mathrm{i}|N_0|^2 N_0^3 + 3\mathrm{i}N_0^2 C_1(\tau_1) - 3N_0^2\right]e^{2\mathrm{i}\tau_0}$$

$$+\left\{\frac{\partial C_1}{\partial \tau_1} + \frac{51}{4}\mathrm{i}|N_0|^4 N_0 + 3|N_0|^2 - \frac{3}{2}N_0^2 - 3\mathrm{i}\left[2|N_0|^2 C_1(\tau_1) + N_0^2 C_1^*(\tau_1)\right]\right\} \qquad (1\text{-}87)$$

$$+\left[-\frac{69\mathrm{i}}{4}|N_0|^4 N_0^* + 3\mathrm{i}N_0^2 C_1(\tau_1) + 6\mathrm{i}|N_0|^2 C_1^*(\tau_1) + 6|N_0|^2\right]e^{-2\mathrm{i}\tau_0}$$

$$+\left[\frac{21}{4}\mathrm{i}|N_0|^2 N_0^{*3} - \frac{9}{4}N_0^{*2} - 3jN_0^{*2}C_1^*(\tau_1)\right]e^{-4\mathrm{i}\tau_0} + \frac{3}{4}jN_0^{*5}e^{-6\mathrm{i}\tau_0} = 0$$

消除式（1-87）中的永期项，得到：

$$f_2(\tau_1)\frac{\partial N_0}{\partial \tau_1} + \frac{\mathrm{d}C_1(\tau_1)}{\mathrm{d}\tau_1} + \frac{51}{4}|N_0|^4 N_0 + 3|N_0|^2 - \frac{3}{2}N_0^2 - 3\mathrm{i}[2|N_0|^2 C_1(\tau_1) + N_0^2 C_1^*(\tau_1)] = 0 \quad (1\text{-}88)$$

由于出现未知函数 $f_2(\tau_1)$ 是不可避免的，因此需要引入多尺度扩展式（1-78）。事实上，如果设置 $f_2 \equiv 0$，方程（1-88）有以下解：

$$C_1(\tau_1) = \frac{17}{24}|N_0|^2 N_0 - \frac{19}{72}\mathrm{i} + \left(D - \frac{17}{6}\int_0^{\tau_1}|N_0(u)|^2\mathrm{d}u\right)(3\mathrm{i}|N_0|^2 N_0 + 1)$$

式中，D 表示积分的常数。在时间尺度高于 $1/\varepsilon$ 的情况下，积分项会引发解的全局发散。平均法可以保证在近似时间尺度下的准确性，而复变量平均法可以将解析解扩展到更大的时间尺度上。简而言之，为了避免弱化 $C_1(\tau_1)$，需要引入函数 $f_2(\tau_1)$。

计算 $f_2(\tau_1)$ 的第一种方法是令函数 $C_1(\tau_1)$ 等于零，并通过适当选择 $f_2(\tau_1)$ 来补偿式（1-88）的永期项：

$$f_2 = -\frac{(\mathrm{i}51/4)|N_0|^4 N_0 + 3|N_0|^2 - (3/2)N_0^2}{3\mathrm{i}|N_0|^2 N_0 + 1}, \quad C_1 \equiv 0 \qquad (1\text{-}89)$$

通过联合式（1-83）～式（1-88）来计算 f_2 的近似解。

这种计算 $f_2(\tau_1)$ 和 $C_1(\tau_1)$ 的方法有两个缺点，一是它不适用于方程（1-81）的驻点附近，因为 f_2 在驻点附近发散；二是慢时间尺度变量变得复杂，并且在式（1-84）中椭圆函数的极点邻域中可能出现发散。为此，非发散 $C_1(\tau_1)$ 和 $f_2(\tau_1)$ 的要求可以通过以下函数满足：

$$f_2 = \frac{17}{6}|N_0|^2, \quad C_1 = \frac{17}{24}|N_0|^2 N_0 - \frac{19}{72}\mathrm{i} \qquad (1\text{-}90)$$

该解的近似值：

$$\varphi = N_0 e^{it} + \varepsilon \left[-\frac{1}{2} N_0^3 e^{3it} + \frac{3}{2} |N_0|^2 N_0^* e^{-it} - \frac{1}{4} N_0^{*3} e^{-3it} + \frac{1}{2} i e^{it} + \left(\frac{17}{24} |N_0|^2 N_0 - \frac{19}{72} i \right) e^{it} \right] \quad (1\text{-}91)$$

式中，$N_0 = N_r(\varepsilon t) e^{i\delta(\varepsilon t)}$。

1.3　分岔理论基础

1.3.1　分岔现象

1. 结构稳定性

结构稳定性[1-3]重点研究一族相近系统的相轨迹拓扑性质之间的关系。系统受到扰动后转变为相近的另一系统，结构稳定性问题主要用于确定系统相轨迹拓扑结构保持不变的条件。

在非线性动力系统中，分岔是重要特征之一，其表征了当系统中的物理参数发生变化后，到达或经过某个临界值时，系统的定性性质将会发生突变，这些性质可能是平衡状态或周期运动状态的数目以及状态的稳定性。在数学层面可表征为非线性物理系统的非线性微分方程定常解的数目及定常解稳定性在参数临界值点发生突然变化。

单值连续且其逆也单值连续的变换称为同胚。如果相空间之间的同胚将一系统的相轨迹变为另一系统的相轨迹，且保持时间定向，则两个系统称为拓扑轨道等价。例如，平面线性系统的稳定焦点和稳定结点为拓扑轨道等价，不同平面系统的中心也为互相拓扑轨道等价，但结点、中心和鞍点之间均不是拓扑轨道等价。

如果系统受到小扰动后产生的新系统与原系统拓扑轨道等价，则称此系统结构稳定。不具备结构稳定性的系统称为结构不稳定。1937 年安德罗诺夫（Andronov）和庞特里雅金（Pontryagin）首先研究了结构稳定性问题，并证明了以下定理。

定理：平面系统结构稳定的充分必要条件为

①仅有有限个平衡点，且均为双曲平衡点；

②不存在联结鞍点的相轨迹；

③仅有有限个闭轨迹，且均为双曲的。

1962 年比索杜（Peixoto）将安德罗诺夫和庞特里雅金的结果推广到有界闭合可定向二维流形，并且证明有界闭合可定向二维流形上的结构稳定系统构成有界闭合可定向二维流形上的全体系统所成集合的一个稠密开集。这一结果表明，有界闭合可定向二维流形上的结构稳定系统是非常普遍的，即使结构不稳定系统，也可以用结构稳定系统任意地逼近。还可以推广安德罗诺夫和庞特里雅金的结果到高维$(n \geqslant 2)$系统，但 1966 年斯梅尔举出反例说明当 $n>2$ 时，n 维流形上的结构稳定系统不再构成全体系统所成集合的稠密开集。

对实际系统建立的动力学模型必须具有结构稳定性。因为建立模型过程中总要进行理想化处理，如果数学模型对于建模误差极为敏感，便不能反映现实系统的动力学特征。

2. 分岔的基本概念

若任意小参数变化使结构不稳定系统的相轨迹拓扑结构发生突然变化，这种变化称为分岔。

对于含参数系统：

$$\dot{x} = f(x, \mu) \tag{1-92}$$

式中，$x \in \mathbf{R}^n$ 表示状态变量，$\mu \in \mathbf{R}^m$ 表示分岔参数，即分岔参数在 m 维情形的推广。当参数 μ 连续变化时，若系统式(1-92)相轨迹的拓扑结构在 $\mu = \mu_0$ 处发生突然变化，则称系统式(1-92)在 $\mu = \mu_0$ 处存在分岔。其中，μ_0 称为分岔值或临界值，(x, μ_0) 称为分岔点。在参数 μ 的空间 $\mathbf{R}^m$ 中，由分岔值构成的集合称为分岔集。在 (x, μ) 的空间 $\mathbf{R}^n \times \mathbf{R}^m$ 中，平衡点和极限环随参数 μ 变化的图形称为分岔图。

针对应用问题只需要研究平衡点和闭轨迹附近相轨迹的变化，即在平衡点或闭轨迹的某个邻域中的分岔，这类分岔问题称为局部分岔。如果需要考虑相空间中大范围的分岔特征，则称为全局分岔。此外，局部分岔本身也是全局分岔研究的重要内容之一。

如果只研究平衡点个数和稳定性随参数的变化，则称为静态分岔。动态分岔是指静态分岔之外的分岔现象，例如，闭轨迹的个数和稳定性的突然变化。如果系统的分岔性态不受任何结构小扰动的影响而改变，则称分岔具有通有性。非通有的分岔称为具有退化性。结构小扰动不影响通有分岔的性态，因而可以认为通有分岔是结构稳定的，而退化分岔是结构不稳定的。通过适当引进附加参数可以将退化分岔转化为通有分岔，这种方法称为开折。

在分岔研究中，一般只考虑参数在分岔值附近时系统定性性态的变化。然而，在分岔参数的整个变化范围内，系统可能在不同的分岔值处相继出现分岔。这种相继地分岔对于研究系统随参数演变的全局过程起重要作用。

分岔现象的研究可以概括为四个方面：

①确定分岔集，即建立分岔的必要条件和充分条件；

②分析分岔的定性性态，即出现分岔时系统拓扑结构随参数变化情况；

③计算分岔解，尤其是平衡点和极限环；

④考察不同分岔的相互作用，以及分岔与混沌等其他动力学现象的关系。

1.3.2　鞍结分岔

1. 静态分岔的必要条件

根据静态分岔的定义，研究系统式(1-92)的静态方程：

$$f(x,\mu)=0 \tag{1-93}$$

解的个数和性质随 μ 的突然变化，也就是研究代数方程(1-93)多重解的问题。设 f 表示足够光滑的函数，即 f 对 x 和 μ 有多阶连续偏导数。

设 μ_0 为一个静态分岔值，记 (x_0,μ_0) 为静态分岔点，则有：

$$f(x_0,\mu_0)=0 \tag{1-94}$$

若在 (x_0,μ_0) 计算的 f 关于 x 的雅可比矩阵 $\boldsymbol{D}_x f(x_0,\mu_0)$ 是可逆的，根据隐函数存在定理，方程(1-93)有唯一解 $x=\varphi_D(\mu)$，使得：

$$f(\varphi_D(\mu),\mu)\equiv 0\,,\quad x_0=\varphi_D(\mu_0) \tag{1-95}$$

这与 (x_0,μ_0) 是静态分岔点产生矛盾，因此 $\boldsymbol{D}_x f(x_0,\mu_0)$ 不可逆为系统式(1-83)在 (x_0,μ_0) 静态分岔的必要条件。满足式(1-94)且使 $\boldsymbol{D}_x f(x_0,\mu_0)$ 不可逆的点称为系统式(1-93)的奇异点。显然，奇异点必为平衡点，而平衡点可能不是奇异点。

根据线性代数知识，平衡点 (x_0,μ_0) 为奇异点的必要条件，等价于满足下列条件之一：

① $\boldsymbol{D}_x f(x_0,\mu_0)$ 的行列式为零；

② $\boldsymbol{D}_x f(x_0,\mu_0)$ 至少有一个零本征值，即 (x_0,μ_0) 为非双曲平衡点；

③ $\boldsymbol{D}_x f(x_0,\mu_0)$ 所对应线性变换的零空间的维数大于或等于 1。

需要说明，上述分岔的必要条件并不是充分条件，即奇异点可能不是分岔点。

2. 平衡点的静态分岔

为便于说明平衡点静态分岔的不同类型，以一个分岔参数的平面系统为例：

$$\dot{x}_1=P(x_1,x_2,\mu)\,,\quad \dot{x}_2=Q(x_1,x_2,\mu) \tag{1-96}$$

若 $\mu = \mu_0$ 时，系统有非双曲平衡点 (x_{1s}, x_{2s})，即

$$P(x_{1s}, x_{2s}, \mu_0) = 0, \quad Q(x_{1s}, x_{2s}, \mu_0) = 0 \tag{1-97}$$

而且，雅可比矩阵有实部为零的本征值，则 μ 在 μ_0 附近的微小变化可能导致 (x_{1s}, x_{2s}) 附近相轨迹拓扑结构的变化，产生静态分岔。

讨论如下平面系统的分岔：

$$\dot{x} = \mu x - x^3, \quad \dot{y} = -y \tag{1-98}$$

当 $\mu \leqslant 0$ 时，系统存在平衡点 $(0,0)$，其雅可比矩阵为

$$\boldsymbol{J} = \begin{pmatrix} \mu & 0 \\ 0 & -1 \end{pmatrix} \tag{1-99}$$

当 $\mu < 0$ 时，$\boldsymbol{J}$ 的两个本征值均为负，$(0,0)$ 为稳定结点；$\mu = 0$ 时，$\boldsymbol{J}$ 有零本征值 $(0,0)$ 为非双曲平衡点，发生分岔；在 $\mu > 0$ 时，有三个平衡点 $(0,0)$ 和 $(\pm\sqrt{\mu}, 0)$，其雅可比矩阵分别为

$$\boldsymbol{J}_1 = \begin{pmatrix} \mu & 0 \\ 0 & -1 \end{pmatrix}, \quad \boldsymbol{J}_{2,3} = \begin{pmatrix} -\mu\sqrt{\mu} & 0 \\ 0 & -1 \end{pmatrix} \tag{1-100}$$

$\boldsymbol{J}_1$ 的本征值为异号实数，$(0,0)$ 为鞍点；$\boldsymbol{J}_{2,3}$ 的本征值为负实数，$(\pm\sqrt{\mu}, 0)$ 为稳定结点。相轨迹如图 1-10 所示，分岔图如图 1-11 所示，图中实线表示稳定平衡点，虚线表示不稳定平衡点，这种分岔称为叉式分岔。当新增加的平衡点在 μ 大于分岔值的范围内出现时，称分岔为超临界叉式分岔，否则称为亚临界叉式分岔。图 1-10 表示的分岔表现为超临界。

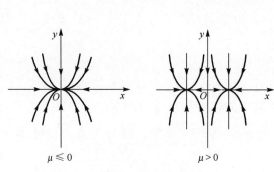

图 1-10　叉式分岔相轨迹变化

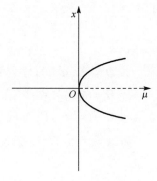

图 1-11　叉式分岔图

讨论如下平面系统的分岔：

$$\dot{x} = \mu - x^2, \quad \dot{y} = -y \tag{1-101}$$

当 $\mu<0$ 时，无平衡点；当 $\mu=0$ 时，有平衡点 $(0,0)$，雅可比矩阵为

$$J=\begin{pmatrix} 0 & 0 \\ 0 & -1 \end{pmatrix}\tag{1-102}$$

其中，$(0,0)$ 为非双曲平衡点，这种平衡点属于退化情形，是一种高阶奇点，由半个鞍点和半个结点组成，称作鞍结点，此处发生分岔。当 $\mu>0$ 时，有两个平衡点，即 $(-\sqrt{\mu},0)$ 和 $(\sqrt{\mu},0)$，其雅可比矩阵为

$$J_1=\begin{pmatrix} -2\sqrt{\mu} & 0 \\ 0 & -1 \end{pmatrix},\quad J_2=\begin{pmatrix} 2\sqrt{\mu} & 0 \\ 0 & -1 \end{pmatrix}\tag{1-103}$$

J_1 的本征值为负实数，$(\sqrt{\mu},0)$ 为稳定结点；J_2 的本征值为异号实数，$(-\sqrt{\mu},0)$ 为鞍点。相轨迹和分岔图分别如图 1-12 和图 1-13 所示，实线表示稳定平衡点，虚线表示不稳定平衡点，此分岔被称为鞍结分岔。

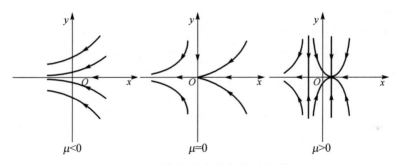

图 1-12　鞍结分岔的相轨迹变化

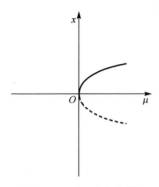

图 1-13　鞍结分岔图

1.3.3　霍普夫分岔

1. 霍普夫分岔

霍普夫分岔[1]是指系统参数变化经过临界值时，平衡点由稳定变为不稳定并从中生长出极限环，属于一类动态分岔问题。与鞍结分岔类似，本节通过举例的方式讨论分岔特征。

讨论如下平面系统的分岔：

$$\dot{x} = -y + x[\mu - (x^2 + y^2)], \quad \dot{y} = x + y[\mu - (x^2 + y^2)] \tag{1-104}$$

对任意 μ 均有平衡点 $(0,0)$，其雅可比矩阵为

$$\boldsymbol{J} = \begin{pmatrix} \mu & -1 \\ 1 & \mu \end{pmatrix} \tag{1-105}$$

当 $\mu = 0$ 时，有实部为零的纯虚本征值，为非双曲平衡点。定义极坐标变换：

$$x = \rho\cos\theta, \quad y = \rho\sin\theta \tag{1-106}$$

将式(1-104)化为

$$\dot{\rho} = \rho(\mu - \rho^2), \quad \dot{\theta} = 1 \tag{1-107}$$

对于初始值 ρ_0 和 θ_0，可以积分得到：

$$\rho = \frac{\rho_0}{\sqrt{2\rho_0{}^2 t + 1}}, \quad \theta = t + \theta_0 \quad (\mu = 0) \tag{1-108}$$

$$\rho = \frac{\sqrt{|\mu|}\rho_0}{\sqrt{\rho_0{}^2 + (|\mu| - \rho_0{}^2)e^{-2\mu t}}}, \quad \theta = t + \theta_0 \quad (\mu \neq 0) \tag{1-109}$$

由上式可知，对于 $\mu \leqslant 0$，有 $\lim\limits_{t\to\infty}\rho = 0$，即 $(0,0)$ 为稳定焦点；对于 $\mu > 0$，有 $\lim\limits_{t\to\infty}\rho = \sqrt{\mu}$，即出现渐近稳定的极限环 $\rho = \sqrt{\mu}$，或 $x^2 + y^2 = \mu$，而 $(0,0)$ 变为不稳定焦点。

2. 平面系统的霍普夫分岔

研究如下平面系统：

$$\dot{x} = P(x, y, \mu), \quad \dot{y} = Q(x, y, \mu) \tag{1-110}$$

不失一般性，设零点 $O(0,0)$ 对 $\mu = 0$ 邻域内的任意参数 μ 值均为平衡点，且以 $\mu = 0$ 时在零点处的线性近似系统的平衡点为中心。经过适当的非奇异线性变换后，新坐标仍用 x 和 y 表示，系统式(1-110)可改写为

$$\dot{x} = \alpha(\mu)x - \beta(\mu)y + f(x,y,\mu)$$
$$\dot{y} = \beta(\mu)x + \alpha(\mu)y + g(x,y,\mu) \tag{1-111}$$
$$(x,y) \in U \subset \mathbf{R}^2, \quad \mu \in J \subset \mathbf{R}$$

式中，函数 f 和 g 分别表示 x 和 y 的不低于二次的项，具有四阶连续偏导数，且满足：

$$f(0,0,\mu) = g(0,0,\mu) = 0, \quad \mu \in J \tag{1-112}$$

当 $\mu = 0$ 时，在零点的线性近似系统的复共轭本征值 $\alpha(\mu) \pm i\beta(\mu)$ 满足：

$$\alpha(0) = 0, \quad \beta(0) = \omega > 0 \tag{1-113}$$

可以证明，系统式(1-111)的一个三阶 PB 范式为

$$\dot{u} = c_p\mu u - (e_p\mu + \omega)v + (a_p u - b_p v)(u^2 + v^2)$$
$$\dot{v}_p = (e_p\mu + \omega)u + c_p\mu v + (a_p u + b_p v)(u^2 + v^2) \tag{1-114}$$

化为极坐标形式：

$$\dot{\rho} = c_p\mu\rho + a_p\rho^3, \quad \dot{\theta} = \omega + e_p\mu + b_p\rho^3 \tag{1-115}$$

式中，

$$c_p = \alpha'(0), \quad e_p = \beta'(0) \tag{1-116}$$

$$a_p = \frac{1}{16}\left(\frac{\partial^3 f}{\partial x^3} + \frac{\partial^3 f}{\partial x \partial y^2} + \frac{\partial^3 g}{\partial x^2 \partial y} + \frac{\partial^3 g}{\partial y^3}\right) + \frac{1}{16\omega}\left[\begin{array}{c}\dfrac{\partial^2 f}{\partial x \partial y}\left(\dfrac{\partial^2 f}{\partial x^2} + \dfrac{\partial^2 f}{\partial y^2}\right) - \dfrac{\partial^2 g}{\partial x \partial y}\left(\dfrac{\partial^2 g}{\partial x^2} + \dfrac{\partial^2 g}{\partial y^2}\right) \\ -\dfrac{\partial^2 f}{\partial x^2}\dfrac{\partial^2 g}{\partial x^2} + \dfrac{\partial^2 f}{\partial y^2}\dfrac{\partial^2 g}{\partial y^2}\end{array}\right]$$

$$\tag{1-117}$$

式中，所有偏导数均在 $(x,y,\mu) = (0,0,0)$ 计算。可以证明，原系统与其三阶 PB 范式有相同的分岔特性，且有以下定理。

定理 1.4　设系统式(1-111)满足条件式(1-112)和式(1-113)，且有 $c_p \neq 0$ 和 $a_p \neq 0$，则系统在 $\mu = 0$ 处出现霍普夫分岔。当 $\mu \neq 0$ 且 μ 与 a_p/c_p 异号时，在 $(x,y) = (0,0)$ 邻域内存在唯一的极限环；当 $\mu \to 0$ 时，该极限环趋于原点，对充分小的 $|\mu|$，该极限环上各点向径的平均值与 $\sqrt{|\mu|}$ 成正比，周期接近 $2\pi/\omega$；当 $a_p < 0$ 时，极限环稳定；当 $a_p > 0$ 时，极限环不稳定。

上述定理中，满足条件 $c_p \neq 0$ 和 $a_p \neq 0$ 的霍普夫分岔为通有的，而其他情形的霍普夫分岔为退化的。条件 $c_p \neq 0$ 表明 $f(x) = Ax + g_2(x) + \cdots + g_{k-1}(x) + h(x) + o(\|x\|^k)$ 的线性近似系统的本征值，当 $\mu = 0$ 时以不等于零的速率穿过虚轴。此时，对充分小的 $|\mu| \neq 0$ 有 $\alpha(\mu) \neq 0$，即系统在 $\mu \neq 0$ 时存在焦点，且 $\alpha(\mu)$ 在 $\mu = 0$ 的

两侧异号，即当 μ 变化经过 0 时，焦点由稳定变为不稳定或由不稳定变为稳定。当条件 $c_p \neq 0$ 不成立时，仍可能发生霍普夫分岔，但出现的极限环可能不是唯一的。当条件 $a_p \neq 0$ 不成立时，也可能发生霍普夫分岔，而所出现的极限环的稳定性判定问题更为复杂。

3. 霍普夫分岔定理的高维推广

由于霍普夫分岔是一种局部分岔，利用中心流形定理可以将高维系统约化为二维系统，而得到一般的霍普夫分岔定理。

以含参数的 n 维系统为例：

$$\dot{x} = f(x,\mu) \quad x \in \mathbf{R}^n, \quad \mu \in \mathbf{R} \tag{1-118}$$

设 f 对各变元均有四阶连续偏导数，且满足对包含 0 的开区间 J 中的一切 μ 均有 $f(0,\mu)=0$。对于 $\mu \in J$，在 $(0,\mu)$ 计算的雅可比矩阵 $A(\mu)=D_x f(x,\mu)$ 在 $\mu=0$ 邻域内有共轭本征值 $\alpha(\mu)\pm i\beta(\mu)$，且当 $\mu=0$ 时式 (1-113) 成立，$A(\mu)$ 的其余 $n-2$ 个本征值均有非零实部。

通过坐标变换，可将式 (1-118) 化为等价形式：

$$\begin{cases} \dot{u} = C(\mu)u + g_1(u,v,\mu) \\ \dot{v} = B(\mu)u + g_2(u,v,\mu) \end{cases} \quad u \in \mathbf{R}^2, \ v \in \mathbf{R}^{n-2} \tag{1-119}$$

式中，

$$C(\mu) = \begin{pmatrix} \alpha(\mu) & -\beta(\mu) \\ \beta(\mu) & \alpha(\mu) \end{pmatrix}, \quad \alpha(0)=0, \quad \beta(0)=\omega_0 > 0 \tag{1-120}$$

$(n-2)\times(n-2)$ 矩阵 $B(\mu)$ 的本征值均不为零。根据中心流形定理，存在中心流形：

$$v = h(u,\mu) \tag{1-121}$$

满足：

$$D_x h(u,\mu)(C(\mu)u + g_1(u,v,\mu)) = B(\mu)v + g_2(u,v,\mu) \tag{1-122}$$

由式 (1-122) 解得式 (1-121)，代入式 (1-119)，得到约化为二维的系统：

$$\dot{\mu} = C(\mu)u + g_1(u,h(u,\mu),\mu) \tag{1-123}$$

应用霍普夫分岔定理可知，在 $\mu=0$ 邻域内系统式 (1-117) 存在极限环。若在 $\mu=0$ 处有 $c_P = \alpha'(\mu) \neq 0$，则对于给定的 μ，极限环是唯一的。对充分小的 $|\mu|$，该极限环上各点向径的平均值为 $O(\sqrt{|\mu|})$，周期为 $2\pi/\omega + O(\sqrt{|\mu|})$。

显然 $A(0)$ 的其余 $n-2$ 个本征值若有正实部，则分岔出现的极限环是不稳定的，故极限环稳定的必要条件为 $A(0)$ 的其余 $n-2$ 个本征值具有负实部。在非退化霍普夫分岔的情形，可以定义与式 (1-117) 类似的参数，导出极限环稳定的充分条件。设矩阵 $A^{\mathrm{T}}(0)$ 和 $A(0)$ 零实部本征值对应的本征向量分别为 $\boldsymbol{u}^{\mathrm{T}}$ 和 $\boldsymbol{v}$，且满足正则条件 $\boldsymbol{u}^{\mathrm{T}}\boldsymbol{v}=0$，定义参数：

$$\varPhi_{\varphi}=\sum_{m=1}^{n}\sum_{j=1}^{n}\sum_{k=1}^{n}\sum_{l=1}^{n}u_{m}v_{j}v_{k}\overline{v}_{l}\left[\begin{array}{l}\sum_{p=1}^{n}\sum_{q=1}^{n}\left(2\dfrac{\partial^{2}f_{m}}{\partial x_{j}\partial x_{p}}A_{pq}^{-1}\dfrac{\partial^{2}f_{q}}{\partial x_{k}\partial x_{l}}+\dfrac{\partial^{2}f_{m}}{\partial x_{l}\partial x_{p}}(A-2\mathrm{i}\omega)_{pq}^{-1}\dfrac{\partial^{2}f_{q}}{\partial x_{j}\partial x_{k}}\right)\\-\dfrac{\partial^{3}f_{m}}{\partial x_{j}\partial x_{k}\partial x_{l}}\end{array}\right]$$

$$(1\text{-}124)$$

式中，下标表示矩阵的元素。可以证明，当 $\varPhi_{\varphi}$ 的实部和 c_{p} 同号且 A 的其余 $n-2$ 个本征值具有负实部时极限环稳定。

参 考 文 献

[1] 刘延柱，陈立群. 非线性振动[M]. 北京：高等教育出版社，2001.

[2] 陈树辉. 强非线性振动系统的定量分析方法[M]. 北京：科学出版社，2001.

[3] 朱因远. 非线性振动和运动稳定性[M]. 西安：西安交通大学出版社，1992.

[4] 李响，张业伟，丁虎，等. 谐波平衡法与复平均法计算强非线性系统稳态响应的区别[J]. 固体力学学报，2019, 40(5)：390-400.

[5] 刘延柱，陈立群，陈文良. 振动力学[M]. 3 版. 北京：高等教育出版社，2019.

[6] 张也弛. 非线性能量阱的力学特性与振动抑制效果研究[D]. 哈尔滨：哈尔滨工业大学，2012.

[7] 隋鹏，申永军，王晓娜. 复变量平均法与其他近似方法的异同[J]. 振动与冲击，2023, 42(10)：289-296.

[8] Manevitch L I. Complex Representation of Dynamics of Coupled Nonlinear Oscillators[M]//Uvarova L A, Arinstein A E, Latyshev A V. Mathematical Models of Non-Linear Excitations, Transfer, Dynamics, and Control in Condensed Systems and other Media. Boston: Springer, 1999.

[9] Manevitch L I. The description of localized normal modes in a chain of nonlinear coupled oscillators using complex variables[J]. Nonlinear Dynamics, 2001, 25(1)：95-109.

[10] Vakakis A F, Gendelman O V, Bergman L A, et al. Passive Nonlinear Targeted Energy Transfer in Mechanical and Structural Systems[M]. Boston: Springer, 2009.

第 2 章 非线性能量阱的理论及设计

非线性能量阱(nonlinear energy sink，NES)通常包括三个部分[1]：质量元件、阻尼元件和本质非线性刚度元件(即一个强非线性刚度与零或弱线性刚度的组合)，属于一类典型的非线性吸振器。其中，阻尼元件用于耗散由主系统传递到非线性能量阱的振动能量。另外，由于非线性刚度元件所提供的非线性恢复力，导致非线性能量阱的系统固有频率并非定值，可以随着主系统频率变化而变化。因此，非线性能量阱可以与主系统的一系列模态发生瞬时共振捕获(transient resonance capture)，从而有效扩大其减振频带，最终达到消能减振的目的。相较于传统被动线性吸振器，非线性能量阱能够实现更宽的减振频带；与主动减振方法相比，非线性能量阱各结构设计参数变化对其减振性能影响较小，故系统鲁棒性较好[2]，且系统附加质量更小。特别地，针对安装空间要求比较严苛的应用环境，非线性能量阱以更轻的质量、更小的体积表现出更好的减振效果[3]。而且，非线性能量阱与主系统之间振动能量传递呈现靶向能量传递(targeted energy transfer，TET)特征[4,5]，具备传递速度快、单向(不可逆)的特点，因此非线性能量阱能够高效地俘获主体结构的振动能量。

本章利用复变量平均法详细推导出含非线性能量阱动态耦合系统的频率响应曲线、频能曲线以及分岔图的解析表达式，提出一种典型非线性能量阱的实现形式，并重点讨论其频响特性及稳定性。

2.1 减 振 理 论

非线性能量阱能够在较宽频带范围内有效吸收主系统的振动能量，并利用阻尼元件将其消耗，从而实现主系统振动响应的被动控制。由于非线性元件的引入，受不同类型激励作用动态耦合系统将呈现不同非线性特征。脉冲激励作用下，动态耦合系统呈现显著的靶向能量传递特征；谐波激励作用下，在特定频段存在两个稳态能量轨道，一旦外部激励达到阈值，高能轨道可以被捕获，在主共振峰之后可以观察到强调制响应(strongly modulated response，SMR)，导致该响应的原因是不同稳态区间的跳跃现象。

2.1.1　靶能量传递原理

多自由度非线性振动系统满足特定条件其动态响应会呈现靶向能量传递现象[6]，即在特定条件下，线性或非线性主系统的振动能量会单向不可逆流向可消耗能量的非线性子系统。从非线性动力学的观点出发，多自由度非线性振动系统中的靶向能量传递现象可看作是系统非线性局部化模态之间存在内共振关系的外在表现。换言之，靶向能量传递现象的发生至少与两个因素相关联：一是系统存在局部化非线性模态；二是局部化非线性模态之间存在内共振。

本质上，非线性模态理论与方法是研究非线性振动系统能量传递机理的重要理论基础。从非线性模态动力学角度出发，非线性振动系统中各子系统之间发生能量交换时，能量并非从一个子系统流向另一个子系统，而是通过非线性局部化模态之间的内共振机制实现。

2.1.2　频率-能量曲线及分岔特征

1.　频率-能量曲线

根据机械振动理论，振动系统动态响应的幅频曲线和相频曲线是描述线性振动系统动态特性的重要工具。非线性能量阱对线性主系统的振动控制主要通过动态耦合系统发生内共振的方式实现，其中，内共振主要分为主共振、亚谐共振和拍振三种形式，且各类型共振随着动态耦合系统不同振动能量而被激发。

频率-能量曲线（简称频能曲线）作为有效的分析工具被广泛应用于研究非线性能量阱的减振效果。针对非线性振动系统的频能曲线图对应系统做非线性周期（模态）运动时系统的振动总能量与振动频率之间的关系图。在此，非线性振动系统的频能曲线图可视为线性振动系统幅频曲线在非线性振动系统的拓展，该图反映了非线性振动系统内部各阶非线性模态之间的耦合作用，也反映了系统各类型内共振分布规律。

目前，非线性振动系统频能曲线的构造方法主要包括：谐波平衡法、复变量平均法和数值延拓法。前两种方法属于半解析方法，两者的核心思想是获得描述非线性振动系统模态运动所满足的系数方程，然后结合数值方法可构建非线性振动系统的频能曲线图。采用复变量平均法的计算过程为：第一步，针对振动系统运动微分方程所选状态变量进行复变量变换；第二步，通过平均法分离非线性振动系统的快慢变分量，并对快变分量平均化处理；第三步，确定局部化非线性模态。采用数值延拓法的计算过程为：第一步，利用打靶法找到特定参数对应的系统非线性模态解（周期解）；第二步，通过数值延拓法建立非线性振动系统的频能曲线图。

综上，谐波平衡法计算简单，缺点是只能获得振动系统的稳态解；复变量平均法不仅可以求解稳态解还可以获得瞬态解，其缺点是推导过程和方程组较复杂；数值延拓法则属于一种数值方法，适应性广，而且可以获得非线性振动系统的局部特征，如振动系统的众多共振舌结构等，其缺点是计算量大，且必须与解析方法相结合。

2. 分岔特征

目前，针对非线性能量阱的研究，主要包括：减振性能评价[7-10]（如系统各部分在时间域和频率域的动态响应和相应的能量传递特征）和非线性特征分析（如分岔特征等）[11]。显然，针对非线性能量阱的分岔特征研究，更利于从减振机制和工作原理方面实现设计参数最优化。另外，实际工况中外部载荷时刻变化，情况复杂，非线性能量阱受变参数外部激励作用，容易导致系统失稳并呈现分岔特征；因此，有必要对非线性能量阱的分岔特性和稳定性展开研究[12]。其中，分岔特性研究主要关注非线性振动系统的鞍结分岔（saddle-node bifurcation，SN）和霍普夫分岔（Hopf bifurcation）随外部激励和设计参数变化其分岔边界的变化规律；系统稳定性则采用李雅普诺夫稳定性判据确定，主要通过改变不同激励幅值，判断系统是否稳定。

1) 鞍结分岔

鞍结分岔作为一种常见的静态分岔类型，已在多个学科领域被广泛地分析和研究。鞍结分岔的出现可将平衡状态的非线性振动系统分为稳定态和不稳定态[13]，如出现一对周期相同的轨道，其中一条是稳定的，另一条则不稳定。研究表明，鞍结分岔与突变理论等联系密切，即以结构稳定性理论为基础，以拓扑学为工具，提出一系列数学模型，以描述振动系统状态突变，给出其处于稳定态的参数区域。当参数通过某些特定位置时，状态就会发生突变。

需要说明，鞍结分岔只能表征非线性振动系统平衡点数目随参数的变化特征，而所得解的稳定性还需要进一步判断。

2) 霍普夫分岔

在分岔研究中，霍普夫分岔是一类重要的动态分岔，主要表示当分岔参数变化且经过分岔值时，从平衡状态中产生孤立的周期运动的现象。从相图上看，即有极限环从平衡点"冒"出来。

2.1.3　重力场的影响

非线性能量阱在实际工程应用中均会受到地球重力场的影响。以航天器为例，在全寿命周期内将分别经历主动发射段(包括地球重力场和大气阻力等)和在轨工作段(包括空间微重力等)不同激励环境，进而对非线性能量阱的减振效果产生显著影响。已有研究中为了忽略重力场的影响，非线性能量阱多采用横向布置方式[14-16]；然而，在实际工程中非线性能量阱多需要沿垂向布置[17]。显然，垂向布置方式必须考虑重力场的影响。

考虑重力场的影响，陈立群等[18]重点研究了基础激励条件下非线性能量阱的动态响应和减振效果的变化规律；但是，针对非线性能量阱分岔特性的变化规律并未考虑。此外，已有研究均未提出非线性能量阱的可实现形式。显然，针对重力场对非线性能量阱影响的理论研究和应用研究均不够充分。

2.2　非线性能量阱设计

随着持续深入的研究，针对非线性能量阱的研究领域已经从基础理论研究逐渐拓展到航空航天[17,19]、民用建筑[20,21]等工程应用领域，并提出多种可行的实现方案[22-26]。弹性薄片屈曲梁作为一类典型的工程结构，因具有独特的非线性特征而得到广泛研究[27]。从工程实际出发，本部分采用弹性梁构建非线性能量阱，并开展理论建模、稳定性研究、影响因素分析和实验验证等内容。

2.2.1　非线性能量阱构建

弹性薄片屈曲梁(简称"弹性梁")作为非线性弹簧元件因其力学性能稳定、不存在材料蠕变等特点而得到持续关注与研究，本节将采用弹性梁作为非线性刚度的实现形式。

两端铰支弹性梁受轴向载荷作用，在未达到临界屈服载荷之前，其变形为零，刚度则趋近于无穷大；在达到临界载荷之后，继续增加载荷，弹性梁则发生屈曲变形，且变形后的刚度呈现非线性变化特征。因此，选用弹性梁作为非线性刚度元件。图 2-1 给出单根弹性梁力学模型，初始状态每根弹性梁中间初始挠度 $w=q_0$，在轴向载荷 P_Z 作用下，其轴向末端位移为 y_z。

上述弹性梁力学模型的精确解可采用椭圆积分[28]表示。但是，对于横向位移不太大的变形，可以通过近似能量法求解[29,30]。首先，定义轴向载荷 P_Z 和末端轴向位移 y_z 之间的近似关系：

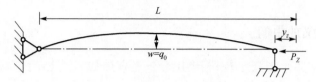

图 2-1　单根弹性梁力学模型

$$P_Z = P_e\left\{1 - \pi\left(\frac{q_0}{L}\right)\left[\pi^2\left(\frac{q_0}{L}\right)^2 + 4\left(\frac{y_z}{L}\right)\right]^{-1/2}\right\}\left[1 + \frac{\pi^2}{8}\left(\frac{q_0}{L}\right)^2 + \frac{1}{2}\frac{y_z}{L}\right] \tag{2-1}$$

式中，$P_e = EI(\pi/L)^2$ 表示弹性梁所受临界载荷，L、E、I 分别表示弹性梁未变形时长度、材料弹性模量和弹性梁截面惯性矩。

将四根弹性梁对称放置并在中间与质量块相连，构成基于弹性梁的非线性能量阱，如图 2-2 所示。对应初始状态，每根弹性梁的初始长度为 L，假设弹性梁处于水平位置时，非线性能量阱处于静平衡状态。需要说明，由于弹性梁结构在不同状态呈现负刚度或非线性刚度特征，故所构成的非线性能量阱属于一类典型的非线性吸振器。

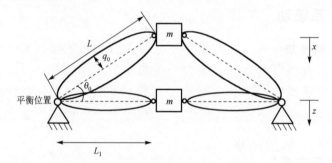

图 2-2　非线性能量阱力学模型

根据单根弹性梁的轴向力-位移关系式(2-1)，可以计算得到基于弹性梁的非线能量阱的(图 2-2)垂向力-位移关系。为了简化计算，采用泰勒级数展开可得到力-位移关系的近似表达式：

$$\tilde{F}(\tilde{z}) = -k_1\tilde{z} + k_3\tilde{z}^3 \tag{2-2}$$

式中，$\tilde{F} = F/P_e$，$\tilde{z} = z_0/L$，z_0 表示质量 m 在静平衡位置处位移，$\gamma = \cos\theta_0$，θ_0 表示弹性梁与水平坐标轴之间的初始夹角，其中，$k_1 = \left(\dfrac{a_q - b_q}{a_q\gamma}\right)\left(\dfrac{b_q^2}{2} - 2\gamma + 6\right)$ 表示线性刚度系数，$k_3 = \dfrac{a_q - b_q}{a_q\gamma^2} + \left(\dfrac{a_q - b_q}{2a_q\gamma^3} + \dfrac{b_q}{\gamma^2 a_q^3}\right)\left(\dfrac{b_q^2}{2} - 2\gamma + 6\right)$ 表示立方刚度项系数，a_q

和 b_q 均表示定义的中间变量，$a_q = \sqrt{\left(\dfrac{\pi q_0}{L}\right)^2 - 4\gamma + 4}$，$b_q = \dfrac{\pi q_0}{L}$。

　　针对实际使用工况，具备本质非线性特征的非线性能量阱为了克服重力场所致结构产生的静态变形，可以采用水平安装或者引入弹性补偿元件抵消重力场对非线性能量阱的影响，如图 2-3 所示。

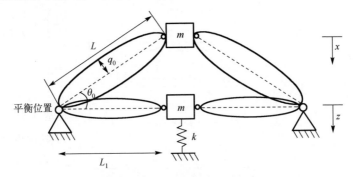

图 2-3　含弹性支承的非线性能量阱力学模型

2.2.2　耦合系统动力学建模

　　为了评估弹性梁非线性能量阱的减振性能，建立"主振系-非线性能量阱"耦合系统动力学模型，通过主振系的振动衰减评价弹性梁非线性能量阱的减振性能。本节所述弹性梁属于双稳态结构，在两个稳定状态之间存在非稳定状态；因此，需要增设辅助弹性支承保证弹性梁非线性能量阱的工作稳定性并补偿重力引起的位移。

　　为了系统研究弹性支承及安装方式对弹性梁非线性能量阱减振性能的影响，本节提出三种辅助弹性支承安装方式并建立相应的理论模型，对弹性梁非线性能量阱的减振性能进行分析和评估。在此基础上，确定弹性支承的最佳安装方式。

　　第一种安装方式：弹性支承完全安装于主振系的主质量上，不与地面连接，构成两自由度振动系统。其中，来自主振系的振动能量通过弹性梁、线性弹簧和阻尼元件传递至附加质量，弹性梁、线性弹簧和阻尼元件的变形量均为主振系质量和附加质量之间的位移差，如图 2-4 所示。由图可见，M 表示主振系质量，K 表示主振系弹性系数，c_1 表示主振系阻尼系数；m 表示弹性梁非线性能量阱质量，k 表示弹性支承的弹性系数，c_2 表示弹性支承的阻尼系数；$F = F_0 \cos(\omega t)$ 表示外部激励力。

第二种安装方式：弹性支承一端安装于非线性能量阱质量上，另一端与地面相连，和主振系构成两自由度振动系统。其中，来自主振系的振动能量通过弹性梁传递至非线性能量阱质量，再由线性弹簧和阻尼元件传递至地面，如图2-5所示。弹性梁变形量为主振系质量和非线性能量阱附加质量之间的位移差，线性弹簧和阻尼元件的变形量为非线性能量阱附加质量位移。图中符号含义与图2-4相同。

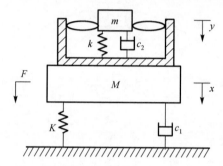

图 2-4　第一种安装方式(模型1)，弹性支承未接地

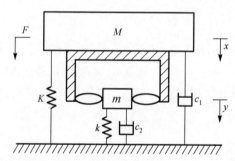

图 2-5　第二种安装方式(模型2)，弹性支承接地

第三种安装方式：弹簧元件安装于非线性能量阱附加质量和地面之间，阻尼元件安装于主振系质量和非线性能量阱附加质量之间，和主振系构成两自由度振动系统。其中，来自主振系的振动能量通过弹性梁和阻尼元件传递至非线性能量阱附加质量，再由弹簧元件传递至地面，如图2-6所示。弹性梁和阻尼元件变形量为主振系质量和非线性能量阱附加质量之间的位移差，弹簧元件的变形量为非线性能量阱附加质量位移。图中符号含义与图2-4相同。

根据牛顿第二定理，分别建立上述三种耦合系统动力学模型的运动微分方程。

第一种安装方式(模型1)——弹性支承未接地：

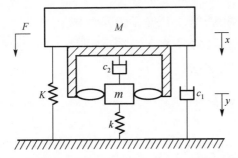

图 2-6 第三种安装方式（模型 3），仅弹簧元件接地

$$\begin{cases} M\ddot{x} + c_1\dot{x} + c_2\dot{z} + Kx - kLk_1'Z - kLk_3'Z^3 = F_0\cos(\omega t) \\ m\ddot{z} + m\ddot{x} + c_2\dot{z} + kLk_1'Z + kLk_3'Z^3 = 0 \end{cases} \tag{2-3}$$

第二种安装方式（模型 2）——弹性支承接地：

$$\begin{cases} M\ddot{x} + c_1\dot{x} + Kx + kL\lambda k_1 Z - kLk_3'Z^3 = F_0\cos(\omega t) \\ m\ddot{z} + m\ddot{x} + c_2\dot{z} + c_2\dot{x} + kz + kx - kL\lambda k_1 Z + kLk_3'Z^3 = 0 \end{cases} \tag{2-4}$$

第三种安装方式（模型 3）——仅弹簧元件接地：

$$\begin{cases} M\ddot{x} + c_1\dot{x} - c_2\dot{z} + Kx + kL\lambda k_1 Z - kLk_3'Z^3 = F_0\cos(\omega t) \\ m\ddot{z} + m\ddot{x} + c_2\dot{z} + kz + kx - kL\lambda k_1 Z + kLk_3'Z^3 = 0 \end{cases} \tag{2-5}$$

式中，$k_1' = 1 - \lambda k_1$，$k_3' = \lambda k_3$，$\lambda = P_e/kL$，$z = y - x$，$Z = z/L$。

为了便于分析，引入无量纲化参数：

$$X = \frac{x}{L}, \quad Z = \frac{z}{L}, \quad \omega_n^2 = \frac{K}{M}, \quad \xi_i = \frac{c_i}{2M\omega_n}, \quad \mu = \frac{m}{M}, \quad \varepsilon = \frac{k}{K},$$

$$\varepsilon_1 = \frac{k_1}{K}, \quad \varepsilon_3 = \frac{k_3}{K}, \quad A = \frac{F_0}{KL}, \quad \tau = \omega_n t, \quad \Omega = \frac{\omega}{\omega_n}$$

通过无量纲化处理，由式（2-3）～式（2-5）对应不同模型的运动微分方程变换如下。

第一种安装方式（模型 1）——弹性支承未接地：

$$\begin{cases} \ddot{X} + 2\xi_1\dot{X} + X - 2\xi_2\dot{Z} - \varepsilon k_1'Z - \varepsilon k_3'Z^3 = A\cos(\Omega\tau) \\ \ddot{Z} + \ddot{X} + 2\xi_2\dot{Z}/\mu + \varepsilon k_1'Z/\mu + \varepsilon k_3'Z^3/\mu = 0 \end{cases} \tag{2-6}$$

第二种安装方式（模型 2）——弹性支承接地：

$$\begin{cases} \ddot{X} + 2\xi_1\dot{X} + X + \varepsilon\lambda k_1 Z - \varepsilon k_3'Z^3 = A\cos(\Omega\tau) \\ \ddot{Z} + \ddot{X} + 2\xi_2\dot{Z}/\mu + 2\xi_2\dot{X}/\mu + \varepsilon Z/\mu + \varepsilon X/\mu - \varepsilon\lambda k_1 Z/\mu + \varepsilon k_3'Z^3/\mu = 0 \end{cases} \tag{2-7}$$

第三种安装方式（模型 3）——仅弹簧元件接地：

$$\begin{cases} \ddot{X} + 2\xi_1\dot{X} - 2\xi_2\dot{Z} + X + \varepsilon\lambda k_1 Z - \varepsilon k_3' Z^3 = A\cos(\Omega\tau) \\ \ddot{Z} + \ddot{X} + 2\xi_2\dot{Z}/\mu + \varepsilon Z/\mu + \varepsilon X/\mu - \varepsilon\lambda k_1 Z/\mu + \varepsilon k_3' Z^3/\mu = 0 \end{cases} \quad (2\text{-}8)$$

2.2.3 频响特性及频能曲线

本节将针对第 2.2.2 节所建耦合系统动力学模型求解其稳态响应表达式，包括频响特性和频能曲线。由于系统动力学方程内含有强非线性刚度项，故采用复变量平均法进行求解。

复变量平均法是一种求解非线性动力学问题的有效方法，此方法不仅能求解弱非线性振动系统，亦适用于具有强非线性刚度的多自由度系统。计算过程中，首先将动力学方程复变量化，区分系统变量快变部分与慢变部分，将快变部分从公式中消除，即可得到振动系统的慢变方程，通过求解可得到频域解析解。

本节通过复变量平均法，重点研究弹性梁非线性能量阱与主振系之间发生 1∶1 内共振时的动态特性。

1. 频响特性

使用复变量平均法推导上述三种耦合系统动力学模型的频响方程，并以第一种安装方式（模型 1）弹性支承未接地情况为例。

引入复变量：

$$\begin{aligned} \varphi_1 e^{\mathrm{i}\Omega\tau} = \dot{X} + \mathrm{i}\Omega X \,, \quad \varphi_1^* e^{-\mathrm{i}\Omega\tau} = \dot{X} - \mathrm{i}\Omega X \\ \varphi_2 e^{\mathrm{i}\Omega\tau} = \dot{Z} + \mathrm{i}\Omega Z \,, \quad \varphi_2^* e^{-\mathrm{i}\Omega\tau} = \dot{Z} - \mathrm{i}\Omega Z \end{aligned} \quad (2\text{-}9)$$

位移 X 和 Z 及其导数可表示为

$$\begin{cases} X = -\dfrac{\mathrm{i}}{2\Omega}(\varphi_1 e^{\mathrm{i}\Omega\tau} - \varphi_1^* e^{-\mathrm{i}\Omega\tau}) \\[2mm] Z = -\dfrac{\mathrm{i}}{2\Omega}(\varphi_2 e^{\mathrm{i}\Omega\tau} - \varphi_2^* e^{-\mathrm{i}\Omega\tau}) \\[2mm] \dot{X} = \dfrac{1}{2}(\varphi_1 e^{\mathrm{i}\Omega\tau} + \varphi_1^* e^{-\mathrm{i}\Omega\tau}) \\[2mm] \dot{Z} = \dfrac{1}{2}(\varphi_2 e^{\mathrm{i}\Omega\tau} + \varphi_2^* e^{-\mathrm{i}\Omega\tau}) \\[2mm] \ddot{X} = \dfrac{1}{2}[\dot{\varphi}_1 e^{\mathrm{i}\Omega\tau} + \mathrm{i}\Omega(\varphi_1 e^{\mathrm{i}\Omega\tau} - \varphi_1^* e^{-\mathrm{i}\Omega\tau})] \\[2mm] \ddot{Z} = \dfrac{1}{2}[\dot{\varphi}_2 e^{\mathrm{i}\Omega\tau} + \mathrm{i}\Omega(\varphi_2 e^{\mathrm{i}\Omega\tau} - \varphi_2^* e^{-\mathrm{i}\Omega\tau})] \end{cases} \quad (2\text{-}10)$$

式中，符号 * 表示共轭，$i^2 = -1$，Ω 表示快变频率即弹性梁非线性能量阱的高阶振动频率，φ_j 表示快变频率 Ω 的慢变调制。将式(2-9)和式(2-10)代入式(2-6)可得到：

$$
\begin{cases}
\dfrac{1}{2}\left[\dot{\varphi}_1 e^{i\Omega\tau} + i\Omega(\varphi_1 e^{i\Omega\tau} - \varphi_1^* e^{-i\Omega\tau})\right] + 2\xi_1 \dfrac{1}{2}(\varphi_1 e^{i\Omega\tau} + \varphi_1^* e^{-i\Omega\tau}) \\[2mm]
-\dfrac{i}{2\Omega}(\varphi_1 e^{i\Omega\tau} - \varphi_1^* e^{-i\Omega\tau}) - 2\xi_2 \dfrac{1}{2}(\varphi_2 e^{i\Omega\tau} + \varphi_2^* e^{-i\Omega\tau}) + \varepsilon k_1' \dfrac{i}{2\Omega}(\varphi_2 e^{i\Omega\tau} - \varphi_2^* e^{-i\Omega\tau}) \\[2mm]
-\varepsilon k_3' \left[-\dfrac{i}{2\Omega}(\varphi_2 e^{i\Omega\tau} - \varphi_2^* e^{-i\Omega\tau})\right]^3 = A\dfrac{e^{i\Omega\tau} - e^{-i\Omega\tau}}{2} \\[4mm]
\dfrac{1}{2}\left[\dot{\varphi}_2 e^{i\Omega\tau} + i\Omega(\varphi_2 e^{i\Omega\tau} - \varphi_2^* e^{-i\Omega\tau})\right] + \dfrac{1}{2}\left[\dot{\varphi}_1 e^{i\Omega\tau} + i\Omega(\varphi_1 e^{i\Omega\tau} - \varphi_1^* e^{-i\Omega\tau})\right] \\[2mm]
+2\dfrac{\xi_2}{\mu}\dfrac{1}{2}(\varphi_2 e^{i\Omega\tau} + \varphi_2^* e^{-i\Omega\tau}) - \dfrac{\varepsilon k_1'}{\mu}\dfrac{i}{2\Omega}(\varphi_2 e^{i\Omega\tau} - \varphi_2^* e^{-i\Omega\tau}) + \\[2mm]
\dfrac{\varepsilon k_3'}{\mu}\left[-\dfrac{i}{2\Omega}(\varphi_2 e^{i\Omega\tau} - \varphi_2^* e^{-i\Omega\tau})\right]^3 = 0
\end{cases}
\tag{2-11}
$$

等式两边同时除 $e^{i\Omega\tau}$，并消去快变分量 $e^{-2i\Omega\tau}$ 和永期项 $e^{2i\Omega\tau}$，可得到：

$$
\begin{cases}
\dot{\varphi}_1 + i\Omega\varphi_1 + 2\xi_1\varphi_1 - \dfrac{i}{\Omega}\varphi_1 - 2\xi_2\varphi_2 + i\dfrac{\varepsilon k_1'}{\Omega}\varphi_2 + i\dfrac{3\varepsilon k_3'}{4\Omega^3}\varphi_2|\varphi_2|^2 = A \\[3mm]
\dot{\varphi}_2 + i\Omega\varphi_2 + \dot{\varphi}_1 + i\Omega\varphi_1 + \dfrac{2\xi_2}{\mu}\varphi_2 - i\dfrac{\varepsilon k_1'}{\mu\Omega}\varphi_2 - i\dfrac{3\varepsilon k_3'}{4\mu\Omega^3}\varphi_2|\varphi_2|^2 = 0
\end{cases}
\tag{2-12}
$$

引入变量：

$$
\varphi_1 = a_1 + ib_1, \quad \varphi_2 = a_2 + ib_2
\tag{2-13}
$$

式中，a_1、b_1、a_2、b_2 均为时间 τ 的函数。

将式(2-13)代入式(2-12)，得到：

$$
\begin{cases}
(\dot{a}_1 + i\dot{b}_1) + i\Omega(a_1 + ib_1) + 2\xi_1(a_1 + ib_1) - \dfrac{i}{\Omega}(a_1 + ib_1) - 2\xi_2(a_2 + ib_2) \\[2mm]
+i\dfrac{\varepsilon k_1'}{\Omega}(a_2 + ib_2) + i\dfrac{3\varepsilon k_3'}{4\Omega^3}(a_2 + ib_2)(a_2^2 + b_2^2) = A \\[4mm]
(\dot{a}_2 + i\dot{b}_2) + i\Omega(a_2 + ib_2) + (\dot{a}_1 + i\dot{b}_1) + i\Omega(a_1 + ib_1) + \dfrac{2\xi_2}{\mu}(a_2 + ib_2) \\[2mm]
-i\dfrac{\varepsilon k_1'}{\mu\Omega}(a_2 + ib_2) - i\dfrac{3\varepsilon k_3'}{4\mu\Omega^3}(a_2 + ib_2)(a_2^2 + b_2^2) = 0
\end{cases}
\tag{2-14}
$$

展开后，分离实部和虚部，得到：

$$
\begin{cases}
\dot{a}_1 - \Omega b_1 + 2\xi_1 a_1 + \dfrac{1}{\Omega}b_1 - 2\xi_2 a_2 - \dfrac{\varepsilon k_1'}{\Omega}b_2 - \dfrac{3\varepsilon k_3'}{4\Omega^3}b_2(a_2^2 + b_2^2) = A \\[2mm]
i\dot{b}_1 + i\Omega a_1 + i2\xi_1 b_1 - i\dfrac{1}{\Omega}a_1 - i2\xi_2 b_2 + i\dfrac{\varepsilon k_1'}{\Omega}a_2 + i\dfrac{3\varepsilon k_3'}{4\Omega^3}a_2(a_2^2 + b_2^2) = 0 \\[2mm]
\dot{a}_2 - \Omega b_2 + \dot{a}_1 - \Omega b_1 + \dfrac{2\xi_2}{\mu}a_2 + \dfrac{\varepsilon k_1'}{\mu\Omega}b_2 + \dfrac{3\varepsilon k_3'}{4\Omega^3}b_2(a_2^2 + b_2^2) = 0 \\[2mm]
i\dot{b}_2 + i\Omega a_2 + i\dot{b}_1 + i\Omega a_1 + i\dfrac{2\xi_2}{\mu}b_2 - i\dfrac{\varepsilon k_1'}{\mu\Omega}a_2 - i\dfrac{3\varepsilon k_3'}{4\mu\Omega^3}a_2(a_2^2 + b_2^2) = 0
\end{cases}
\tag{2-15}
$$

求解出 a_1、b_1、a_2、b_2 代入下式，即可得到系统运动幅值表达式：

$$
\begin{cases}
X = \sqrt{a_1^2 + b_1^2}\big/\Omega \\[2mm]
Z = \sqrt{a_2^2 + b_2^2}\big/\Omega
\end{cases}
\tag{2-16}
$$

由于求解方法相同，弹性支承接地和仅弹簧元件接地耦合系统动力学模型的具体推导过程不再详细赘述，仅给出结果表达式。

第二种安装方式(模型 2)弹性支承接地模型的频响方程：

$$
\begin{cases}
\dot{a}_1 - \Omega b_1 + 2\xi_1 a_1 + \dfrac{1}{\Omega}b_1 + \dfrac{\varepsilon\lambda k_1}{\Omega}b_2 - \dfrac{3\varepsilon k_3'}{4\Omega^3}b_2(a_2^2 + b_2^2) = A \\[2mm]
i\dot{b}_1 + i\Omega a_1 + i2\xi_1 b_1 - i\dfrac{1}{\Omega}a_1 - i\dfrac{\varepsilon\lambda k_1}{\Omega}a_2 + i\dfrac{3\varepsilon k_3'}{4\Omega^3}a_2(a_2^2 + b_2^2) = 0 \\[2mm]
\dot{a}_2 - \Omega b_2 + \dot{a}_1 - \Omega b_1 + \dfrac{2\xi_2}{\mu}a_2 + \dfrac{2\xi_2}{\mu}a_1 + \dfrac{\varepsilon}{\Omega\mu}b_2 + \dfrac{\varepsilon}{\Omega\mu}b_1 \\[2mm]
\quad - \dfrac{\varepsilon\lambda k_1}{\Omega\mu}b_2 + \dfrac{3\varepsilon k_3'}{4\Omega^3\mu}b_2(a_2^2 + b_2^2) = 0 \\[2mm]
i\dot{b}_2 + i\Omega a_2 + i\dot{b}_1 + i\Omega a_1 + i\dfrac{2\xi_2}{\mu}b_2 + i\dfrac{2\xi_2}{\mu}b_1 - i\dfrac{\varepsilon}{\Omega\mu}a_2 - i\dfrac{\varepsilon}{\Omega\mu}a_1 \\[2mm]
\quad + i\dfrac{\varepsilon\lambda k_1}{\Omega\mu}a_2 - i\dfrac{3\varepsilon k_3'}{4\Omega^3\mu}a_2(a_2^2 + b_2^2) = 0
\end{cases}
\tag{2-17}
$$

第三种安装方式(模型 3)仅弹簧元件接地模型的频响方程：

$$\begin{cases} \dot{a}_1 - \Omega b_1 + 2\xi_1 a_1 - 2\xi_2 a_2 + \dfrac{1}{\Omega}b_1 + \dfrac{\varepsilon\lambda k_1}{\Omega}b_2 - \dfrac{3\varepsilon k_3'}{4\Omega^3}b_2(a_2^2 + b_2^2) = A \\[3mm] \mathrm{i}\dot{b}_1 + \mathrm{i}\Omega a_1 + \mathrm{i}2\xi_1 b_1 + \mathrm{i}2\xi_2 b_2 - \mathrm{i}\dfrac{1}{\Omega}a_1 - \mathrm{i}\dfrac{\varepsilon\lambda k_1}{\Omega}a_2 + \mathrm{i}\dfrac{3\varepsilon k_3'}{4\Omega^3}a_2(a_2^2 + b_2^2) = 0 \\[3mm] \dot{a}_2 - \Omega b_2 + \dot{a}_1 - \Omega b_1 + \dfrac{2\xi_2}{\mu}a_2 + \dfrac{\varepsilon}{\Omega\mu}b_2 + \dfrac{\varepsilon}{\Omega\mu}b_1 - \dfrac{\varepsilon\lambda k_1}{\Omega\mu}b_2 + \dfrac{3\varepsilon k_3'}{4\Omega^3}b_2(a_2^2 + b_2^2) = 0 \\[3mm] \mathrm{i}\dot{b}_2 + \mathrm{i}\Omega a_2 + \mathrm{i}\dot{b}_1 + \mathrm{i}\Omega a_1 + \mathrm{i}\dfrac{2\xi_2}{\mu}b_2 - \mathrm{i}\dfrac{\varepsilon}{\Omega\mu}a_2 - \mathrm{i}\dfrac{\varepsilon}{\Omega\mu}a_1 + \mathrm{i}\dfrac{\varepsilon\lambda k_1}{\Omega\mu}a_2 \\[3mm] \quad - \mathrm{i}\dfrac{3\varepsilon k_3'}{4\Omega^3}a_2(a_2^2 + b_2^2) = 0 \end{cases} \tag{2-18}$$

图 2-7 给出采用不同方式安装弹性梁非线性能量阱对应主振系的幅频响应曲线。由图可见，通过安装弹性支承，弹性梁非线性能量阱动态响应保持稳定状态，即主振系幅频响应曲线未出现跳跃现象等典型的非稳态响应特征。其中，第一种安装方式弹性支承未接地时，弹性梁非线性能量阱减振效果最好。另外，通过引入弹性支承导致弹性梁非线性能量阱不仅可以有效抑制主振系的幅频响应，而且，未在其他频点引入新的谐振峰。显然，上述特征属于非线性能量阱的突出优势。

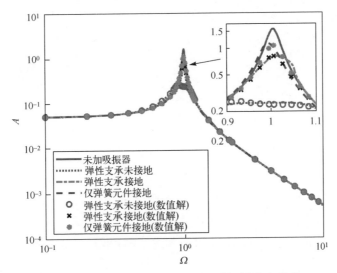

图 2-7　不同安装方式对应主振系幅频响应曲线

另外，需要说明，为了证明本节所建弹性梁非线性能量阱耦合系统动力学模型推导获得的理论结果的正确性，采用四阶龙格库塔法通过数值计算给出幅频响应，如图 2-7 所示。由图可见，相同设计参数数值计算结果与理论结果一致性较好。

综上所述，第一种安装方式(模型 1)弹性支承未接地模型对主振系幅频响应的抑制效果更好，故下面内容重点针对该安装方式非线性能量阱的动态特性展开讨论。

首先，为了便于评估弹性梁非线性能量阱的减振效果，分别与未安装动力吸振器和安装传统线性动力吸振器主振系的幅频响应结果进行对比，如图 2-8 所示。由图可见，传统线性动力吸振器和弹性梁非线性能量阱均可在主振系谐振频率实现对谐振峰的有效抑制，但是传统线性动力吸振器在原有系统吸振频率两侧又引入新的谐振峰，而弹性梁非线性能量阱不仅可以有效抑制主振系谐振峰，且在其他频段并未产生任何负面影响。

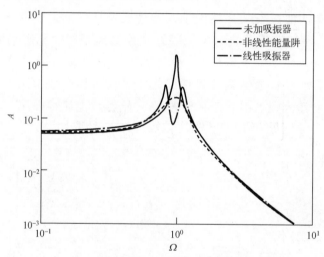

图 2-8　安装不同类型吸振器对应主振系幅频响应曲线

2. 频能曲线

由于频能曲线仅适用于保守系统，故忽略耦合系统动力学方程中阻尼项和外部激励项。然后，采用复变量平均法，计算可得主振系质量的振幅，以及主振系质量和非线性能量阱附加质量之间的相对位移幅值，分别采用 A 和 B 表示。

根据上节不同安装方式弹性梁非线性能量阱幅频响应的计算结果，为了简化计算过程，本节以第一种安装方式(模型 1)弹性支承未接地模型为例。

忽略阻尼项和外部激励项，得到：

$$\begin{cases} M\ddot{x} + Kx + kLk_1'\dfrac{z}{L} + kLk_3'\left(\dfrac{z}{L}\right)^3 = 0 \\[3mm] m\ddot{x} + m\ddot{z} + kLk_1'\dfrac{z}{L} + kLk_3'\left(\dfrac{z}{L}\right)^3 = 0 \end{cases} \tag{2-19}$$

引入复变量：

$$\varphi_1 e^{i\omega t} = \dot{x} + i\omega x, \quad \varphi_1^* e^{-i\omega t} = \dot{x} - i\omega x \quad \varphi_2 e^{i\omega t} = \dot{z} + i\omega z, \quad \varphi_2^* e^{-i\omega t} = \dot{z} - i\omega z \tag{2-20}$$

将式（2-20）代入式（2-19），得到：

$$\begin{aligned} & M\left[\frac{1}{2}\dot{\varphi}_1 e^{i\omega t} + i\frac{\omega_0}{2}(\varphi_1 e^{i\omega_0 t} - \varphi_1^* e^{-i\omega_0 t})\right] + K\left[-i\frac{1}{2\omega}(\varphi_1 e^{i\omega_0 t} - \varphi_1^* e^{-i\omega_0 t})\right] \\ & -kL\left[-i\frac{k_1'}{2L\omega}(\varphi_2 e^{i\omega_0 t} - \varphi_2^* e^{-i\omega_0 t}) + i\frac{k_3'}{8\omega^3 L^3}(\varphi_2 e^{i\omega_0 t} - \varphi_2^* e^{-i\omega_0 t})^3\right] = 0 \end{aligned} \tag{2-21}$$

等式两边同时除以 $e^{i\omega t}$，并消去快变分量 $e^{-2i\omega t}$ 和永期项 $e^{2i\omega t}$，得到：

$$\begin{cases} M\omega^2\varphi_1 - K\varphi_1 + \dfrac{kk_1'}{L}\varphi_2 + \dfrac{3kk_3'}{4L^2\omega^2}\varphi_2|\varphi_2|^2 = 0 \\[3mm] m\omega^2\varphi_2 + m\omega^2\varphi_1 - \dfrac{kk_1'}{L}\varphi_2 - \dfrac{3kk_3'}{4L^2\omega^2}\varphi_2|\varphi_2|^2 = 0 \end{cases} \tag{2-22}$$

引入极坐标变换：

$$\varphi_1 = A_Z e^{i\alpha}, \quad \varphi_2 = B_Z e^{i\beta} \tag{2-23}$$

式中，A 与 B 表示实幅值，α 与 β 表示实相位，定义相位 $\alpha=\beta$ 且对时间 t 的微分为 0，将式（2-23）代入式（2-22），得到：

$$\begin{cases} M\omega^2[\dot{A}_Z + i\omega A_Z] - KA_Z + kk_1'B_Z + \dfrac{3kk_3'}{4L^2\omega^2}B_Z^3 = 0 \\[3mm] m\omega^2[\dot{B}_Z + i\omega B_Z] + m\omega^2[\dot{A}_Z + i\omega A_Z] - kk_1'B_Z - \dfrac{3kk_3'}{4L^2\omega^2}B_Z^3 = 0 \end{cases} \tag{2-24}$$

分离实部和虚部，由虚部可计算得到关于实幅值 A_Z 和 B_Z 的表达式：

$$\begin{cases} M\omega^2 A_Z - KA_Z + kk_1'B_Z + \dfrac{3kk_3'}{4L^2\omega^2}B_Z^3 = 0 \\[3mm] m\omega^2 B_Z + m\omega^2 A_Z - kk_1'B_Z - \dfrac{3kk_3'}{4L^2\omega^2}B_Z^3 = 0 \end{cases} \tag{2-25}$$

式中，$c_z = \dfrac{K - M\omega^2 - m\omega^2}{m\omega^2}$，$A_Z = \sqrt{\dfrac{4L^2\omega^2(m\omega^2 c_z + m\omega^2 - kk_1'c_z)}{3kk_3'c_z^3}}$，$B_Z = c_z A_Z$。

由于推导方法相同，第二种安装方式和第三种安装方式动力学模型对应频能方程简述如下。

第二种安装方式（模型 2）弹性支承接地模型：

$$
\begin{cases}
M\omega A_z - \dfrac{K}{\omega}A_z + \dfrac{kk_1'}{\omega}(A_z - B_z) + \dfrac{3kk_3'}{4L^2\omega^3}(A_z - B_z)^3 = 0 \\
m\omega B_z - \dfrac{k}{\omega}B_z + \dfrac{kk_1'}{\omega}(B_z - A_z) - \dfrac{3kk_3'}{4L^2\omega^3}(B_z - A_z)^3 = 0
\end{cases}
\tag{2-26}
$$

式中，$c_z = \dfrac{K - M\omega^2}{m\omega^2 - k}$，$A_z = \sqrt{\dfrac{4L^2\omega^2[M\omega^2 - K + kk_1'(1 - c_z)]}{3kk_3'(1 - c_z)^3}}$，$B_z = c_z A_z$。

第三种安装方式（模型 3）仅弹簧元件接地模型对应频能方程与第二种安装方式（模型 2）弹性支承接地模型相同。

由式（2-26）即可得到以能量 E（动能或势能）为横坐标，振动频率比 Ω 为纵坐标，可得到系统式（2-3）的频能曲线（frequency energy plot，FEP），如图 2-9 所示。可见，左上方的曲线表示一阶非线性模态；右下方的曲线表示二阶非线性模态。S_{mn} 表示当系统做非线性模态运动时，质量 1 与质量 2 的振动周期之比为 $m:n$；"+"与"−"号分别代表同相与反相运动。例如，$S11+$ 表示两个质量做同相振动，其中，质量 1 与质量 2 的振动周期之比为 $1:1$，即在每个完整的振动周期之内，质量 1 和质量 2 都进行一次往复振动。

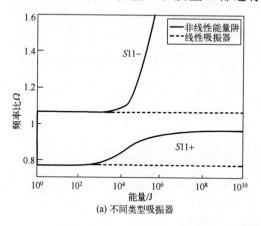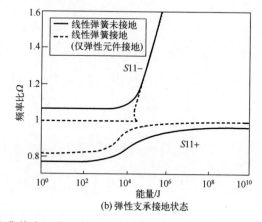

图 2-9　频能曲线（FEP）

由图 2-9(b) 可以看到，一阶非线性模态的振动频率出现下饱和现象，随着能量的减小，振动频率收敛于固定值 1，而且一阶非线性模态出现频率饱和的能量区间与二阶非线性模态出现共振峰的能量区间存在交集，说明其存在内共振，系统的能量会在不同非线性模态之间进行流动。

2.2.4　分岔特性及稳定性

本节主要研究安装弹性梁非线性能量阱耦合动力学系统的鞍结分岔（SN 分岔）和霍普夫分岔（Hopf 分岔）受外部激励和设计参数影响的变化规律。在此基础上，通过李雅普诺夫稳定性判据确定系统的稳定性。

1.　鞍结分岔

通常，非线性振动系统的分岔特性主要考虑激励频率接近主振系固有频率 1：1 的内共振情形，即 $\Omega=(1+\mu\sigma)$。其中，σ 表示激励频率失谐参数，式 (2-3) 可写为

$$\begin{cases} \ddot{X} + \mu\ddot{Y} + X = A\cos[(1+\mu\sigma)\tau] \\ \ddot{Y} + \dfrac{2\xi_2}{\mu}(\dot{Y}-\dot{X}) + \dfrac{\varepsilon k_1'}{\mu}(Y-X) + \dfrac{\varepsilon k_3'}{\mu}(Y-X)^3 = 0 \end{cases} \tag{2-27}$$

引入变量 $v = X+\mu Y$，$w = X-Y$，代入式 (2-27)，得到：

$$\begin{cases} \ddot{v} + \dfrac{v+\mu w}{1+\mu} = A\cos[(1+\mu\sigma)\tau] \\ \ddot{v} - \ddot{w} - 2\xi_2\left(1+\dfrac{1}{\mu}\right)\dot{w} - \varepsilon k_1'\left(1+\dfrac{1}{\mu}\right)w - \varepsilon k_3'\left(1+\dfrac{1}{\mu}\right)w^3 = 0 \end{cases} \tag{2-28}$$

在式 (2-28) 中引入复变量 $\varphi_1 e^{\mathrm{i}\tau} = \dot{v}+\mathrm{i}v$ 和 $\varphi_2 e^{\mathrm{i}\tau} = \dot{w}+\mathrm{i}w$，可得：

$$\begin{cases} \dot{\varphi}_1 + \mathrm{i}\varphi_1 - \mathrm{i}\dfrac{1}{1+\mu}\varphi_1 - \mathrm{i}\dfrac{\mu}{1+\mu}\varphi_2 = A e^{\mathrm{i}\mu\sigma} \\ \dot{\varphi}_2 + \mathrm{i}\varphi_2 - \dot{\varphi}_1 - \mathrm{i}\varphi_1 + 2\xi_2\left(1+\dfrac{1}{\mu}\right)\varphi_2 \\ \quad -\mathrm{i}\varepsilon k_1'\left(1+\dfrac{1}{\mu}\right)\varphi_2 + \mathrm{i}\dfrac{3\varepsilon k_3'}{4}\left(1+\dfrac{1}{\mu}\right)|\varphi_2|^2\,\varphi_2 = 0 \end{cases} \tag{2-29}$$

引入参数 $\phi_j = \varphi_j e^{-\mathrm{i}\mu\sigma\tau}$，其中，$j=1,2$。

$$\begin{cases} \dot{\phi}_1 + \mathrm{i}\mu\sigma\phi_1 + \mathrm{i}\phi_1 - \mathrm{i}\dfrac{1}{1+\mu}\phi_1 - \mathrm{i}\dfrac{\mu}{1+\mu}\phi_2 = A \\ \dot{\phi}_2 + \mathrm{i}\mu\sigma\phi_2 + \mathrm{i}\phi_2 - \dot{\phi}_1 - \mathrm{i}\mu\sigma\phi_1 - \mathrm{i}\phi_1 + 2\xi_2\left(1+\dfrac{1}{\mu}\right)\phi_2 \\ \quad -\mathrm{i}\varepsilon k_1'\left(1+\dfrac{1}{\mu}\right)\phi_2 + \mathrm{i}\dfrac{3\varepsilon k_3'}{4}\left(1+\dfrac{1}{\mu}\right)|\phi_2|^2\,\phi_2 = 0 \end{cases} \tag{2-30}$$

将式 (2-30) 变形为仅含 ϕ_2 的方程：

$$2\xi_2\phi_2+\mathrm{i}\left[\frac{\mu^2\sigma(1+\mu\sigma)}{\mu^2\sigma+\mu\sigma+\mu}-\varepsilon k_1'\right]\phi_2+\mathrm{i}\frac{3\varepsilon k_3'}{4}|\phi_2|^2\phi_2=\frac{A\mu(1+\mu\sigma)}{\mu^2\sigma+\mu\sigma+\mu} \tag{2-31}$$

令 $Z=|\phi_2|^2$，则式（2-31）可写为

$$\alpha_3 Z^3+\alpha_2 Z^2+\alpha_1 Z-\alpha_4=0 \tag{2-32}$$

式中，

$$\alpha_1=4\xi_2^2+\left[\frac{\mu^2\sigma(1+\mu\sigma)}{\mu^2\sigma+\mu\sigma+\mu}-\varepsilon k_1'\right]^2$$

$$\alpha_2=\frac{3\varepsilon k_3'}{2}\left[\frac{\mu^2\sigma(1+\mu\sigma)}{\mu^2\sigma+\mu\sigma+\mu}-\varepsilon k_1'\right]$$

$$\alpha_3=\left(\frac{3\varepsilon k_3'}{4}\right)^2,\quad \alpha_4=-\left[\frac{A\mu(1+\mu\sigma)}{\mu^2\sigma+\mu\sigma+\mu}\right]^2$$

式（2-32）即为鞍结分岔边界。根据分岔边界方程，可以得到主振系随参数变化的鞍结分岔边界，通过边界曲线可选择参数以避免产生分岔。

随着外部激励变化，鞍结分岔边界也随之发生变化，图 2-10 给出鞍结分岔边界随失谐参数 σ 的变化规律。由图可见，随着失谐参数减小，鞍结分岔边界在增大，产生此现象的原因在于受弹性梁非线性能量阱线性刚度分量的影响，导致耦合振动系统固有频率与主振系原始固有频率呈现一定偏差。

为了验证上述假设，人为去除非线性耦合振动系统中弹性梁的线性刚度分量，计算得到系统鞍结分岔边界，如图 2-11 所示。由图可见，鞍结分岔边界随失谐参数减小而减小，变化规律与已有公开报道的研究结论一致[18]。

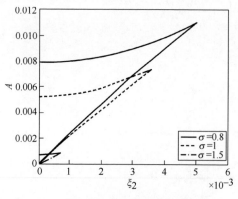

图 2-10　鞍结分岔边界（含线性刚度）

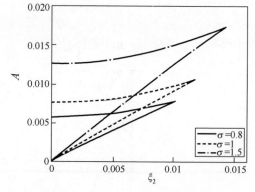

图 2-11　鞍结分岔边界（不含线性刚度）

2. 霍普夫分岔

霍普夫分岔主要用于研究非线性振动系统从平衡状态中产生孤立周期运动的现象。

在式 (2-29) 加入扰动项 $\phi_1 = \phi_{10} + \theta_1$，$\phi_2 = \phi_{20} + \theta_2$，只保留扰动项的线性部分，得到：

$$\begin{cases} \dot{\theta}_1 + i\mu\sigma\theta_1 + i\theta_1 - i\dfrac{1}{1+\mu}\theta_1 - i\dfrac{\mu}{1+\mu}\theta_2 = 0 \\ \dot{\theta}_2 + i\mu\sigma\theta_2 + i\theta_2 - \dot{\theta}_1 - i\mu\sigma\theta_1 - i\theta_1 + 2\xi_2\left(1+\dfrac{1}{\mu}\right)\theta_2 \\ -i\varepsilon k_1'\left(1+\dfrac{1}{\mu}\right)\theta_2 + i\dfrac{3\varepsilon k_3'}{4}\left(1+\dfrac{1}{\mu}\right)(\varphi_{20}^2\theta_2^* + 2\left|\varphi_{20}\right|^2\theta_2) = 0 \end{cases} \tag{2-33}$$

列出式 (2-33) 的参数矩阵，求解其特征多项式：

$$\mu^4 + \gamma_1\mu^3 + \gamma_2\mu^2 + \gamma_3\mu + \gamma_4 = 0 \tag{2-34}$$

仅当 $\mu = \pm i\omega_0$ 时，存在霍普夫分岔，此时式 (2-34) 需满足条件：

$$\begin{cases} \gamma_3^2 - \gamma_1\gamma_2\gamma_3 + \gamma_4\gamma_1^2 = 0 \\ \omega_0^2 = \dfrac{\gamma_3}{\gamma_1} \end{cases} \tag{2-35}$$

进一步，式 (2-35) 可以整理成

$$v_1 Z^2 + v_2 Z + v_3 = 0 \tag{2-36}$$

式中，$Z = \left|\varphi_2\right|^2$。将式 (2-36) 求解出 Z 后代入式 (2-32) 可得霍普夫分岔边界。

图 2-12 给出不同失谐参数变化对振动系统霍普夫分岔边界的影响规律。由图可见，随着失谐参数增大，霍普夫分岔边界所包络面积也随之增大。

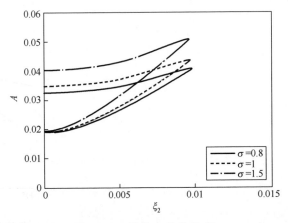

图 2-12　霍普夫分岔边界

2.2.5　重力场的影响

为研究重力场对振动系统减振效果及其稳定性的影响，分别建立有无重力场作用安装弹性梁非线性能量阱耦合系统动力学模型，如图 2-13 所示。其中，M、K、c_1 分别表示主振系的质量、刚度和阻尼；k 和 c_2 分别表示弹性梁非线性能量阱的刚度和阻尼。另外，x 和 y 分别表示无重力场时弹性梁非线性能量阱附加质量和主振系质量的位移，x_e 和 y_e 分别表示有重力场时弹性梁非线性能量阱附加质量和主振系质量的位移，F 表示作用在主振系质量上的外部激励力。

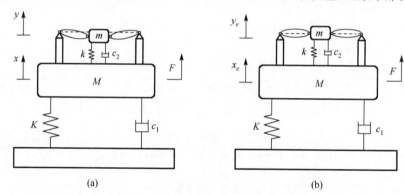

图 2-13　非线性耦合系统动力学模型

根据牛顿第二定律，分别得到无重力与有重力条件下耦合振动系统运动微分方程，如式 (2-37) 和式 (2-38) 所示。

无重力情况：

$$\begin{cases} M\ddot{x} + C_1\dot{x} + C_2(\dot{x} - \dot{y}) + Kx + k(x - y) \\ -kL\lambda k_1(x - y) + kL\lambda k_3(x - y)^3 = F_0\cos(\omega t) \\ m\ddot{y} + C_2(\dot{y} - \dot{x}) + k(y - x) - kL\lambda k_1(y - x) + kL\lambda k_3(y - x)^3 = 0 \end{cases} \tag{2-37}$$

有重力情况：

$$\begin{cases} M\ddot{x} + C_1\dot{x} + C_2(\dot{x} - \dot{y}) + Kx + k(x - y) \\ -kL\lambda k_1(x - y) + kL\lambda k_3(x - y)^3 = F_0\cos(\omega t) - Mg \\ m\ddot{y} + C_2(\dot{y} - \dot{x}) + k(y - x) - kL\lambda k_1(y - x) + kL\lambda k_3(y - x)^3 = -mg \end{cases} \tag{2-38}$$

由图 2-13(a) 和图 2-13(b) 对比可见，受重力场影响弹性梁非线性能量阱附加质量和主振系质量均会下降一段距离，并到达新的平衡位置。根据静态力平衡关系，可得平衡点位置方程为

$$\begin{cases} Kx + k(x-y) - \dfrac{Pek_1}{L}(x-y) + \dfrac{Pek_3}{L^3}(x-y)^3 = -Mg \\ k(y-x) - \dfrac{Pek_1}{L}(y-x) + \dfrac{Pek_3}{L^3}(y-x)^3 = -mg \end{cases} \tag{2-39}$$

推导得到静平衡位置坐标为

$$\begin{cases} x_0 = -(M+m)g/K \\ y_0 = S - (M+m)g/K \end{cases} \tag{2-40}$$

式 中 ， $S=(db^2)^{1/3}/6b-2a/(db^2)^{1/3}$ ， $a=k-Pek_1/L$ ， $b=Pek_3/L^3$ ， $c=-mg$ ，
$d=12\sqrt{3}\sqrt{(4a^3+27bc^2)/b}+108c$ 。

　　为了便于计算，引入新变量将坐标系转换到静平衡位置：

$$\begin{cases} x_e = x - x_0 \\ y_e = y - y_0 \end{cases} \tag{2-41}$$

将上述定义的新变量代入式（2-39），得到：

$$\begin{cases} M\ddot{x}_e + C_1\dot{x}_e + C_2(\dot{x}_e - \dot{y}_e) + Kx_e + k(x_e - y_e) \\ -\dfrac{Pek_1}{L}(x_e - y_e) - 3\dfrac{Pek_3}{L^3}S^2(x_e - y_e) \\ -3\dfrac{Pek_3}{L^3}S(x_e - y_e)^2 + \dfrac{Pek_3}{L^3}(x_e - y_e)^3 = F_0\cos(\omega t) \\ m\ddot{y}_e + C_2(\dot{y}_e - \dot{x}_e) + k(y_e - x_e) - \dfrac{Pek_1}{L}(y_e - x_e) \\ +3\dfrac{Pek_3}{L^3}S^2(y_e - x_e) + 3\dfrac{Pek_3}{L^3}S(y_e - x_e)^2 \\ +\dfrac{Pek_3}{L^3}(y_e - x_e)^3 = 0 \end{cases} \tag{2-42}$$

　　为了便于得到系统慢变流方程，进行坐标变换并定义无量纲化参数：

$$v = x + \mu y, \quad w = x - y, \quad \omega_n^2 = \frac{K}{M}, \quad \xi_i = \frac{C_i}{2M\omega_n}$$

$$\mu = \frac{m}{M}, \quad \varepsilon = \frac{k}{K}, \quad \varepsilon_1 = \frac{k_1}{K}, \quad \varepsilon_3 = \frac{k_3}{K}, \quad A = \frac{F_0}{KL}, \quad \tau = \omega_n t, \quad \Omega = \frac{\omega}{\omega_n}$$

　　将上述无量纲化参数代入式（2-37）和式（2-38），得到无量纲化系统运动微分方程。

　　无重力场情况：

$$\begin{cases} \ddot{v}+2\xi_1\dfrac{\dot{v}+\mu\dot{w}}{1+\mu}+\dfrac{v+\mu w}{1+\mu}=A\cos[(1+\mu\sigma)\tau] \\[2mm] \dfrac{\ddot{v}-\ddot{w}}{1+\mu}-\dfrac{2\xi_2}{\mu}\dot{w}-\dfrac{\varepsilon k_1'}{\mu}w-\dfrac{\varepsilon k_3'}{\mu}w^3=0 \end{cases} \tag{2-43}$$

有重力场情况：

$$\begin{cases} \ddot{v}+2\xi_1\dfrac{\dot{v}+\mu\dot{w}}{1+\mu}+\dfrac{v+\mu w}{1+\mu}=A\cos[(1+\mu\sigma)\tau] \\[2mm] \dfrac{\ddot{v}-\ddot{w}}{1+\mu}-\dfrac{2\xi_2}{\mu}\dot{w}-\dfrac{\varepsilon_1}{\mu}w+\dfrac{Pe\varepsilon_1}{\mu L}w-3\dfrac{Pe\varepsilon_3}{\mu L^3}S^2w+3\dfrac{Pe\varepsilon_3}{\mu L^2}Sw^2-\dfrac{Pe\varepsilon_3}{\mu L}w^3=0 \end{cases} \tag{2-44}$$

进一步，利用复变量平均法研究系统的慢变流，引入新的复变量：

$$\varphi_1 e^{i\tau}=\dot{v}+iv,\quad \varphi_1^* e^{-i\tau}=\dot{v}-iv,\quad \varphi_2 e^{i\tau}=\dot{w}+iw,\quad \varphi_2^* e^{-i\tau}=\dot{w}-iw \tag{2-45}$$

式中，i 表示单位虚数，φ_j 表示系统慢变幅值。若不考虑主振系的阻尼，将式（2-45）代入式（2-43）和式（2-44），通过平均化处理，可消除快变分量部分；同时，令 $\phi_j=\varphi_j e^{-i\mu\sigma\tau}(j=1,2)$，可得系统慢变流。

无重力场情况：

$$\begin{cases} \dot{\phi}_1+i\mu\sigma\phi_1+i\phi_1-i\dfrac{1}{1+\mu}\phi_1-i\dfrac{\mu}{1+\mu}\phi_2=A \\[2mm] \dot{\phi}_2+i\mu\sigma\phi_2+i\phi_2-\dot{\phi}_1-i\mu\sigma\phi_1-i\phi_1+2\xi_2\left(1+\dfrac{1}{\mu}\right)\phi_2 \\[2mm] -i\varepsilon k_1'\left(1+\dfrac{1}{\mu}\right)\phi_2+i\dfrac{3\varepsilon k_3'}{4}\left(1+\dfrac{1}{\mu}\right)|\phi_2|^2\phi_2=0 \end{cases} \tag{2-46}$$

有重力场情况：

$$\begin{cases} \dot{\phi}_1+i\mu\sigma\phi_1+i\phi_1-i\dfrac{1}{1+\mu}\phi_1-i\dfrac{\mu}{1+\mu}\phi_2=A \\[2mm] \dot{\phi}_2+i\mu\sigma\phi_2+i\phi_2-\dot{\phi}_1-i\mu\sigma\phi_1-i\phi_1+\dfrac{2\xi_2}{\mu}(1+\mu)\phi_2 \\[2mm] -i\dfrac{\varepsilon_1}{\mu}(1+\mu)\phi_2+i\dfrac{Pe\varepsilon_1}{\mu L}(1+\mu)\phi_2 \\[2mm] -i\dfrac{3Pe\varepsilon_3}{\mu L^3}(1+\mu)S^2\phi_2+i\dfrac{3Pe\varepsilon_3}{4\mu L}(1+\mu)|\phi_2|^2\phi_2=0 \end{cases} \tag{2-47}$$

1. 频响特性

若令 $\phi_1 = a_1 + \mathrm{i}b_1$ 和 $\phi_2 = a_2 + \mathrm{i}b_2$，分离实部和虚部，计算得到振动系统的频响特性曲线，如图 2-14 所示。由图可见，受力激励作用，重力场对振动系统幅频响应曲线的影响主要集中于谐振频率附近，相应幅值和峰值频率略有差异，但影响不明显。

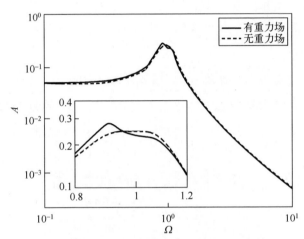

图 2-14 幅频响应曲线(有/无重力场)

2. 分岔特性

1) 鞍结分岔

式(2-46)～式(2-47)的定常解不考虑主振系阻尼的周期解，为了得到其定常解，可令 $\dot{\phi}_j = 0$（$j=1$、2），可以得到稳态幅值方程。

无重力场情况：

$$\begin{cases} \mathrm{i}\mu\sigma\phi_1 + \mathrm{i}\phi_1 - \mathrm{i}\dfrac{1}{1+\mu}\phi_1 - \mathrm{i}\dfrac{\mu}{1+\mu}\phi_2 = A \\[3mm] \mathrm{i}\mu\sigma\phi_2 + \mathrm{i}\phi_2 - \mathrm{i}\mu\sigma\phi_1 - \mathrm{i}\phi_1 + 2\xi_2\left(1+\dfrac{1}{\mu}\right)\phi_2 \\[3mm] \quad -\mathrm{i}\varepsilon k_1'\left(1+\dfrac{1}{\mu}\right)\phi_2 + \mathrm{i}\dfrac{3\varepsilon k_3'}{4}\left(1+\dfrac{1}{\mu}\right)|\phi_2|^2\phi_2 = 0 \end{cases} \qquad (2\text{-}48)$$

有重力场情况：

$$\begin{cases} i\mu\sigma\phi_1 + i\phi_1 - i\dfrac{1}{1+\mu}\phi_1 - i\dfrac{\mu}{1+\mu}\phi_2 = A \\[2mm] i\mu\sigma\phi_2 + i\phi_2 - i\mu\sigma\phi_1 - i\phi_1 + 2\xi_2\left(1+\dfrac{1}{\mu}\right)\phi_2 \\[2mm] -i\varepsilon k_1'\left(1+\dfrac{1}{\mu}\right)\phi_2 + i\dfrac{3\varepsilon k_3'}{4}\left(1+\dfrac{1}{\mu}\right)|\phi_2|^2\phi_2 = 0 \end{cases} \qquad (2\text{-}49)$$

将式(2-48)和式(2-49)中的第一式代入第二式后，方程缩减成仅含$|\phi_2|$的形式，令$Z = |\phi_2|^2$，得到：

$$\alpha_3 Z^3 + \alpha_2 Z^2 + \alpha_1 Z + \alpha_4 = 0 \qquad (2\text{-}50)$$

式中，无重力模型对应参数为

$$\alpha_1 = \left(\dfrac{2\xi_2}{\mu}\right)^2 + \left[(\mu\sigma+1) - \dfrac{(\mu\sigma+1)^2}{(\sigma+\mu\sigma+1)} - \dfrac{\varepsilon k_1'}{\mu}\right]^2$$

$$\alpha_2 = \dfrac{3\varepsilon k_3'}{2\mu}\left[(\mu\sigma+1) - \dfrac{(\mu\sigma+1)^2}{(\sigma+\mu\sigma+1)} - \dfrac{\varepsilon k_1'}{\mu}\right]$$

$$\alpha_3 = \left(\dfrac{3\varepsilon k_3'}{4\mu}\right)^2, \quad \alpha_4 = -\left[\dfrac{A(\mu\sigma+1)}{\mu(\sigma+\mu\sigma+1)}\right]^2$$

有重力模型对应参数为

$$\alpha_1 = \left(\dfrac{2\xi_2}{\mu}\right)^2 + \left[\begin{array}{l} \dfrac{1+\mu\sigma}{1+\mu} - \dfrac{\mu+\mu^2\sigma}{(1+\mu)(\mu^2\sigma+\mu\sigma+\mu)} \\[2mm] -\dfrac{\varepsilon}{\mu} + \dfrac{P_e\varepsilon_1}{\mu L} - \dfrac{3P_e\varepsilon_3}{\mu L^3}S^2 \end{array}\right]^2$$

$$\alpha_2 = \dfrac{3P_e\varepsilon_3}{2\mu L}\left[\begin{array}{l} \dfrac{1+\mu\sigma}{1+\mu} - \dfrac{\mu+\mu^2\sigma}{(1+\mu)(\mu^2\sigma+\mu\sigma+\mu)} \\[2mm] -\dfrac{\varepsilon}{\mu} + \dfrac{P_e\varepsilon_1}{\mu L} - \dfrac{3P_e\varepsilon_3}{\mu L^3}S^2 \end{array}\right]$$

$$\alpha_3 = \left(\dfrac{3P_e\varepsilon_3}{4\mu L}\right)^2, \quad \alpha_4 = -\left[\dfrac{(1+\sigma\mu)}{(\mu^2\sigma+\mu\sigma+\mu)}A\right]^2$$

求解式(2-50)所得的根即为不动点，对应方程周期解。

对式(2-50)求导，得到：

$$3\alpha_3 Z^2 + 2\alpha_2 Z + \alpha_1 = 0 \qquad (2\text{-}51)$$

联列式(2-50)和式(2-51)，将Z消除，得到：

$$f_G = 3\alpha_3(\alpha_1\alpha_2 - 9\alpha_3\alpha_4)^2 + 2\alpha_2(\alpha_1\alpha_2 - 9\alpha_3\alpha_4)(6\alpha_1\alpha_3 - 2\alpha_2^2) + \alpha_1(6\alpha_1\alpha_3 - 2\alpha_2^2)^2 \tag{2-52}$$

上式即为鞍结分岔边界，因所有参数均与 A、ξ_2、σ 有关，上述方程可写成：

$$f_G(A, \xi_2, \sigma) = 0 \tag{2-53}$$

进一步，计算得到设计参数 A、ξ_2、σ 对应的鞍结分岔边界，如图 2-15 所示。由图可见，受重力场影响，振动系统发生鞍结分岔所需激励幅值更大，且对应鞍结分岔边界所包围面积更大。

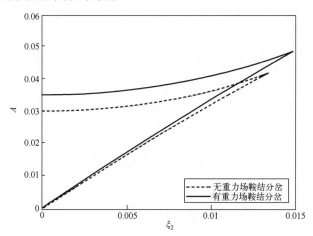

图 2-15　重力场对鞍结分岔的影响

2) 霍普夫分岔

考虑重力场的影响，分别给出振动系统平衡点附近的扰动方程。

无重力场情况：

$$\begin{cases} \dot{\theta}_1 = i\dfrac{1}{1+\mu}\theta_1 - i\mu\sigma\theta_1 - i\theta_1 + i\dfrac{\mu}{1+\mu}\theta_2 \\[2mm] \dot{\theta}_1^* = i\mu\sigma\theta_1^* + i\theta_1^* - i\dfrac{1}{1+\mu}\theta_1^* - i\dfrac{\mu}{1+\mu}\theta_2^* \\[2mm] \dot{\theta}_2 = i\dfrac{1}{1+\mu}\theta_1 + i\dfrac{\mu}{1+\mu}\theta_2 - i\mu\sigma\theta_2 - i\theta_2 - 2\xi_2\left(1+\dfrac{1}{\mu}\right)\theta_2 + i\varepsilon k_1'\left(1+\dfrac{1}{\mu}\right)\theta_2 \\[2mm] \quad -i\dfrac{3\varepsilon k_3'}{2}\left(1+\dfrac{1}{\mu}\right)|\varphi_{20}|^2\theta_2 - i\dfrac{3\varepsilon k_3'}{4}\left(1+\dfrac{1}{\mu}\right)\varphi_{20}^2\theta_2^* \\[2mm] \dot{\theta}_2^* = -i\dfrac{1}{1+\mu}\theta_1^* - i\dfrac{\mu}{1+\mu}\theta_2^* + i\mu\sigma\theta_2^* + i\theta_2^* - 2\xi_2\left(1+\dfrac{1}{\mu}\right)\theta_2^* - i\varepsilon k_1'\left(1+\dfrac{1}{\mu}\right)\theta_2^* \\[2mm] \quad +i\dfrac{3\varepsilon k_3'}{2}\left(1+\dfrac{1}{\mu}\right)|\varphi_{20}|^2\theta_2^* + i\dfrac{3\varepsilon k_3'}{4}\left(1+\dfrac{1}{\mu}\right)\varphi_{20}^{*2}\theta_2 \end{cases} \tag{2-54}$$

有重力场情况：

$$\begin{cases}
\dot{\theta}_1 = \mathrm{i}\dfrac{1}{1+\mu}\theta_1 - \mathrm{i}\mu\sigma\theta_1 - \mathrm{i}\theta_1 + \mathrm{i}\dfrac{\mu}{1+\mu}\theta_2 \\[2mm]
\dot{\theta}_1^* = \mathrm{i}\mu\sigma\theta_1^* + \mathrm{i}\theta_1^* - \mathrm{i}\dfrac{1}{1+\mu}\theta_1^* - \mathrm{i}\dfrac{\mu}{1+\mu}\theta_2^* \\[2mm]
\dot{\theta}_2 = \mathrm{i}\dfrac{1}{1+\mu}\theta_1 + \mathrm{i}\dfrac{\mu}{1+\mu}\theta_2 - \mathrm{i}\mu\sigma\theta_2 - \mathrm{i}\theta_2 - 2\xi_2\left(1+\dfrac{1}{\mu}\right)\theta_2 + \mathrm{i}\varepsilon k_1'\left(1+\dfrac{1}{\mu}\right)\theta_2 \\[2mm]
\quad - \mathrm{i}\dfrac{3\varepsilon k_3'}{2}\left(1+\dfrac{1}{\mu}\right)|\varphi_{20}|^2\theta_2 - \mathrm{i}\dfrac{3\varepsilon k_3'}{4}\left(1+\dfrac{1}{\mu}\right)\varphi_{20}^2\theta_2^* \\[2mm]
\dot{\theta}_2^* = -\mathrm{i}\dfrac{1}{1+\mu}\theta_1^* - \mathrm{i}\dfrac{\mu}{1+\mu}\theta_2^* + \mathrm{i}\mu\sigma\theta_2^* + \mathrm{i}\theta_2^* - 2\xi_2\left(1+\dfrac{1}{\mu}\right)\theta_2^* - \mathrm{i}\varepsilon k_1'\left(1+\dfrac{1}{\mu}\right)\theta_2^* \\[2mm]
\quad + \mathrm{i}\dfrac{3\varepsilon k_3'}{2}\left(1+\dfrac{1}{\mu}\right)|\varphi_{20}|^2\theta_2^* + \mathrm{i}\dfrac{3\varepsilon k_3'}{4}\left(1+\dfrac{1}{\mu}\right)\varphi_{20}^{*2}\theta_2
\end{cases} \tag{2-55}$$

特征多项式方程：

$$\mu^4 + \gamma_1\mu^3 + \gamma_2\mu^2 + \gamma_3\mu + \gamma_4 = 0 \tag{2-56}$$

式中，无重力情况下：

$$\gamma_1 = \frac{4\xi_2(\mu+1)}{\mu}$$

$$\gamma_2 = \frac{1}{16\mu^2}\left(\begin{array}{l}
27\varepsilon^2 k_{31}^2\mu^2 z^2 - 48k_{11}\varepsilon^2 k_{31}\mu^2 z + 48\sigma\varepsilon k_{31}\mu^3 z + 54\varepsilon^2 k_{31}^2\mu z^2 + 16k_{11}^{\;2}\varepsilon^2\mu^2 \\
-32k_{11}\sigma\varepsilon\mu^3 - 96k_{11}\varepsilon^2 k_{31}\mu z + 32\sigma^2\mu^4 + 48\sigma\varepsilon k_{31}\mu^2 z + 27\varepsilon^2 k_{31}^2 z^2 \\
+32k_{11}^{\;2}\varepsilon^2\mu - 32k_{11}\sigma\varepsilon\mu^2 - 48k_{11}\varepsilon^2 k_{31} z + 16k_{11}^{\;2}\varepsilon^2 + 32\sigma\mu^3 + 48\varepsilon k_{31}\mu z \\
+64\mu^2\xi_2^{\;2} - 32k_{11}\varepsilon\mu + 128\mu\xi_2^{\;2} + 16\mu^2 + 64\xi_2^{\;2}
\end{array}\right)$$

$$\gamma_3 = 4\xi_2(\delta^2\mu^2 + \delta^2\mu + 2\delta\mu + 1)$$

$$\gamma_4 = \left(\frac{1}{16\mu^2}\right)\left(\begin{array}{l}
27\sigma^2\varepsilon^2 k_{31}^2\mu^4 z^2 - 48k_{11}\sigma^2\varepsilon^2 k_{31}\mu^4 z + 48\sigma^3\varepsilon k_{31}\mu^5 z + 54\sigma^2\varepsilon^2 k_{31}^2\mu^3 z^2 + \\
16k_{11}^{\;2}\sigma^2\varepsilon^2\mu^4 - 32k_{11}\sigma^3\varepsilon\mu^5 - 96k_{11}\sigma^2\varepsilon^2 k_{31}\mu^3 z + 16\sigma^4\mu^6 + 48\sigma^3\varepsilon k_{31}\mu^4 z \\
+27\sigma^2\varepsilon^2 k_{31}^2\mu^2 z^2 + 54\sigma\varepsilon^2 k_{31}^2\mu^3 z^2 \\
+32k_{11}^2\sigma^2\varepsilon^2\mu^3 - 32k_{11}\sigma^3\varepsilon\mu^4 - 48k_{11}\sigma^2\varepsilon^2 k_{31}\mu^2 z - 96k_{11}\sigma\varepsilon^2 k_{31}\mu^3 z \\
+96\sigma^2\varepsilon k_{31}\mu^4 z + 54\sigma\varepsilon^2 k_{31}^2\mu^2 z^2 + 16k_{11}^2\sigma^2\varepsilon^2\mu^2 + 32k_{11}^2\sigma\varepsilon^2\mu^3 - 64k_{11}\sigma^2\varepsilon\mu^4 \\
-96k_{11}\sigma\varepsilon^2 k_{31}\mu^2 z + 32\sigma^3\mu^5 + 48\sigma^2\varepsilon k_{31}\mu^3 z + 64\sigma^2\mu^4\xi_2^{\;2} \\
+27\varepsilon^2 k_{31}^2\mu^2 z^2 + 32k_{11}^2\sigma\varepsilon^2\mu^2 - 32k_{11}\sigma^2\varepsilon\mu^3 - 48k_{11}\varepsilon^2 k_{31}\mu^2 z + 128\sigma^2\mu^3\xi_2^{\;2} \\
+48\sigma\varepsilon k_{31}\mu^3 z + 16k_{11}^2\varepsilon^2\mu^2 - 32k_{11}\sigma\varepsilon\mu^3 + 16\sigma^2\mu^4 + 64\sigma^2\mu^2\xi_2^{\;2} + 128\sigma\mu^3\xi_2^{\;2} \\
+128\sigma\mu^2\xi_2^{\;2} + 64\mu^2\xi_2^{\;2}
\end{array}\right)$$

有重力情况下：

$$\gamma_1 = \frac{4\xi_2(1+\mu)}{\mu}$$

$$\gamma_3 = 4\xi_2(\sigma^2\mu^2 + \sigma^2\mu + 2\mu\sigma + 1)$$

式(2-35)满足式(2-15)的条件，整理后可得关于 Z 的形式：

$$v_1Z^2 + v_2Z + v_3 = 0 \tag{2-57}$$

求解 Z 计算得到振动系统霍普夫分岔边界，如图 2-16 所示。由图可见，受重力影响振动系统发生霍普夫分岔所需激励幅值更大，且所包围面积也更大。

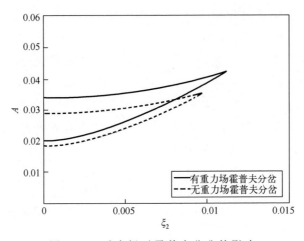

图 2-16　重力场对霍普夫分岔的影响

2.2.6　影响因素分析

1. 外部激励幅值

针对非线性振动系统，外部激励幅值将影响系统动态响应特性。保持系统设计参数不变，选择不同外部激励幅值计算得到鞍结分岔和霍普夫分岔，如图 2-17 所示。由图可见，当 $\xi_2 < 0.0113$ 时，鞍结分岔与霍普夫分岔同时存在；当 $0.0113 < \xi_2 < 0.0148$ 时，仅存在鞍结分岔；当 $\xi_2 > 0.0148$ 时，系统分岔特征完全消失。

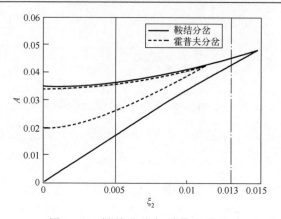

图 2-17 鞍结分岔与霍普夫分岔

考虑参数 ξ_2 的影响，分别选择 $\xi_2=0.005$ 和 $\xi_2=0.013$，振动系统响应幅值随激励幅值变化的结果曲线，如图 2-18 所示。当 $\xi_2=0.005$ 时，随着激励幅值增大，振动系统由一个解变为三个解，且呈现鞍结分岔和霍普夫分岔共存的情况参见图 2-18(a)。其中，鞍结分岔点为 $A=0.017$ 和 $A=0.036$，霍普夫分岔点为 $A=0.026$ 和 $A=0.035$。当 $\xi_2=0.013$ 时，随着激励幅值增大，振动系统由一个解变化为三个解，且振动系统仅存在鞍结分岔，霍普夫分岔不存在，参见图 2-18(b)。其中，鞍结分岔点为 $A=0.043$ 和 $A=0.045$。

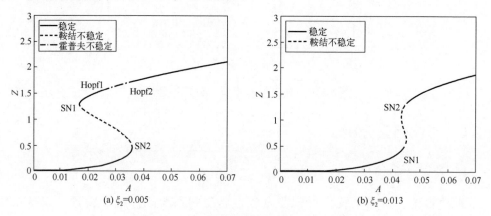

图 2-18 响应幅值随激励幅值变化曲线

通过上述研究，为了更深入了解振动系统的分岔特性变化规律，在频域展开讨论。分别选择 $\mu=0.02$，$\xi_2=0.002$，$A=0.01$，在二维平面 (σ, Z) 可得到响应幅值随频率失谐参数变化的曲线，如图 2-19 所示。由图可见，整个解枝分为上层大幅值响应与下层低幅值响应两部分，当激励频率 σ 位于频率范围[-3.6，-2.36]和[-0.88，1.48]时，振动系统存在多解共存的情况。

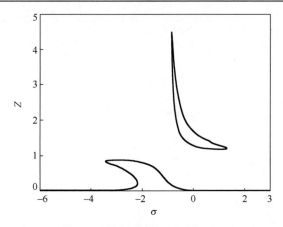

图 2-19 响应幅值随激励频率变化曲线

　　同样的，考虑外部激励幅值变化对系统动态响应的影响规律，如图 2-20 所示。由图可见，当激励幅值增大时，振动系统响应幅值也会不断增大，且多解情况和不稳定区域会持续存在，当幅值达到一定程度，上层大幅值响应和下层低幅值响应会重合，但多解区间并未消失反而逐渐增大。

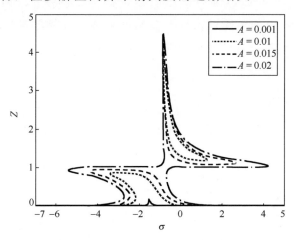

图 2-20 不同激励幅值对应系统频响曲线

2. 初始挠度 q_0

　　针对弹性梁非线性能量阱初始挠度对振动系统动态特性的影响展开讨论，选择参数 $\mu=0.02$，$\sigma=0.5$，计算结果如图 2-21 所示。由图可见，初始挠度 q_0 变化对振动系统分岔特性影响不显著。

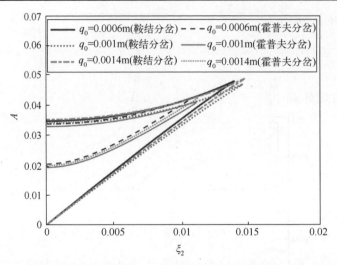

图 2-21　不同初始挠度对应振动系统鞍结分岔与霍普夫分岔（见彩图）

3. 梁初始长度 L

考虑弹性梁非线性能量阱初始长度 L 对振动系统分岔特性的影响，计算结果如图 2-22 所示。由图可见，相较于初始挠度 q_0，弹性梁非线性能量阱初始长度 L 对振动系统分岔特性的影响较大。随着梁长度增加，振动系统的鞍结分岔与霍普夫分岔边界包围范围均减小。

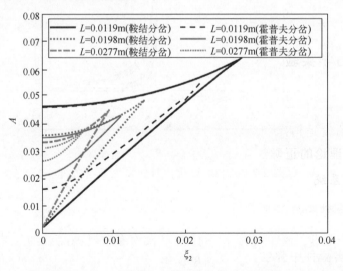

图 2-22　不同初始长度 L 对应振动系统鞍结分岔和霍普夫分岔（见彩图）

4. 斜置倾角 θ_0

弹性梁非线性能量阱斜置倾角 θ_0 对振动系统分岔特性的影响，如图 2-23 所示。由图可见，随着斜置倾角增大，振动系统发生鞍结分岔所需激励幅值和三个周期解的边界减小，且霍普夫分岔不稳定解所包围的范围减小。

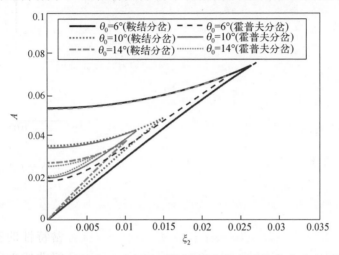

图 2-23　不同斜置倾角对应振动系统鞍结分岔和霍普夫分岔（见彩图）

2.3　实　验　验　证

2.3.1　静力学实验

1. 实验目的

非线性刚度是构建非线性能量阱的重要影响因素之一，因此，为了验证第 2.2.1 节所述理论的正确性，针对所设计非线性能量阱开展静力学实验。

2. 实验系统

静力学实验系统主要包括质量块、游标卡尺、实验件等，如图 2-24 所示。过程中，通过在实验件上施加不同重量的质量块模拟加载工况；同时，使用游标卡尺记录实验件中弹性元件变形情况。需要说明，由于非线性能量阱的刚度分别由弹性薄片屈曲梁和线性螺旋弹簧提供，故为了便于分析，此处静力学实验将分别实测线性螺旋弹簧刚度和两者组合刚度。

图 2-24　静力学实验系统

3. 实验结果与分析

根据上节所述实验过程，分别取重复三次所得实测数据的平均值，近似得到非线性能量阱实验件的力-位移曲线，如图 2-25 所示。由图可见，在小幅位移范围内，螺旋弹簧和两者组合的力-位移曲线实测数据与理论结果一致性较好。

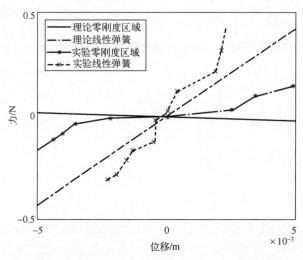

图 2-25　非线性能量阱的力-位移曲线

2.3.2　动力学实验

1. 实验件设计

实验件为主振系和弹性梁非线性能量阱的组合体，如图 2-26 所示。可见，主振系由固定板、安装板、圆导轨、直线轴承、固定支撑座、配重块、M10 螺柱和线性弹簧组成。其中，主振系的质量部分主要由安装板、配重块、直线轴承、M10 螺柱、导轨等提供；线性弹簧则提供主振系的刚度部分；弹性梁非线性能量阱则由质量块盒、弹性梁、中间楔块、V 型楔块、导轨、弹簧、固定底座和蝶形螺母组成。通过在质量块盒中添加不同数量的质量块为非线性能量阱提供质量部分；四根并联安装的弹性梁提供非线性刚度（包含立方刚度和线性刚度），弹簧则提供正刚度。

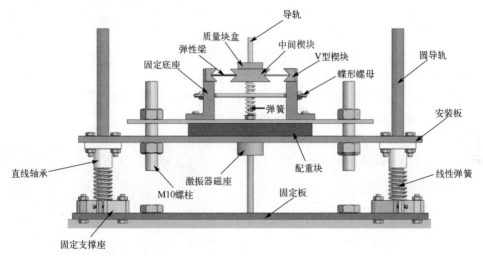

图 2-26　实验件结构示意图

2. 实验系统及实验件状态

实验系统主要包括：信号发生器、功率放大器、激振器、加速度传感器、信号采集仪及计算机等，如图 2-27 所示。具体实验设备规格参数详见表 2-1。图 2-28 给出非线性能量阱实验件的安装状态。

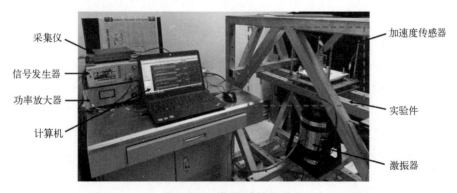

图 2-27　实验系统照片

表 2-1　设备清单

序号	名称	设备型号	设备编号	技术参数	数量
1	信号采集仪	YSV8004	/	4 通道	1 台
2	传感器 1	YA19 ICP	81208	灵敏度：98.20（mV/g）	1 个
3	传感器 2	YA19 ICP	81206	灵敏度：97.47（mV/g）	1 个
4	屏蔽电缆	BNC 接头电缆	/	/	3 根
5	信号发生器	UTG2025A	/	0～6kHz	1 台
6	功率放大器	GF-10	/	5～20000	1 台
7	激振器	YE-20	/	0～200N	1 台

由图可见，动力学实验共选择两个典型位置作为振动响应的测点，分别位于安装板上表面和弹性梁非线性能量阱附加质量处。

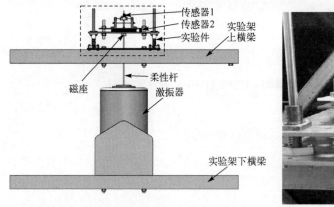

(a) 结构示意图　　　　　　　　　　　(b) 实物照片

图 2-28　实验件安装状态

3. 实验结果与分析

通过第 2.2.6 节分析发现外部激励幅值对非线性能量阱动态响应影响较大，故实验过程中选择不同输入电压模拟外部变幅激励的影响。另外，考虑非线性能量阱属于一类典型的强非线性系统，本部分实验过程采用线性慢扫频方式施加激励，以便识别系统非线性特征。综上，设置扫频范围为 1～100Hz，扫频时间为 300s，输入电压幅值分别为 40mVpp、80mVpp、120mVpp、200mVpp。

不同输入电压幅值对应各典型位置的时域动态响应，如图 2-29 所示。由图可见，小幅激励条件下振动能量无法从主振系传递到非线性能量阱，故主振系的振动响应较大且得不到有效衰减；随着激励幅值增大，弹性梁非线性能量阱的动态响应明显增大。当输入电压幅值为 200mVpp 时，系统动态响应呈现显著的非对称非线性特征，且在约 350s 处发生跳变。

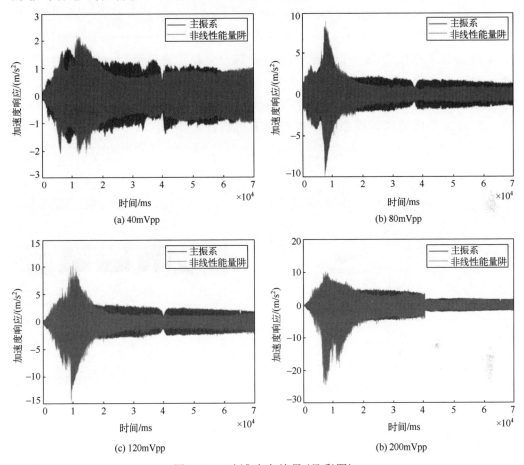

图 2-29　时域响应结果（见彩图）

将实时采集的数据通过傅里叶变换，可以得到相应的频域响应结果曲线，如图 2-30 所示。从图中可以发现，随着外部激励幅值增大，非线性能量阱的响应发生变化。受较小激励（输入电压 40mVpp）时，非线性能量阱的响应在大部分测试频率范围内小于主振系响应，且未呈现任何非线性响应特征，安装非线性能量阱前后，主振系动态响应几乎没有变化，说明非线性能量阱并未发挥抑振作用，如图 2-30(a) 所示。

随着激励幅值增大，非线性能量阱在共振频率附近处的动态响应远远大于主振系的动态响应，说明输入激励超过了非线性能量阱发生靶能量传递的阈值，主振系中的振动能量主要被非线性能量阱俘获并耗散，从而降低主振系的动态响应，如图 2-30(b)和图 2-30(c)所示。显然，安装非线性能量阱的抑振效果显著。

当输入激励幅值增大到 200mVpp 时，非线性能量阱及主振系在约 48Hz 处发生跳变，参见图 2-30(d)，产生该现象的主要原因在于受大幅激励作用，非线性能量阱从弹性梁的一个稳定态跳变到另一个稳定态，这属于非线性能量阱动态响应的一类典型特征。

此外，理论计算结果和实测数据曲线拟合较好，整体变化趋势基本保持一致，从而证明所建理论模型及分析结论的正确性。

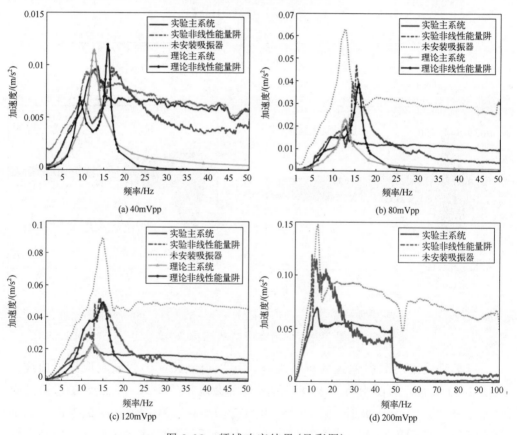

图 2-30　频域响应结果（见彩图）

参 考 文 献

[1] 申大山. 非线性吸振器对星载飞轮微振动的抑制研究[D]. 北京: 北京科技大学, 2022.

[2] Wang J J, Wierschem E N, Spencer Jr B F, et al. Track nonlinear energy sink for rapid response reduction in building structures[J]. Journal of Engineering Mechanics, 2015, 141(1): 04014104.

[3] Gourdon E, Lamarque C H. Nonlinear energy sink with uncertain parameters[J]. Journal of Computational and Nonlinear Dynamics, 2006, 1(3): 187-195.

[4] Nucera F, Vakakis A F, McFarland D M, et al. Targeted energy transfers in vibro-impact oscillators for seismic mitigation[J]. Nonlinear Dynamics, 2007, 50(3): 651-677.

[5] Vakakis A F, Gendelman O V, Bergman L A, et al. Nonlinear Targeted Energy Transfer in Mechanical and Structural Systems Ⅱ[M]. Netherland: Springer Sciences & Business Media, 2009.

[6] 张新华, 曹保锋. 非线性振动系统的能量传递机理[J]. 应用力学学报, 2013, 30(6): 839-844, 950.

[7] 刘海平, 申大山, 王添. 不同类型欧拉屈曲梁非线性吸振器动态特性的影响研究[J]. 振动工程学报, 2022, 35(3): 643-651.

[8] Kerschen G, Kowtko J J, McFarland D M, et al. Theoretical and experimental study of multimodal targeted energy transfer in a system of coupled oscillators[J]. Nonlinear Dynamics, 2006, 47(1/2/3): 285-309.

[9] Starosvetsky Y, Gendelman O V. Interaction of nonlinear energy sink with a two degrees of freedom linear system: Internal resonance[J]. Journal of Sound and Vibration, 2010, 329(10): 1836-1852.

[10] Manevitch L I, Musienko A I, Lamarque C H. New analytical approach to energy pumping problem in strongly nonhomogeneous 2DOF systems[J]. Meccanica, 2006, 42(1): 77-83.

[11] Bab S, Khadem S E, Mahadiabadi M K, et al. Vibration mitigation of a rotating beam under external periodic force using a nonlinear energy sink (NES)[J]. Journal of Vibration and Control, 2016, 23(6): 1001-1025.

[12] 刘海平, 张俊, 申大山. 重力场对欧拉屈曲梁非线性吸振器分岔特征影响研究[J]. 振动与冲击, 2023, 42(3): 64-73.

[13] 萧寒. 多自由度非线性系统的霍普分岔与鞍结分岔控制[D]. 长沙: 湖南大学, 2008.

[14] 谭平, 刘良坤, 陈洋洋. 非线性能量阱减振系统受基底简谐激励的分岔特性分析[J].

工程力学, 2017, 34(12): 67-74.

[15] 李爽, 楼京俊, 柴凯, 等. 激励力幅值对非线性能量阱系统全局分岔特性的影响研究[J]. 船舶力学, 2021, 25(4): 479-488.

[16] 甄冬, 李堃, 刘晓昂. 非线性能量阱对汽车车身垂向振动抑制效果研究[J]. 中国机械工程, 2015, 32(5): 477-483.

[17] Yang K, Zhang Y W, Ding H, et al. Nonlinear energy sink for whole-spacecraft vibration reduction[J]. Journal of Vibration and Acoustics, 2017, 139(2): 1-19.

[18] Chen L Q, Li X, Lu Z Q, et al. Dynamic effects of weights on vibration reduction by a nonlinear energy sink moving vertically[J]. Journal of Sound and Vibration, 2019, 451: 99-119.

[19] 张也弛. 基于非线性能量阱的双共振峰振动抑制的力学特性研究[J]. 航天器环境工程, 2015, 32(5): 477-483.

[20] Luo J, Wierschem N E, Fahnestock L A, et al. Design, simulations, and large-scale testing of an innovative vibration mitigation device employing essentially nonlinear elastomeric springs[J]. Earthquake Engineering & Structural Dynamics, 2014, 43(12): 1829-1851.

[21] Luo J, Wierschem N E, Hubbard S A, et al. Large-scale experimental evaluation and numerical simulation of a system of nonlinear energy sinks for seismic mitigation[J]. Engineering Structures, 2014, 77: 34-48.

[22] 刘海平, 杨建中, 罗文波, 等. 新型欧拉屈曲梁非线性动力吸振器的实现及抑振特性研究[J]. 振动与冲击, 2016, 35(11): 155-160, 228.

[23] Lu X L, Liu Z P, Lu Z. Optimization design and experimental verification of track nonlinear energy sink for vibration control under seismic excitation[J]. Structural Control & Health Monitoring, 2017, 24(5): 2033.

[24] Wang J J, Wierschem N, Spencer Jr B F, et al. Experimental study of track nonlinear energy sinks for dynamic response reduction[J]. Engineering Structures, 2015, 94: 9-15.

[25] Luo J, Wierschem N E, Fahnestock L A, et al. Realization of a strongly nonlinear vibration-mitigation device using elastomeric bumpers[J]. Journal of Engineering Mechanics, 2014, 140(5): 04014009.

[26] Al-Shudeifat M A. Asymmetric magnet-based nonlinear energy sink[J]. Journal of Computational and Nonlinear Dynamics, 2015, 10(1): 014502.

[27] Scheidl R, Scherrer M, Zagar P. The buckling beam as actuator element for on-off hydraulic micro valves[J]. International Journal of Hydromechatronics, 2021, 4(1): 55-68.

[28] Bažant Z P, Cedolin L. Stability of Structures: Elastic, Inelastic, Fracture and Damage Theories[M]. Singapore: World Scientific Publishing Company, 2010.

[29] Virgin L, Davis R. Vibration isolation using buckled struts[J]. Journal of Sound and Vibration, 2003, 260: 965-973.

[30] Gendelman O V, Starosvetsky Y, Feldman M. Attractors of harmonically forced linear oscillator with attached nonlinear energy sink-I: Description of response regimes[J]. Nonlinear Dynamics, 2008, 51(112): 31-46.

第 3 章　准零刚度隔振器的理论及设计

　　根据隔振理论，在传统线性隔振器设计过程中存在"阻尼"与"高频段衰减率"、"刚度"与"固有频率"的矛盾。针对传统线性隔振器，设计参数主要包括阻尼和刚度，若选择较大阻尼，可以有效减小谐振峰值，但会减小对高频段激励的衰减量；若选择降低系统的固有频率，以便拓宽隔振频带，则需要降低受载情况下的动刚度，此时隔振系统的静态变形将增大，导致其承载能力降低。传统线性隔振器均采用线性刚度，由于其在静态承载或动态激励条件下均具有固定刚度值，所以不能通过改变刚度参数来改善隔振器的隔振效果[1]。虽然，通过引入主动隔振或主被动一体化隔振方法，可以改善隔振系统的低频减振功能；但是，也会带来诸多问题，如结构复杂、需要输入外部能量等。针对工程中，存在设备尺寸大、结构偏重和隔振效率要求高等难题，科研人员提出使用负刚度调节器降低传统线性隔振器的动态刚度并保证其承载能力的技术方案解决上述工程问题，由此实现新型的"高静低动"隔振器。

3.1　隔　振　理　论

3.1.1　高静低动原理

　　高静低动，即高静态刚度实现隔振系统静态小变形，低动态刚度满足隔振系统动态宽频减振的目标。"高静低动"也称为"准零刚度"，是一种充分利用非线性刚度实现低频宽带隔振效果的方法。图 3-1 给出隔振器"高静低动"特征的实现原理，准零刚度隔振器通常由线性正刚度元件和负刚度元件并联组成。当隔振器正刚度和负刚度相互抵消时，系统刚度在一定位移区间 Δx 内趋近于零或等于零，Δx 便是准零刚度隔振器的有效工作区间。

　　通过对比图 3-1 中线性结构与非线性结构的力-变形曲线可见，在曲线交点处，两种结构的位移近似相等，但在该位置附近，非线性结构的刚度远小于线性结构。常规线性结构(如螺旋弹簧)的静刚度(力与位移的比值)与动刚度(力-位移曲线关于位移求导)处处相等；但是，非线性结构的刚度却随位移动态变化[2]。图 3-1 中实线表示负载重量恰好等于动态刚度为零时隔振器所受载荷的大小，隔振器恰好处于平衡位置。但是，这类非线性力-位移曲线在实际中很难实现。当对上述非线性结构施加微幅激励时，该隔振系统近似为线性系统，具有理想的动态特征，即动刚度与固有频率相关，具备准零刚度特征的动态刚度可使系统隔振频率近似为零，相比线性隔振系统有效隔振频带被显著拓宽；同时，隔振系统的静态承载能力却未受影响。由此，所设计非线性隔振系统兼具"高静态刚度和低动态刚度"特征(简称"高静低动")，显示出良好的减隔振性能。

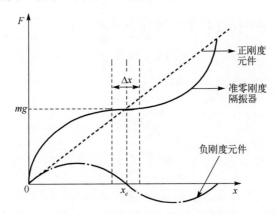

图 3-1　准零刚度特征的实现原理

从工作原理出发，设计准零刚度隔振器过程中最重要的环节是构建满足要求的负刚度元件。因此，国内外学者提出多种负刚度元件的实现形式。

(1)通过施加预变形或受负载自重影响迫使结构发生形变，进而表现出负刚度特征，如碟形弹簧[2]，预变形屈曲梁[3]等。或者，通过组合多种机构提供负刚度，如斜置螺旋弹簧[4]等。

(2)采用单一结构(如凸轮机构[5])通过空间布置使整体结构呈现负刚度特征。

(3)利用电磁力随电流变化特性，通过电磁作用实现负刚度，此类结构更容易实现半主动或主动控制[6]。类似地，亦可以采用磁流变[7]等其他作动器构建负刚度系统。

上述准零刚度隔振器的工作原理是通过采用相对独立的正负刚度元件构建隔振系统，受加工精度、装配误差和活动部件之间相对摩擦的影响，导致隔振器结构复杂，可靠性差且对隔振器的减隔振效率产生不利影响。在此基础上，科研人员利用均匀材料，通过新颖的结构设计提出一种可实现准零刚度特征的一体化准零刚度隔振结构[8-10]。

3.1.2　静力学分析

若准零刚度隔振器受负载重力作用产生的静态位移为 x，则对应的弹性恢复力为 $F(x)$。若隔振器未受载荷作用时，产生的位移及相应弹性恢复力均为零，则有：

$$F(0) = 0 \tag{3-1}$$

若准零刚度隔振器受工作载荷 F_{load} 作用，产生位移 x_{load}：

$$F(x_{\text{load}}) = F_{\text{load}} \tag{3-2}$$

针对准零刚度隔振器，则有：

$$\frac{\partial^2 F(x_{\text{load}})}{\partial x^2} = 0 \tag{3-3}$$

$$\frac{\partial F(x_{\text{load}})}{\partial x} = 0 \tag{3-4}$$

以一体化准零刚度隔振器为例，进一步分析其静态力学特性。无负载条件下准零刚度隔振器如图 3-2(a) 所示。由图可见，d_{I1} 和 d_{I2} 分别表示内壁和外壁的直径，t_{Ih} 表示倾斜面壁厚，s_I 表示倾斜面沿垂直方向高度，h_{Is} 表示内壁高度，t_{Is} 表示内壁厚度，h_{If} 表示外壁高度，t_{If} 表示外壁厚度。F 表示施加在准零刚度隔振器上端面的轴向力，x 表示垂向位移。为了便于分析，假设准零刚度隔振器内外壁厚度和高度满足条件 $t_{Is}=t_{If}$，$h_{Is}=h_{If}$。在此基础上，可以得到准零刚度隔振器沿垂向位移 x 和轴向力 F 之间的关系[2, 11]：

$$F = \pi t_{Ih} E \left\{ \frac{t_{Ih}^2}{\left[(r_{I2} - r_{I1})r_{I1} + r_{I2}(r_{I2} - r_{I1})(2k_p - 3) + 2r_{I2}^2(1 - k_p)\ln\dfrac{r_{I2}}{r_{I1}} \right]^{\frac{3}{3}}} \frac{x}{3} + \frac{1}{\ln\dfrac{r_{I2}}{r_{I1}}} \frac{2s_I^2 x - 3s_I x^2 + x^3}{(r_{I2} - r_{I1})^2} \right\} \tag{3-5}$$

式中，$k_p = \left[\ln\dfrac{r_{I2}}{r_{I1}} - \left(1 - \dfrac{r_{I1}}{r_{I2}}\right) \right] \Big/ \left(\dfrac{t_{Ih}^3 d_{I2}}{8t_{Is} h_{Is}^3} + \ln\dfrac{r_{I2}}{r_{I1}} \right)$，$r_{I1} = \dfrac{d_{I1}}{2}$，$r_{I2} = \dfrac{d_{I2}}{2}$。

定义静平衡状态，隔振系统沿垂向坐标为 u，且满足 $u=x-s_I$，如图 3-2(b) 所示。将 u 代入式(3-5)，可得：

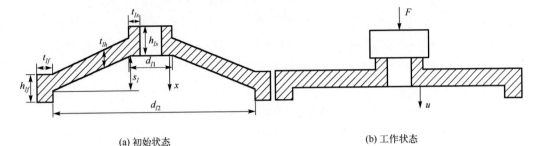

(a) 初始状态　　　　　　　　　　　　　(b) 工作状态

图 3-2　不同状态准零刚度隔振器模型

$$F(u)=\pi t_{Ih}E\left\{\dfrac{t_{Ih}^{2}}{\left[(r_{I2}-r_{I1})r_{I1}+r_{I2}(r_{I2}-r_{I1})(2k_{p}-3)+2r_{I2}^{2}(1-k_{p})\ln\dfrac{r_{I2}}{r_{I1}}\right]}\dfrac{s_{I}+u}{3}+\dfrac{1}{\ln\dfrac{r_{I2}}{r_{I1}}}\dfrac{u^{3}-s_{I}^{2}u}{(r_{I2}-r_{I1})^{2}}\right\} \tag{3-6}$$

为了便于计算，引入新变量，式(3-6)可改写为

$$F=\beta_{I0}+\beta_{I1}u+\beta_{I2}u^{2}+\beta_{I3}u^{3} \tag{3-7}$$

将式(3-6)关于 u 求导，得到以平衡点为原点的刚度表达式：

$$K_{I}=\beta_{I1}+3\beta_{I3}u^{2} \tag{3-8}$$

式中，

$$\beta_{I0}=\dfrac{\pi Et_{Ih}^{3}s}{3\left[(r_{I2}-r_{I1})r_{I1}+r_{I2}(r_{I2}-r_{I1})(2k_{p}-3)+2r_{I2}^{2}(1-k_{p})\ln\dfrac{r_{I2}}{r_{I1}}\right]}$$

$$\beta_{I1}=\dfrac{\pi Et_{Ih}^{3}}{3\left[(r_{I2}-r_{I1})r_{I1}+r_{I2}(r_{I2}-r_{I1})(2k_{p}-3)+2r_{I2}^{2}(1-k_{p})\ln\dfrac{r_{I2}}{r_{I1}}\right]}-\dfrac{\pi t_{Ih}Es_{I}^{2}}{(r_{I2}-r_{I1})^{2}\ln\dfrac{r_{I2}}{r_{I1}}}$$

$$\beta_{I2}=0$$

$$\beta_{I3}=\dfrac{\pi t_{Ih}E}{(r_{I2}-r_{I1})^{2}\ln\dfrac{r_{I2}}{r_{I1}}}$$

当准零刚度隔振器受惯性质量 M 的重力作用时，$u=0$，即隔振器处于静平衡状态，可得：

$$Mg = \beta_{I0} \tag{3-9}$$

根据所建模型及关系式，可以得到准零刚度隔振器无量纲力-位移和无量纲刚度-位移曲线，如图3-3所示。由图可见，准零刚度隔振器输出力随着位移增加呈现"阶梯"形状，在"平台"位置处（静平衡位置附近）准零刚度隔振器输出力近似恒定，在"平台"两侧输出力随着位移增大呈现单调递增变化趋势，如图3-3(a)所示。准零刚度隔振器刚度特性随着位移增加呈现"先单调递减，后单调递增"变化趋势，在静平衡位置附近可获得低动态刚度，甚至零动态刚度特征，如图3-3(b)所示。

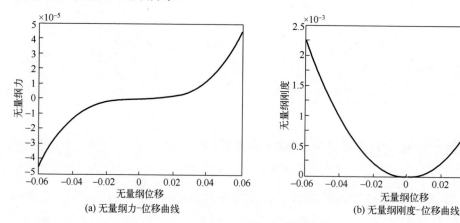

(a) 无量纲力-位移曲线　　　　　　　(b) 无量纲刚度-位移曲线

图 3-3　准零刚度隔振器

3.1.3　动力学分析

当隔振系统受惯性质量的重力作用处于准零刚度工作区域，产生的恢复力定义为 $F(u)$。假设，准零刚度隔振器所受外部激励幅值为 F_0，由牛顿第二定律得到隔振系统运动微分方程：

$$M \frac{\mathrm{d}^2 u}{\mathrm{d}t^2} + c \frac{\mathrm{d}u}{\mathrm{d}t} + F - Mg = F_0 \cos \omega t \tag{3-10}$$

式中，c 表示阻尼系数。

将式(3-7)和式(3-9)代入式(3-10)，得到：

$$M \frac{\mathrm{d}^2 u}{\mathrm{d}t^2} + c \frac{\mathrm{d}u}{\mathrm{d}t} + \beta_{I1} u + \beta_{I3} u^3 = F_0 \cos \omega t \tag{3-11}$$

式中，β_{I1} 表示线性刚度项，β_{I3} 表示立方刚度项。

定义无量纲变量：

$$\delta = \frac{u}{r_{I2}}, \quad \omega_n = \sqrt{\frac{k}{M}}, \quad \tau = \omega_n t, \quad \Omega = \frac{\omega}{\omega_n}, \quad \xi = \frac{c}{2M\omega_n}, \quad f_0 = \frac{F_0}{r_{I2}M\omega_n^2}, \quad \overline{k}_1 = \frac{\beta_{I1}}{k}, \quad \overline{k}_3 = \frac{\beta_{I3}r_{I2}^2}{k}$$

式中，δ 表示无量纲位移，ω_n 表示隔振系统固有频率，τ 表示无量纲时间，Ω 表示频率比，ξ 表示阻尼比，f_0 表示恢复力，$\overline{k}_1$ 和 $\overline{k}_3$ 分别表示无量纲刚度。

从工程实际出发，本节重点讨论准零刚度隔振器含非理想刚度项的动态特性，即线性刚度项 $\overline{k}_1 \neq 0$。

通过引入上述定义的无量纲参数，可以获得力激励条件下隔振系统的动力学方程：

$$\frac{\mathrm{d}^2\delta}{\mathrm{d}\tau^2} + 2\xi\frac{\mathrm{d}\delta}{\mathrm{d}\tau} + \overline{k}_1\delta + \overline{k}_3\delta^3 = f_0\cos\Omega\tau \tag{3-12}$$

下面采用谐波平衡法求解动力学方程的稳态响应。首先，假设稳态解为

$$\delta = \delta_0\cos(\Omega\tau + \theta) \tag{3-13}$$

式中，δ_0 和 θ 分别表示稳态响应幅值和相位角。

将式(3-13)代入式(3-12)，使包含 $\sin(\Omega\tau+\theta)$ 项和 $\cos(\Omega\tau+\theta)$ 项的系数等于零，得到：

$$-2\xi\Omega\delta_0 = f_0\sin\theta \tag{3-14}$$

$$(\overline{k}_1 - \Omega^2)\delta_0 + \frac{3}{4}\overline{k}_3\delta_0^3 = f_0\cos\theta \tag{3-15}$$

联列式(3-14)和式(3-15)，得到隔振系统的频率响应函数为

$$\delta_0^2\Omega^4 + \left(4\xi^2\delta_0^2 - 2\overline{k}_1\delta_0^2 - \frac{3}{2}\overline{k}_3\delta_0^4\right)\Omega^2 + \overline{k}_1^2\delta_0^2 + \frac{3}{2}\overline{k}_1\overline{k}_3\delta_0^4 + \frac{9}{16}\overline{k}_3^2\delta_0^6 - f_0^2 = 0 \tag{3-16}$$

显而易见，式(3-16)是关于响应幅值与频率比的隐函数，整理可得力激励条件下系统幅频响应表达式：

$$\Omega_{1,2}^I = \sqrt{-2\xi^2 + \overline{k}_1 + \frac{3}{4}\overline{k}_3\delta_0^2 \pm \sqrt{4\xi^4 - 4\overline{k}_1\xi^2 - 3\overline{k}_3\xi^2\delta_0^2 + \frac{f_0^2}{\delta_0^2}}} \tag{3-17}$$

式中，上标 I 表示准零刚度隔振器，下标 1 和 2 分别表示频率响应曲线的两个分支。

为了便于比较，将传统线性隔振器与本章提出的一体化准零刚度隔振器进行对比，所建理论模型如图 3-4 所示。其中，F_0 表示作用在惯性质量上的激励力幅值，M 表示惯性质量，c 表示阻尼系数，k 表示线性刚度。

已知，力激励条件下传统线性隔振器的幅频响应表达式为[3]

$$\Omega_{1,2}^{C} = \sqrt{1 - 2\xi^2 \pm \sqrt{4\xi^4 - 4\xi^2 + \frac{f_0^2}{\delta_0^2}}} \qquad (3\text{-}18)$$

式中，上标 C 表示传统线性隔振器，下标 1 和 2 分别表示频率响应曲线的两个分支。

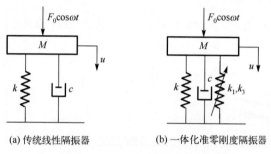

(a) 传统线性隔振器　　　　　(b) 一体化准零刚度隔振器

图 3-4　隔振系统理论模型

3.2　一体化准零刚度隔振器设计

3.2.1　一体化结构设计

从普适性角度，基于单一均匀材料构建的准零刚度隔振器主要通过调整倾斜侧壁的截面几何参数实现宏观准零刚度特性。因此，第 3.1 节介绍的等截面准零刚度隔振器可视为一种特殊情况，即准零刚度隔振器的倾斜侧壁可灵活采用分段变截面设计[12]。本节重点介绍准零刚度隔振器含倾斜侧壁分段变截面特征的设计方法，主要包括端部变厚度和中心变厚度准零刚度隔振器。

1. 端部变厚度准零刚度隔振器

端部变厚度准零刚度隔振器初始状态，如图 3-5 所示。由图可见，c_E 和 d_E 分别表示倾斜侧壁的内外径，t_E 表示倾斜侧壁等厚度部分的壁厚，s_E 表示倾斜侧壁内径与外径处的垂向高度，h_{Es} 和 t_{Es} 分别表示内壁的高度与厚度，h_{Ef} 和 t_{Ef} 分别表示外壁的高度与厚度，m_E 表示变厚度部分沿径向的宽度（局部宽度），k_E 表示变厚度部分最大厚度与等厚度部分的差值（局部厚度）。F_E 表示垂向施加在端部的外力，x 表示端部垂向位移。为了便于分析，假设准零刚度隔振器内外壁厚度和高度满足条件 $t_{Es}=t_{Ef}$，$h_{Es}=h_{Ef}$。

根据端部变厚度准零刚度隔振器几何特征(图 3-5),半径 r 处截面厚度 t_r 为

$$\begin{cases} t_r = B_E r + C_E & c_E \leqslant r \leqslant m_E + c_E \\ t_r = t_E & m_E + c_E \leqslant r \leqslant d_E \end{cases} \tag{3-19}$$

式中, $B_E = -\dfrac{k_E}{m_E}$, $C_E = t_E + \dfrac{k_E}{m_E}(m_E + c_E)$ 。

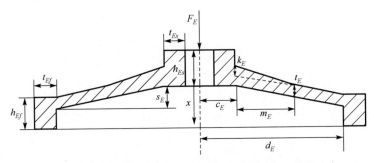

图 3-5 端部变厚度准零刚度隔振器初始状态

首先,考虑倾斜侧壁的旋转如图 3-6 所示。假设,结构变形后外壁旋转角度 φ_E,相应势能在距其上部 x_I 处弯矩为 $\mathrm{d}W_{ES}$,得到:

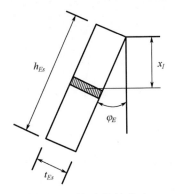

图 3-6 外壁旋转状态

$$\mathrm{d}W_{ES} = \frac{ES_{EC}\Delta L_{EC}^2}{2L_{EC}} \tag{3-20}$$

外壁环横截面的面积为

$$S_{EC} = t_{Es}\mathrm{d}x_I \tag{3-21}$$

外壁环的周长为

$$L_{EC} = \pi d_E + 2\pi x_I \tan\varphi_E \approx \pi d_E \tag{3-22}$$

外壁的变形量为

$$\Delta L_{EC} = 2\pi x_I \tan\varphi_E \tag{3-23}$$

将式(3-21)～式(3-23)代入式(3-20)，得到：

$$dW_{ES} = 2\pi \frac{Et_{Es}}{d_E} x_I^2 \tan^2\varphi_E dx_I \tag{3-24}$$

对式(3-24)积分，得到：

$$W_{ES} = \frac{2}{3}\pi \frac{Et_{Es}h_{Es}^3}{d_E}\varphi_E^2 \tag{3-25}$$

外壁旋转一定角度后的弯矩为

$$M_E = \frac{dW_{ES}}{d\varphi_E} = \frac{4}{3}\frac{Et_{Es}h_{Es}^3}{d}\pi\varphi_E \tag{3-26}$$

进一步，可以得到弯矩与倾斜侧壁弯曲变形的关系为

$$x_E'' = \frac{(d_E - r_E)F_{E1} - M_E}{EI} \tag{3-27}$$

式中，r 表示倾斜侧壁到中轴线的距离，M_E 表示倾斜侧壁旋转时力矩。

距离中轴线不同位置的半径对应截面微段的惯性矩为

$$I = \frac{2\pi r}{12}t_r^3 \tag{3-28}$$

对式(3-28)积分，倾斜侧壁距离中心轴半径 r 处的旋转角度为

$$x_E' = \int_{c_E}^{r} \frac{(d_E - r_E)F_{E1} - M_E}{EI}dr \tag{3-29}$$

考虑倾斜侧壁厚度分段变化，相应旋转角表达式也为分段形式：

$$x_E'(r) = \begin{cases} \int_{c_E}^{r} \dfrac{(d_E - r)F_{E1} - M_E}{Er\frac{\pi}{6}(B_E r + C_E)^3}dr, & c_E \leqslant r \leqslant m_E + c_E \\[4mm] \left[\int_{c_E}^{m_E+c_E} \dfrac{(d_E - r)F_{E1} - M_E}{Er\frac{\pi t_r^3}{6}}dr + \int_{m_E+c_E}^{r} \dfrac{(d_E - r)F_{E1} - M_E}{Er\frac{\pi t_r^3}{6}}dr\right], & m_E + c_E \leqslant r \leqslant d_E \end{cases} \tag{3-30}$$

为了便于描述，令

$$\varphi_{E1}(r)=\int_{c_E}^{r}\frac{(d_E-r)F_{E1}-M_E}{Er\frac{\pi}{6}(B_E r+C_E)^3}\,\mathrm{d}r\ ,\quad \varphi_{E2}(r)=\int_{m_E+c_E}^{r}\frac{(d_E-r)F_{E1}-M_E}{Er\frac{\pi t_r^3}{6}}\,\mathrm{d}r \tag{3-31}$$

进而，得到旋转角的表达式：

$$x_E'(r)=\begin{cases}\varphi_{E1}(r), & c_E\leqslant r\leqslant m_E+c_E\\ \varphi_{E1}(m_E+c_E)+\varphi_{E2}(r), & m_E+c_E\leqslant r\leqslant d_E\end{cases} \tag{3-32}$$

计算，得到：

$$\varphi_E(d_E)=x_E'(d_E)$$

$$=\frac{6(d_E F_{E1}-M_E)}{E\pi}\left\{\begin{array}{l}\dfrac{1}{C_E^3}\ln\dfrac{m_E+c_E}{c_E}-\dfrac{1}{C_E^3}\ln\left(\dfrac{t_E}{k_E+t_E}\right)+\\[3mm]\dfrac{1}{C_E^2}\left(\dfrac{1}{t_E}-\dfrac{1}{k_E+t_E}\right)+\dfrac{1}{C_E}\dfrac{1}{2}\left[\dfrac{1}{t_E^2}-\dfrac{1}{(k_E+t_E)^2}\right]\end{array}\right\}$$

$$+\frac{(d_E F_{E1}-M_E)\ln\left(\dfrac{d_E}{m_E+c_E}\right)-F_E(d_E-m_E-c_E)}{E\dfrac{\pi t_E^3}{6}}+\frac{6F_{E1}}{E\pi}\frac{1}{2B_E}\left[\frac{1}{t_E^2}-\frac{1}{(k_E+t_E)^2}\right]$$

$$\tag{3-33}$$

联列式 (3-27) 和式 (3-33)，得到关系式：

$$M_E=F_{E1}d_E k_w \tag{3-34}$$

式中，k_w 表示变形系数：

$$k_w=\cfrac{\left\{\begin{array}{l}\left(\dfrac{1}{C_E^3}\ln\dfrac{m_E+c_E}{c_E}-\dfrac{1}{C_E^3}\ln\left(\dfrac{t_E}{k_E+t_E}\right)+\dfrac{1}{C_E^2}\left(\dfrac{1}{t_E}-\dfrac{1}{k_E+t_E}\right)+\dfrac{1}{2C_E}\left[\dfrac{1}{t_E^2}-\dfrac{1}{(k_E+t_E)^2}\right]\right)\\[4mm]+\dfrac{\ln\left(\dfrac{d_E}{m_E+c_E}\right)-\dfrac{d_E-m_E-c_E}{d_E}}{t_E^3}+\left[\dfrac{1}{2d_E B_E}\left(\dfrac{1}{t_E^2}-\dfrac{1}{(k_E+t_E)^2}\right)\right]\end{array}\right\}}{\dfrac{d_E}{4t_{Es}h_{Es}^3}+\left(\begin{array}{l}\dfrac{1}{C_E^3}\ln\dfrac{m_E+c_E}{c_E}-\dfrac{1}{C_E^3}\ln\left(\dfrac{t_E}{k_E+t_E}\right)+\dfrac{1}{C_E^2}\left(\dfrac{1}{t_E}-\dfrac{1}{k_E+t_E}\right)\\[4mm]+\dfrac{1}{2C_E}\left[\dfrac{1}{t_E^2}-\dfrac{1}{(k_E+t_E)^2}\right]\end{array}\right)+\dfrac{\ln\left(\dfrac{d_E}{m_E+c_E}\right)}{t_E^3}}$$

$$\tag{3-35}$$

对式 (3-32) 进一步积分，得到：

$$x_E(r) = \begin{cases} \displaystyle\int_{c_E}^{r} \varphi_{E1}(r)\mathrm{d}r, & c_E \leqslant r \leqslant m_E + c_E \\[2ex] \varphi_{E1}(m_E + c_E)r + \displaystyle\int_{m_E+c_E}^{r} \varphi_{E1}(r)\mathrm{d}r & m_E + c_E \leqslant r \leqslant d_E \end{cases} \tag{3-36}$$

假设：

$$x_{E1}(r) = \int_{c_E}^{r} \varphi_{E1}(r)\mathrm{d}r, \qquad x_{E2}(r) = \int_{m_E+c_E}^{r} \varphi_{E2}(r)\mathrm{d}r \tag{3-37}$$

得到，位移表达式：

$$x_E(r) = \begin{cases} x_{E1}(r), & c_E \leqslant r \leqslant m_E + c_E \\ x_{E1}(m_E + c_E) + \varphi_{E1}(m_E + c_E)r + x_{E2}(r) & m_E + c_E \leqslant r \leqslant d_E \end{cases} \tag{3-38}$$

进一步，将式(3-35)代入上式，得到：

$$x_{E2}(d_E) = F_{E1}\left[\frac{d_E(1-k_w)\left[d_E\ln\left(\dfrac{d_E}{m_E+c_E}\right) - d_E + (m_E+c_E) \right] - \dfrac{1}{2}(d_E - m_E - c_E)^2}{E\dfrac{\pi t_E^3}{6}} \right. \\ \left. + \frac{\varphi_{E1}(m_E+c_E)}{F_{E1}}(d_E - m_E - c_E) + \frac{x_{E1}(m_E+c_E)}{F_{E1}} \right] \tag{3-39}$$

式中，

$$\frac{\varphi_{E1}(m_E+c_E)}{F_{E1}} = \frac{6d_E(1-k_w)}{E\pi}\left\{ \begin{aligned} &\frac{1}{C_E^3}\ln\frac{m_E+c_E}{c_E} - \frac{1}{C_E^3}\ln\left(\frac{t_E}{k_E+t_E}\right) \\ &+ \frac{1}{C_E^2}\left(\frac{1}{t_E} - \frac{1}{k_E+t_E}\right) + \frac{1}{2C_E}\left[\frac{1}{t_E^2} - \frac{1}{(k_E+t_E)^2}\right] \end{aligned} \right\} \\ + \frac{3}{E\pi B_E}\left[\frac{1}{t_E^2} - \frac{1}{(2k_E+t_E)^2}\right]$$

$$\frac{x_{E1}(m_E+c_E)}{F_{E1}} = \frac{6d_E(1-k_w)}{E\pi}\left\{ \begin{aligned} &\frac{1}{C_E^3}(m_E+c_E)\ln\frac{m_E+c_E}{c_E} - \frac{1}{C_E^3}\left[\left(m_E+c_E+\frac{C_E}{B_E}\right)\ln\left(\frac{t_E}{k_E+t_E}\right)\right] \\ &+ \frac{1}{C_E^2}\left[\frac{1}{B_E}\ln\left(\frac{t_E}{k_E+t_E}\right) - \frac{m_E}{2k_E+t_E}\right] \\ &+ \frac{1}{2C_E}\left[\frac{1}{B_E}\frac{1}{k_E+t_E} - \frac{1}{B_E t_E} - \frac{m_E}{(k_E+t_E)^2}\right] \end{aligned} \right\} \\ + \frac{3F_{E1}}{E\pi B_E}\left[\frac{1}{B_E}\frac{1}{k_E+t_E} - \frac{1}{B_E t_E} - \frac{m_E}{(k_E+t_E)^2}\right]$$

进一步，计算得到准零刚度隔振器弯曲势能：

$$
\begin{aligned}
W_{EP} &= \frac{F_{E1}x}{2} \\
&= \frac{x^2}{2} \left[\frac{\left\{ d_E(1-k_w)\left[d_E \ln\left(\dfrac{d_E}{m_E+c_E}\right) - d_E + (m_E+c_E) \right] - \dfrac{1}{2}(d_E - m_E - c_E)^2 \right\}}{E\dfrac{\pi t_E^3}{6}} \right. \\
&\quad \left. + \frac{\varphi_{E1}(m_E+c_E)}{F_{E1}}(d_E - m_E - c_E) + \frac{x_1(m_E+c_E)}{F_{E1}} \right]
\end{aligned}
\tag{3-40}
$$

考虑弯曲时倾斜侧壁的轴向压缩势能，将倾斜侧壁划分为半径为 r 和厚度为 Δr 的环形，得到：

$$
F_{E2} = \frac{ES_{EX}}{L_{EO}}\delta r
\tag{3-41}
$$

式中，环形截面面积为 S_{EX}，长度为 L_{EO}，则：

$$
S_{EX} = 2\pi t_r r, \quad L_{EO} = \Delta r
\tag{3-42}
$$

得到：

$$
\frac{F_{E2}\Delta r}{2\pi rEt_r} = \delta r
\tag{3-43}
$$

对式(3-43)积分，得到：

$$
\int_{c_E}^{m_E+c_E} \frac{F_{E2}}{2\pi rE(B_E r + C_E)}\mathrm{d}r + \int_{m_E+c_E}^{d_E} \frac{F_{E2}}{2\pi rEt_E}\mathrm{d}r = \Delta
\tag{3-44}
$$

应用待定系数法，计算得到：

$$
F_{E2} = \frac{2\pi E\Delta}{\dfrac{1}{C_E}\ln\left(\dfrac{m_E+c_E}{c_E}\dfrac{k_E+t_E}{t_E}\right) + \dfrac{1}{t_E}\ln\left(\dfrac{d_E}{m_E+c_E}\right)}
\tag{3-45}
$$

式中，Δ 为倾斜侧壁的压缩值，满足关系式：

$$\Delta = \sqrt{(d_E - c_E)^2 + s_E^2} - \sqrt{(d_E - c_E)^2 + (s_E - x)^2}$$

$$\approx \frac{1}{2} \frac{2 s_E x - x^2}{d_E - c_E} \tag{3-46}$$

倾斜侧壁轴向压缩时的能量为

$$W_{EC} = \frac{F_{E2} \Delta}{2}$$

$$= \frac{\pi E (4 s_E^2 x^2 - 4 s_E x^3 + x^4)}{\dfrac{1}{C_E} \ln\left(\dfrac{m_E + c_E}{c_E} \dfrac{k_E + t_E}{t_E} \right) + \dfrac{1}{t_E} \ln\left(\dfrac{d_E}{m_E + c_E} \right)} \frac{1}{4(d_E - c_E)^2} \tag{3-47}$$

势能总和为

$$W_E = W_{EP} + W_{EC}$$

$$= \frac{x^2}{2} \left\{ \frac{d_E(1 - k_w)\left[d_E \ln\left(\dfrac{d_E}{m_E + c_E} \right) - d_E + (m_E + c_E) \right] - \dfrac{1}{2}(d_E - m_E - c_E)^2}{E \dfrac{\pi t_E^3}{6}} + \frac{\varphi_{E1}(m_E + c_E)}{F_{E1}}(d_E - m_E - c_E) + \frac{x_{E1}(m_E + c_E)}{F_{E1}} \right\}$$

$$+ \frac{\pi E (4 s_E^2 x^2 - 4 s_E x^3 + x^4)}{\dfrac{1}{C_E} \ln\left(\dfrac{m_E + c_E}{c_E} \dfrac{k_E + t_E}{t_E} \right) + \dfrac{1}{t_E} \ln\left(\dfrac{d_E}{m_E + c_E} \right)} \frac{1}{4(d_E - c_E)^2} \tag{3-48}$$

对式 (3-48) 关于 x 求导，得到准零刚度隔振器所受力 F_E 与位移 x 的关系式：

$$F_E = \frac{x}{\left[\dfrac{d_E(1 - k_w)\left[d_E \ln\left(\dfrac{d_E}{m_E + c_E} \right) - d_E + (m_E + c_E) \right] - \dfrac{1}{2}(d_E - m_E - c_E)^2}{E \dfrac{\pi t_E^3}{6}} + \dfrac{\varphi_{E1}(m_E + c_E)}{F_{E1}}(d_E - m_E - c_E) + \dfrac{x_{E1}(m_E + c_E)}{F_{E1}} \right]}$$

$$+ \frac{\pi E (2 s_E^2 x - 3 s_E x^2 + x^3)}{\dfrac{1}{C_E} \ln\left(\dfrac{m_E + c_E}{c_E} \dfrac{k_E + t_E}{t_E} \right) + \dfrac{1}{t_E} \ln\left(\dfrac{d_E}{m_E + c_E} \right)} \frac{1}{(d_E - c_E)^2} \tag{3-49}$$

将准零刚度隔振器坐标原点变换为受载后平衡点，则垂向位移 u 表示为 $u=x-s_E$，式 (3-49) 可表示为

$$F_E = \beta_{E,0} + \beta_{E,1}u + \beta_{E,2}u^2 + \beta_{E,3}u^3 \qquad (3-50)$$

关于 u 求导，得到刚度表达式：

$$K_E = \beta_{E,1} + 3\beta_{E,3}u^2 \qquad (3-51)$$

式中，

$$\beta_{E,0} = \cfrac{s_E}{\left\{\cfrac{d_E(1-k_w)\left[d_E\ln\left(\cfrac{d_E}{m_E+c_E}\right)-d_E+(m_E+c_E)\right]-\cfrac{1}{2}(d_E-m_E-c_E)^2}{E\cfrac{\pi t_E^3}{6}} + \cfrac{\varphi_{E1}(m_E+c_E)}{F_{E1}}(d_E-m_E-c_E)+\cfrac{x_{E1}(m_E+c_E)}{F_{E1}}\right\}} = Mg$$

$$\beta_{E,1} = \cfrac{1}{\left\{\cfrac{d_E(1-k_w)\left[d_E\ln\left(\cfrac{d_E}{m_E+c_E}\right)-d_E+(m_E+c_E)\right]-\cfrac{1}{2}(d_E-m_E-c_E)^2}{E\cfrac{\pi t_E^3}{6}} + \cfrac{\varphi_{E1}(m_E+c_E)}{F_{E1}}(d_E-m_E-c_E)+\cfrac{x_{E1}(m_E+c_E)}{F_{E1}}\right\}}$$
$$+ \cfrac{-\pi E s_E^2}{\cfrac{1}{C_E}\ln\left(\cfrac{m_E+c_E}{c_E}\cfrac{k_E+t_E}{t_E}\right)+\cfrac{1}{t_E}\ln\left(\cfrac{d_E}{m_E+c_E}\right)}\cfrac{1}{4(d_E-c_E)^2}$$

$$\beta_{E,3} = \cfrac{\pi E}{\cfrac{1}{C_E}\ln\left(\cfrac{m_E+c_E}{c_E}\cfrac{k_E+t_E}{t_E}\right)+\cfrac{1}{t_E}\ln\left(\cfrac{d_E}{m_E+c_E}\right)}\cfrac{1}{(d_E-c_E)^2}$$

对式 (3-49) 进行参数无量纲化分析，定义无量纲参数：

$$\bar{t}_E = \frac{t_E}{d_E}, \quad \bar{s}_E = \frac{s_E}{d_E}, \quad \bar{c}_E = \frac{c_E}{d_E}, \quad \bar{t}_{Es} = \frac{t_{Es}}{d_E}$$

$$\bar{h}_{Es}=\frac{h_{Es}}{d_E}\ ,\quad \bar{k}_E=\frac{k_E}{d_E}\ ,\quad \bar{m}_E=\frac{m_E}{d_E}\ ,\quad \delta=\frac{u}{d_E}$$

得到：

$$\bar{F}_E=\frac{(\delta+\bar{s}_E)}{\left[\dfrac{(1-k_w)\left[\ln\left(\dfrac{1}{\bar{m}_E+\bar{c}_E}\right)-1+(\bar{m}_E+\bar{c}_E)\right]-\dfrac{1}{2}(1-\bar{m}_E-\bar{c}_E)^2}{\dfrac{\pi E\bar{t}_E^3}{6}}+Z_{E1}(1-\bar{m}_E-\bar{c}_E)+Z_{E2}\right]}$$

$$+\frac{\pi E(-\bar{s}_E^2\delta+\delta^3)}{\dfrac{1}{\bar{C}_E}\ln\left(\dfrac{\bar{m}_E+\bar{c}_E}{\bar{c}_E}\dfrac{\bar{k}_E+\bar{t}_E}{\bar{t}_E}\right)+\dfrac{1}{\bar{t}_E}\ln\left(\dfrac{1}{\bar{m}_E+\bar{c}_E}\right)}\frac{1}{(1-\bar{c}_E)^2}$$

$$(3\text{-}52)$$

式中，

$$\bar{B}_E=-\frac{\bar{k}_E}{\bar{m}_E}$$

$$\bar{C}_E=\bar{t}_E+\frac{\bar{k}_E}{\bar{m}_E}(\bar{m}_E+\bar{c}_E)$$

$$Z_{E1}=\frac{6(1-k_w)}{\pi}\left(\begin{array}{l}\dfrac{1}{\bar{C}_E^3}\ln\dfrac{\bar{m}_E+\bar{c}_E}{\bar{c}_E}-\dfrac{1}{\bar{C}_E^3}\ln\left(\dfrac{\bar{t}_E}{\bar{k}_E+\bar{t}_E}\right)+\dfrac{1}{\bar{C}_E^2}\left(\dfrac{1}{\bar{t}_E}-\dfrac{1}{\bar{k}_E+\bar{t}_E}\right)\\[3mm]+\dfrac{1}{2\bar{C}_E}\left[\dfrac{1}{\bar{t}_E^2}-\dfrac{1}{(\bar{k}_E+\bar{t}_E)^2}\right]\end{array}\right)$$

$$+\frac{3}{B_E\pi}\left[\frac{1}{\bar{t}_E^2}-\frac{1}{(\bar{k}_E+\bar{t}_E)^2}\right]$$

$$Z_{E2}=\frac{(1-k_w)}{\pi}\left(\begin{array}{l}\dfrac{1}{\bar{C}_E^3}(\bar{m}_E+\bar{c}_E)\ln\dfrac{\bar{m}_E+\bar{c}_E}{\bar{c}_E}-\dfrac{1}{\bar{C}_E^3}\left[(\bar{m}_E+\bar{c}_E)\ln\left(\dfrac{\bar{t}_E}{\bar{k}_E+\bar{t}_E}\right)\right]-\dfrac{1}{\bar{C}_E^2}\dfrac{\bar{m}_E}{\bar{k}_E+\bar{t}_E}\\[3mm]+\dfrac{1}{2\bar{C}_E}\left[\dfrac{1}{\bar{B}_E}\dfrac{1}{\bar{k}_E+\bar{t}_E}-\dfrac{1}{\bar{t}_E\bar{B}_E}-\dfrac{1}{(\bar{k}_E+\bar{t}_E)^2}\bar{m}_E\right]\end{array}\right)$$

$$+\frac{3F_{E1}}{\pi\bar{B}_E}\left[\frac{1}{\bar{B}_E}\frac{1}{\bar{k}_E+\bar{t}_E}-\frac{1}{\bar{t}_E\bar{B}_E}-\frac{\bar{m}_E}{(\bar{k}_E+\bar{t}_E)^2}\right]$$

对式(3-52)关于 δ 求导，得到无量纲刚度与位移之间的关系表达式：

$$\bar{K}_E = \cfrac{1}{\left\{\cfrac{(1-k_w)\left[\ln\left(\cfrac{1}{\bar{m}_E+\bar{c}_E}\right)-1+(\bar{m}_E+\bar{c}_E)\right]-\cfrac{1}{2}(1-\bar{m}_E-\bar{c}_E)^2}{\cfrac{\pi E\bar{t}_E^3}{6}}+Z_{E1}(1-\bar{m}_E-\bar{c}_E)+Z_{E2}\right\}} + \cfrac{\pi E(-\bar{s}_E^2+3\delta^2)}{\cfrac{1}{\bar{C}_E}\ln\left(\cfrac{\bar{m}_E+\bar{c}_E}{\bar{c}_E}\cfrac{\bar{k}_E+\bar{t}_E}{\bar{t}_E}\right)+\cfrac{1}{\bar{t}_E}\ln\left(\cfrac{1}{\bar{m}_E+\bar{c}_E}\right)}\cfrac{1}{(1-\bar{c}_E)^2}$$

$$(3\text{-}53)$$

2. 中心变厚度准零刚度隔振器

中心变厚度准零刚度隔振器初始状态如图 3-7 所示。由图可见，c_M 和 d_M 分别表示倾斜侧壁的内外半径，t_M 为倾斜侧壁等厚度部分的壁厚，s_M 为倾斜侧壁内径与外径处的垂向高度，h_{Ms} 和 t_{Ms} 分别表示内壁的高度与厚度，h_{Mf} 和 t_{Mf} 分别表示外壁的高度与厚度，m_M 表示变厚度部分沿径向的宽度（局部宽度），k_M 表示变厚度部分最大厚度与等厚度部分的差值（局部厚度）。F_M 表示垂向施加在端部的外力，x 表示端部垂向位移。为了便于分析，假设准零刚度隔振器内外壁厚度和高度满足条件 $t_{Ms}=t_{Mf}$，$h_{Ms}=h_{Mf}$。

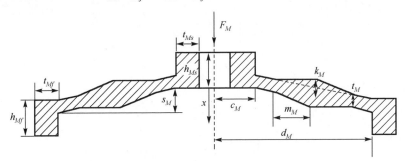

图 3-7　中心变厚度准零刚度隔振器初始状态

根据中心变厚度准零刚度隔振器几何特征（图 3-7），半径 r 处截面厚度 t_r 为

$$
t_r = \begin{cases}
t_M & c_M \leqslant r \leqslant \dfrac{c_M + d_M}{2} - m_M \\[2mm]
B_{M1}r_M + C_{M1} & \dfrac{c_M + d_M}{2} - m_M \leqslant r \leqslant \dfrac{c_M + d_M}{2} \\[2mm]
B_{M2}r_M + C_{M2} & \dfrac{c_M + d_M}{2} \leqslant r \leqslant \dfrac{c_M + d_M}{2} + m_M \\[2mm]
t_M & \dfrac{c_M + d_M}{2} + m_M \leqslant r \leqslant d_M
\end{cases} \tag{3-54}
$$

式中，$B_{M1} = \dfrac{2k_M}{m_M}$，$B_{M2} = -\dfrac{2k_M}{m_M}$，$C_{M1} = t_M - 2\dfrac{k_M}{m_M}\left(\dfrac{c_M + d_M}{2} - m_M\right)$，$C_{M2} = t_M +$

$2\dfrac{k_M}{m_M}\left(\dfrac{c_M + d_M}{2} + m_M\right)$。

由图 3-6 可见，外壁旋转一定角度后的弯矩表示为

$$
M_M = \frac{\mathrm{d}W_{MS}}{\mathrm{d}\varphi_M} = \frac{4}{3} \frac{Et_{Ms}h_{Ms}^3}{d_M}\pi\varphi_M \tag{3-55}
$$

通过分析倾斜侧壁的弯曲，可以得到弯矩与倾斜侧壁弯曲变形的关系式为

$$
x_M'' = \frac{(d_M - r)F_{M1} - M_M}{EI} \tag{3-56}
$$

式中，r 表示倾斜侧壁到中轴线的距离，M_M 表示倾斜侧壁旋转时的力矩。

距离中轴线不同位置的半径对应截面微段的惯性矩为

$$
I = \frac{2\pi r}{12}t_r^3 \tag{3-57}
$$

对式 (3-56) 积分，倾斜侧壁距离中心轴半径 r 处的旋转角度为

$$
x' = \int_{c_M}^{r} \frac{(d_M - r)F_{M1} - M_M}{EI}\,\mathrm{d}r \tag{3-58}
$$

考虑倾斜侧壁厚度分段变化，相应旋转角表达式也为分段形式：

$$x'_M(r) = \begin{cases} \displaystyle\int_{c_M}^{r} \frac{(d_M - r)F_{M1} - M_M}{E\frac{\pi r t_M^3}{6}}\,\mathrm{d}r, & c_M \leqslant r \leqslant \dfrac{c_M + d_M}{2} - m_M \\[3em] \displaystyle\int_{c_M}^{\frac{c_M+d_M}{2}-m_M} \frac{(d_M - r)F_{M1} - M_M}{E\frac{\pi r t_M^3}{6}}\,\mathrm{d}r + \int_{\frac{c_M+d_M}{2}-m_M}^{r} \frac{(d_M - r)F_{M1} - M_M}{E\frac{\pi r}{6}(B_{M1}r + C_{M1})^3}\,\mathrm{d}r, & \dfrac{c_M + d_M}{2} - m_M \leqslant r \leqslant \dfrac{c_M + d_M}{2} \\[3em] \left[\begin{aligned} &\int_{c_M}^{\frac{c_M+d_M}{2}-m_M} \frac{(d_M - r)F_{M1} - M_M}{E\frac{\pi r t_M^3}{6}}\,\mathrm{d}r + \int_{\frac{c_M+d_M}{2}-m_M}^{\frac{c_M+d_M}{2}} \frac{(d_M - r)F_{M1} - M_M}{E\frac{\pi r}{6}(B_{M1}r + C_{M1})^3}\,\mathrm{d}r \\ &+\int_{\frac{c_M+d_M}{2}}^{r} \frac{(d_M - r)F_{M1} - M_M}{E\frac{\pi r}{6}(B_{M2}r + C_{M2})^3}\,\mathrm{d}r \end{aligned}\right], & \dfrac{c_M + d_M}{2} \leqslant r \leqslant \dfrac{c_M + d_M}{2} + m_M \\[4em] \left[\begin{aligned} &\int_{c_M}^{\frac{c_M+d_M}{2}-m_M} \frac{(d_M - r)F_{M1} - M_M}{E\frac{\pi r t_M^3}{6}}\,\mathrm{d}r + \int_{\frac{c_M+d_M}{2}-m_M}^{\frac{c_M+d_M}{2}} \frac{(d_M - r)F_{M1} - M_M}{E\frac{\pi r}{6}(B_{M1}r + C_{M1})^3}\,\mathrm{d}r \\ &+\int_{\frac{c_M+d_M}{2}}^{\frac{c_M+d_M}{2}+m_M} \frac{(d_M - r)F_{M1} - M_M}{E\frac{\pi r}{6}(B_{M2}r + C_{M2})^3}\,\mathrm{d}r + \int_{\frac{c_M+d_M}{2}+m_M}^{r_M} \frac{(d_M - r)F_{M1} - M_M}{E\frac{\pi r t_M^3}{6}}\,\mathrm{d}r \end{aligned}\right], & \dfrac{c_M + d_M}{2} + m_M \leqslant r \leqslant d_M \end{cases}$$

$$(3\text{-}59)$$

为了便于描述，令：

$$\varphi_{M1}(r) = \int_{c_M}^{r} \frac{(d_M - r)F_{M1} - M_M}{E\frac{\pi r t_M^3}{6}}\,\mathrm{d}r, \quad \varphi_{M2}(r) = \int_{\frac{c_M+d_M}{2}-m_M}^{r} \frac{(d_M - r)F_{M1} - M_M}{E\frac{r\pi}{6}(B_{M1}r + C_{M1})^3}\,\mathrm{d}r$$

$$\varphi_{M3}(r) = \int_{\frac{c_M+d_M}{2}}^{r} \frac{(d_M - r)F_{M1} - M_M}{E\frac{\pi r}{6}(B_{M2}r + C_{M2})^3}\,\mathrm{d}r, \quad \varphi_{M4}(r) = \int_{\frac{c_M+d_M}{2}+m_M}^{r} \frac{(d_M - r)F_{M1} - M_M}{E\frac{\pi r t_M^3}{6}}\,\mathrm{d}r$$

$$(3\text{-}60)$$

得到：

$$x'_M(r) = \begin{cases} \varphi_{M1}(r), & c_M \leqslant r \leqslant \dfrac{c_M + d_M}{2} - m_M \\[1.5em] \varphi_{M1}\left(\dfrac{c_M + d_M}{2} - m_M\right) + \varphi_{M2}(r), & \dfrac{c_M + d_M}{2} - m_M \leqslant r \leqslant \dfrac{c_M + d_M}{2} \\[1.5em] \varphi_{M1}\left(\dfrac{c_M + d_M}{2} - m_M\right) + \varphi_{M2}\left(\dfrac{c_M + d_M}{2}\right) + \varphi_{M3}(r), & \dfrac{c_M + d_M}{2} \leqslant r \leqslant \dfrac{c_M + d_M}{2} + m_M \\[1.5em] \left[\begin{aligned} &\varphi_{M1}\left(\dfrac{c_M + d_M}{2} - m_M\right) + \varphi_{M2}\left(\dfrac{c_M + d_M}{2}\right) \\ &+\varphi_{M3}\left(\dfrac{c_M + d_M}{2} + m_M\right) + \varphi_{M4}(r) \end{aligned}\right], & \dfrac{c_M + d_M}{2} + m_M \leqslant r \leqslant d_M \end{cases}$$

$$(3\text{-}61)$$

进一步，得到：

$$\varphi_M = \left[(d_M F_{M1} - M_M) \ln\left(\frac{d_M}{c_M} \frac{c_M + d_M - 2m_M}{c_M + d_M + 2m_M} \right) - F_{M1}(d_M - c_M - 2m_M) \right] \Bigg/ \frac{E\pi t_M^3}{6}$$

$$+ \frac{6(d_M F_{M1} - M_M)}{E\pi} \left\{ \begin{array}{l} \dfrac{1}{C_{M1}^3} \ln \dfrac{c_M + d_M}{c_M + d_M - 2m_M} + \dfrac{1}{C_{M2}^3} \ln \dfrac{c_M + d_M + 2m_M}{c_M + d_M} \\[2mm] + \left(\dfrac{1}{C_{M2}^3} - \dfrac{1}{C_{M1}^3} \right) \ln\left(\dfrac{2k_M + t_M}{t_M} \right) \\[2mm] + \left[\dfrac{1}{C_{M2}^2} - \dfrac{1}{C_{M1}^2} + \left(\dfrac{1}{2C_{M2}} - \dfrac{1}{2C_{M1}} \right) \left(\dfrac{1}{t_M} + \dfrac{1}{2k_M + t_M} \right) \right] \left(\dfrac{1}{t_M} - \dfrac{1}{2k_M + t_M} \right) \end{array} \right\}$$

$$+ \frac{6F_{M1}}{E\pi} \left\{ \frac{1}{2B_{M1}} \left[\frac{1}{(2k_M + t_M)^2} - \frac{1}{t_M^2} \right] + \frac{1}{2B_{M2}} \left[\frac{1}{t_M^2} - \frac{1}{(2k_M + t_M)^2} \right] \right\} \tag{3-62}$$

联列式(3-55)和式(3-59)，得到 F_M 和 M_M 的关系式：

$$M_M = F_M d_M k_s \tag{3-63}$$

式中，k_s 表示变形系数：

$$k_s = \cfrac{ \left\{ \begin{array}{l} \dfrac{1}{t_M^3} \ln\left(\dfrac{d_M}{c_M} \dfrac{c_M + d_M - 2m_M}{c_M + d_M + 2m_M} \right) - \dfrac{1}{t_M^3} \dfrac{d_M - c_M - 2m_M}{d_M} \\[2mm] + \left\{ \begin{array}{l} \dfrac{1}{C_{M1}^3} \ln \dfrac{c_M + d_M}{c_M + d_M - 2m_M} + \dfrac{1}{C_{M2}^3} \ln \dfrac{c_M + d_M + 2m_M}{c_M + d_M} + \left(\dfrac{1}{C_{M2}^3} - \dfrac{1}{C_{M1}^3} \right) \ln\left(\dfrac{2k_M + t_M}{t_M} \right) \\[2mm] + \left[\dfrac{1}{C_{M2}^2} - \dfrac{1}{C_{M1}^2} + \left(\dfrac{1}{2C_{M2}} - \dfrac{1}{2C_{M1}} \right) \left(\dfrac{1}{t_M} + \dfrac{1}{2k_M + t_M} \right) \right] \left(\dfrac{1}{t_M} - \dfrac{1}{2k_M + t_M} \right) \end{array} \right\} \\[2mm] + \left\{ \dfrac{1}{2d_M B_{M1}} \left[\dfrac{1}{(2k_M + t_M)^2} - \dfrac{1}{t_M^2} \right] + \dfrac{1}{2d_M B_{M2}} \left[\dfrac{1}{t_M^2} - \dfrac{1}{(2k_M + t_M)^2} \right] \right\} \end{array} \right\} }{ \left\{ \begin{array}{l} \dfrac{d_M}{4t_{Ms} h_{Ms}^3} + \dfrac{1}{t_M^3} \ln\left(\dfrac{d_M}{c_M} \dfrac{c_M + d_M - 2m_M}{c_M + d_M + 2m_M} \right) \\[2mm] + \left\{ \begin{array}{l} \dfrac{1}{C_{M1}^3} \ln \dfrac{c_M + d_M}{c_M + d_M - 2m_M} + \dfrac{1}{C_{M2}^3} \ln \dfrac{c_M + d_M + 2m_M}{c_M + d_M} + \left(\dfrac{1}{C_{M2}^3} - \dfrac{1}{C_{M1}^3} \right) \ln\left(\dfrac{2k_M + t_M}{t_M} \right) \\[2mm] + \left[\dfrac{1}{C_{M2}^2} - \dfrac{1}{C_{M1}^2} + \left(\dfrac{1}{2C_{M2}} - \dfrac{1}{2C_{M1}} \right) \left(\dfrac{1}{t_M} + \dfrac{1}{2k_M + t_M} \right) \right] \left(\dfrac{1}{t_M} - \dfrac{1}{2k_M + t_M} \right) \end{array} \right\} \end{array} \right\} } \tag{3-64}$$

对式(3-62)进一步积分，得到位移关于半径的关系式，表示为分段形式且

具有连续性:

$$x_M(r) = \begin{cases}
\displaystyle\int_{c_M}^{r} \varphi_{M1}(r)\mathrm{d}r, & c_M \leqslant r \leqslant \dfrac{c_M+d_M}{2}-m_M \\[4mm]
\left[\begin{array}{l}\displaystyle\int_{c_M}^{\frac{c_M+d_M}{2}-m_M} \varphi_{M1}(r)\mathrm{d}r + \varphi_{M1}\left(\dfrac{c_M+d_M}{2}-m_M\right)r \\[4mm] +\displaystyle\int_{\frac{c_M+d_M}{2}-m_M}^{r_M} \varphi_{M2}(r_M)\mathrm{d}r\end{array}\right], & \dfrac{c_M+d_M}{2}-m_M \leqslant r \leqslant \dfrac{c_M+d_M}{2} \\[8mm]
\left\{\begin{array}{l}\displaystyle\int_{c_M}^{\frac{c_M+d_M}{2}-m_M} \varphi_{M1}(r)\mathrm{d}r + \varphi_{M1}\left(\dfrac{c_M+d_M}{2}-m_M\right)m_M \\[4mm] +\displaystyle\int_{\frac{c_M+d_M}{2}-m_M}^{\frac{c_M+d_M}{2}} \varphi_{M2}(r_M)\mathrm{d}r \\[4mm] -\left[\varphi_{M1}\left(\dfrac{c_M+d_M}{2}-m_M\right)+\varphi_{M2}\left(\dfrac{c_M+d_M}{2}\right)\right]r \\[4mm] +\displaystyle\int_{\frac{c_M+d_M}{2}}^{r_M} \varphi_{M3}(r)\mathrm{d}r\end{array}\right\}, & \dfrac{c_M+d_M}{2} \leqslant r \leqslant \dfrac{c_M+d_M}{2}+m_M \\[8mm]
\left(\begin{array}{l}\displaystyle\int_{c_M}^{\frac{c_M+d_M}{2}-m_M} \varphi_{M1}(r)\mathrm{d}r \\[4mm] +\varphi_{M1}\left(\dfrac{c_M+d_M}{2}-m_M\right)m_M + \displaystyle\int_{\frac{c_M+d_M}{2}-m_M}^{\frac{c_M+d_M}{2}} \varphi_{M2}(r)\mathrm{d}r \\[4mm] -\left[\varphi_{M1}\left(\dfrac{c_M+d_M}{2}-m_M\right)+\varphi_{M2}\left(\dfrac{c_M+d_M}{2}\right)\right]m_M \\[4mm] +\displaystyle\int_{\frac{c_M+d_M}{2}}^{\frac{c_M+d_M}{2}+m_M} \varphi_{M3}(r)\mathrm{d}r \\[4mm] -\left[\begin{array}{l}\varphi_{M1}\left(\dfrac{c_M+d_M}{2}-m_M\right)+\varphi_{M2}\left(\dfrac{c_M+d_M}{2}\right) \\[2mm] +\varphi_{M3}\left(\dfrac{c_M+d_M}{2}+m_M\right)\end{array}\right]r \\[4mm] +\displaystyle\int_{\frac{c_M+d_M}{2}+m_M}^{r_M} \varphi_{M4}(r)\mathrm{d}r\end{array}\right\}, & \dfrac{c_M+d_M}{2}+m_M \leqslant r \leqslant d_M
\end{cases}$$

$$(3\text{-}65)$$

为了便于描述,令

$$x_{M1}(r) = \int_{c_M}^{r} \varphi_{M1}(r)\mathrm{d}r, \quad x_{M2}(r) = \int_{\frac{c_M+d_M}{2}-m_M}^{r} \varphi_{M2}(r)\mathrm{d}r$$

$$x_{M3}(r) = \int_{\frac{c_M+d_M}{2}}^{r} \varphi_{M3}(r)\mathrm{d}r, \quad x_{M4}(r) = \int_{\frac{c_M+d_M}{2}+m_M}^{r} \varphi_{M4}(r)\mathrm{d}r \qquad (3\text{-}66)$$

整理，得到：

$$x_M(r) = \begin{cases} x_{M1}(r), & c_M \leqslant r \leqslant \dfrac{c_M+d_M}{2}-m_M \\[2mm] x_{M1}\left(\dfrac{c_M+d_M}{2}-m_M\right)+\varphi_{M1}\left(\dfrac{c_M+d_M}{2}-m_M\right)r+x_{M2}(r), & \dfrac{c_M+d_M}{2}-m_M \leqslant r \leqslant \dfrac{c_M+d_M}{2} \\[2mm] \left.\begin{array}{l} x_{M1}\left(\dfrac{c_M+d_M}{2}-m_M\right)+\varphi_{M1}\left(\dfrac{c_M+d_M}{2}-m_M\right)m_M \\[2mm] +x_{M2}\left(\dfrac{c_M+d_M}{2}\right) \\[2mm] -\left[\varphi_{M1}\left(\dfrac{c_M+d_M}{2}-m_M\right)+\varphi_{M2}\left(\dfrac{c_M+d_M}{2}\right)\right]r \\[2mm] +x_{M3}(r) \end{array}\right\}, & \dfrac{c_M+d_M}{2} \leqslant r \leqslant \dfrac{c_M+d_M}{2}+m_M \\[2mm] \left.\begin{array}{l} x_{M1}\left(\dfrac{c_M+d_M}{2}-m_M\right)+x_{M2}\left(\dfrac{c_M+d_M}{2}\right) \\[2mm] -\left[2m_M\varphi_{M1}\left(\dfrac{c_M+d_M}{2}-m_M\right)+m_M\varphi_{M2}\left(\dfrac{c_M+d_M}{2}\right)\right] \\[2mm] +x_{M3}\left(\dfrac{c_M+d_M}{2}+m_M\right) \\[2mm] -\left[\begin{array}{l}\varphi_{M1}\left(\dfrac{c_M+d_M}{2}-m_M\right)+\varphi_{M2}\left(\dfrac{c_M+d_M}{2}\right) \\[2mm] +\varphi_{M3}\left(\dfrac{c_M+d_M}{2}+m_M\right)\end{array}\right]r \\[2mm] +\int_{\frac{c_M+d_M}{2}+m_M}^{r}\varphi_{M4}(r)dr \end{array}\right\}, & \dfrac{c_M+d_M}{2}+m_M \leqslant r \leqslant d_M \end{cases}$$

$$(3\text{-}67)$$

将式(3-63)代入式(3-67)，计算得到：

$$\frac{x}{F_{M1}} = \tilde{x}_{M1}\left(\frac{c_M+d_M}{2}-m_M\right)+\tilde{x}_{M2}\left(\frac{c_M+d_M}{2}\right)+\tilde{x}_{M3}\left(\frac{c_M+d_M}{2}+m_M\right)+\tilde{x}_{M4}(d_M)$$

$$+\left(\frac{d_M-c_M}{2}+m_M\right)\tilde{\varphi}_{M1}\left(\frac{c_M+d_M}{2}-m_M\right)+\left(\frac{d_M-c_M}{2}\right)\tilde{\varphi}_{M2}\left(\frac{c_M+d_M}{2}\right) \qquad (3\text{-}68)$$

$$+\left(\frac{d_M-c_M}{2}-m_M\right)\tilde{\varphi}_{M3}\left(\frac{c_M+d_M}{2}+m_M\right)$$

式中，

$$\tilde{\varphi}_{M1}\left(\frac{c_M+d_M}{2}-m_M\right)=\frac{6d_M(1-k_s)\ln\left(\dfrac{c_M+d_M-2m_M}{2c_M}\right)-F_{M1}\left(\dfrac{d_M-c_M-2m_M}{2}\right)}{\pi E t_M^3}$$

$$\tilde{x}_{M1}\left(\frac{c_M+d_M}{2}-m_M\right)=\frac{6}{E\pi t_m^3}\left\{d_M(1-k_s)\left[\begin{array}{l}\dfrac{c_M+d_M-2m_M}{2}\ln\left(\dfrac{c_M+d_M-2m_M}{2c_M}\right)\\-\dfrac{d_M-c_M-2m_M}{2}\end{array}\right]\\-\frac{1}{2}\left(\dfrac{c_M+d_M-2m_M}{2}-c_M\right)^2\right\}$$

$$\tilde{\varphi}_{M2}\left(\frac{c_M+d_M}{2}\right)=\frac{6d_M(1-k_s)}{E\pi}\left\{\begin{array}{l}\dfrac{1}{C_{M1}^3}\ln\left(\dfrac{c_M+d_M}{c_M+d_M-2m_M}\dfrac{t_M}{2k_M+t_M}\right)+\dfrac{1}{C_{M1}^2}\left(\dfrac{1}{2k_M+t_M}-\dfrac{1}{t_M}\right)\\+\dfrac{1}{2C_{M1}}\left[\dfrac{1}{(2k_M+t_M)^2}-\dfrac{1}{t_M^2}\right]\end{array}\right\}\\+\frac{3}{EB_{M1}\pi}\left[\frac{1}{(2k_M+t_M)^2}-\frac{1}{t_M^2}\right]$$

$$\tilde{x}_{M2}\left(\frac{c_M+d_M}{2}\right)=\frac{6d_M(1-k_s)}{E\pi}\left\{\begin{array}{l}\dfrac{c_M+d_M}{2C_{M1}^3}\ln\dfrac{c_M+d_M}{c_M+d_M-2m_M}-\dfrac{1}{C_{M1}^3}\left[\dfrac{c_M+d_M}{2}\ln\left(\dfrac{2k_M+t_M}{t_M}\right)\right]\\-\dfrac{1}{C_{M1}^2 t}m_M+\dfrac{1}{2C_{M1}}\left[\dfrac{1}{B_{M1}t_M}-\dfrac{1}{B_{M1}(t_M+2k_M)}-\dfrac{m_M}{t_M^2}\right]\end{array}\right\}\\+\frac{3}{EB_{M1}\pi}\left[\frac{1}{B_{M1}t_M}-\frac{1}{B_{M1}(t_M+2k_M)}-\frac{m_M}{t_M^2}\right]$$

$$\tilde{\varphi}_{M3}\left(\frac{c_M+d_M+2m_M}{2}\right)=\frac{6d_M(1-k_s)}{E\pi}\left\{\begin{array}{l}\dfrac{1}{C_{M2}^3}\ln\left(\dfrac{c_M+d_M+2m_M}{c_M+d_M}\dfrac{2k_M+t_M}{t_M}\right)\\+\dfrac{1}{C_{M1}^2}\left(\dfrac{1}{t_M}-\dfrac{1}{2k_M+t_M}\right)+\dfrac{1}{2C_{M1}}\left[\dfrac{1}{t_M^2}-\dfrac{1}{(2k_M+t_M)^2}\right]\end{array}\right\}\\+\frac{3}{EB_{M2}\pi}\left[\frac{1}{t_M^2}-\frac{1}{(2k_M+t_M)^2}\right]$$

$$
\begin{aligned}
\tilde{x}_{M3}\left(\frac{c_M+d_M+2m_M}{2}\right) = \frac{6d_M(1-k_s)}{E\pi} & \left\{ \begin{array}{l} \dfrac{1}{C_{M2}^3}\dfrac{c_M+d_M+2m_M}{2}\ln\left(\dfrac{c_M+d_M+2m_M}{c_M+d_M}\dfrac{2k_M+t_M}{t_M}\right) \\[4mm] -\dfrac{m_M}{C_{M2}^2(2k_M+t_M)} \\[4mm] +\dfrac{1}{2C_{M2}}\left[\dfrac{1}{B_{M2}(t_M+2k_M)}-\dfrac{1}{B_{M2}t_M}-\dfrac{1}{(2k_M+t_M)^2}m_M\right] \end{array} \right\} \\[2mm]
& +\frac{3}{EB_{M2}\pi}\left[\frac{1}{B_{M2}(2k_M+t_M)}-\frac{1}{B_{M2}t_M}-\frac{m_M}{(2k_M+t_M)^2}\right]
\end{aligned}
$$

$$
\begin{aligned}
\tilde{x}_{M4}(d_M) = \frac{6d_M}{E\pi t_M^3}(1-k_s)\left[d_M\ln\left(\frac{2d_M}{c_M+d_M+2m_M}\right)+\frac{c_M-d_M+2m_M}{2}\right] \\[2mm]
-\frac{3F_{M1}}{E\pi t_M^3}\left(d_M-\frac{c_M+d_M+2m_M}{2}\right)^2
\end{aligned}
$$

进一步，获得准零刚度隔振器的弯曲势能为

$$
\begin{aligned}
W_{MP} &= \frac{F_{M1}x}{2} \\[2mm]
&= \frac{x^2}{2}\frac{1}{\left[\begin{array}{l} \tilde{x}_{M1}\left(\dfrac{c_M+d_M}{2}-m_M\right)+\tilde{x}_{M2}\left(\dfrac{c_M+d_M}{2}\right)+\tilde{x}_{M3}\left(\dfrac{c_M+d_M}{2}+m_M\right)+\tilde{x}_{M4}(d_M) \\[4mm] +\left(\dfrac{d_M-c_M}{2}+m_M\right)\tilde{\varphi}_{M1}\left(\dfrac{c_M+d_M}{2}-m_M\right) \\[4mm] +\dfrac{d_M-c_M}{2}\tilde{\varphi}_{M2}\left(\dfrac{c_M+d_M}{2}\right)+\left(\dfrac{d_M-c_M}{2}-m_M\right)\tilde{\varphi}_{M3}\left(\dfrac{c_M+d_M}{2}+m_M\right) \end{array}\right]}
\end{aligned}
$$

$$(3-69)$$

进一步，考虑弯曲时倾斜侧壁轴向压缩势能，将倾斜侧壁划分成半径为 r，厚度为 Δr 的环形，受压缩载荷得到关系式：

$$
F_{M2} = \frac{ES_{MX}}{L_{MO}}\delta r \tag{3-70}
$$

式中，截面面积 $S_{MX}=2\pi t r$，长度 $L_{MO}=\Delta r$，得到：

$$
\frac{F_{M2}\Delta r}{2\pi r E t_r} = \delta r \tag{3-71}
$$

对式 (3-71) 积分，得到：

$$\int_{c_M}^{\frac{c_M+d_M-2m_M}{2}} \frac{F_{M2}}{2\pi r E t_M} dr + \int_{\frac{c_M+d_M-2m_M}{2}}^{\frac{c_M+d_M}{2}} \frac{F_{M2}}{2\pi r E(B_{M1}r+C_{M1})} dr$$
$$+ \int_{\frac{c_M+d_M}{2}}^{\frac{c_M+d_M+2m_M}{2}} \frac{F_{M2}}{2\pi r E(B_{M2}r+C_{M2})} dr + \int_{\frac{c_M+d_M+2m_M}{2}}^{d_M} \frac{F_{M2}}{2\pi r E t_M} dr = \Delta \tag{3-72}$$

通过待定系数法，得到：

$$F_{M2} = \cfrac{2\pi E\Delta}{\cfrac{1}{t_M}\ln\left(\cfrac{c_M+d_M-2m_M}{c_M}\cfrac{d_M}{c_M+d_M+2m_M}\right) + \left[\begin{array}{l}\cfrac{1}{C_{M1}}\ln\left(\cfrac{c_M+d_M}{2k_M+t_M}\cfrac{t_M}{c_M+d_M-2m_M}\right) \\ +\cfrac{1}{C_{M2}}\ln\left(\cfrac{c_M+d_M+2m_M}{t_M}\cfrac{2k_M+t_M}{c_M+d_M}\right)\end{array}\right]} \tag{3-73}$$

式中，Δ 表示倾斜侧壁压缩值，与其他结构参数关系：

$$\Delta = \sqrt{(d_M-c_M)^2+s_M^2} - \sqrt{(d_M-c_M)^2+(s_M-x)^2}$$
$$\approx \frac{1}{2}\frac{2s_M x - x^2}{d_M-c_M} \tag{3-74}$$

倾斜侧壁轴向压缩能量为

$$W_{MC} = \frac{F_{M2}\Delta}{2}$$
$$= \cfrac{\pi E(4s_M^2 x^2 - 4s_M x^3 + x^4)}{\cfrac{1}{t_M}\ln\left(\cfrac{c_M+d_M-2m_M}{c_M}\cfrac{d_M}{c_M+d_M+2m_M}\right) + \left[\begin{array}{l}\cfrac{1}{C_{M1}}\ln\left(\cfrac{c_M+d_M}{2k_M+t_M}\cfrac{t_M}{c_M+d_M-2m_M}\right) \\ +\cfrac{1}{C_{M2}}\ln\left(\cfrac{c_M+d_M+2m_M}{t_M}\cfrac{2k_M+t_M}{c_M+d_M}\right)\end{array}\right]} \cfrac{1}{4(d_M-c_M)^2} \tag{3-75}$$

最后，得到势能总和：

$$W_M = W_{MP} + W_{MC}$$

$$= \frac{x^2}{2} \cdot \cfrac{1}{\begin{bmatrix} \tilde{x}_{M1}\left(\dfrac{c_M+d_M}{2}-m_M\right)+\tilde{x}_{M2}\left(\dfrac{c_M+d_M}{2}\right)+\tilde{x}_{M3}\left(\dfrac{c_M+d_M}{2}+m_M\right)+\tilde{x}_{M4}(d_M) \\ +\left(\dfrac{d_M-c_M}{2}+m_M\right)\tilde{\varphi}_{M1}\left(\dfrac{c_M+d_M}{2}-m_M\right) \\ +\left(\dfrac{d_M-c_M}{2}\right)\tilde{\varphi}_{M2}\left(\dfrac{c_M+d_M}{2}\right)+\left(\dfrac{d_M-c_M}{2}-m_M\right)\tilde{\varphi}_{M3}\left(\dfrac{c_M+d_M}{2}+m_M\right)\end{bmatrix}}$$

$$\cdot \cfrac{\pi E(4s_M^2 x^2 - 4s_M x^3 + x^4)}{\dfrac{1}{t_M}\ln\left(\dfrac{c_M+d_M-2m_M}{c_M}\dfrac{d_M}{c_M+d_M+2m_M}\right)+\begin{bmatrix}\dfrac{1}{C_{M1}}\ln\left(\dfrac{c_M+d_M}{2k_M+t_M}\dfrac{t_M}{c_M+d_M-2m_M}\right) \\ +\dfrac{1}{C_{M2}}\ln\left(\dfrac{c_M+d_M+2m_M}{t_M}\dfrac{2k_M+t_M}{c_M+d_M}\right)\end{bmatrix}} \cdot \frac{1}{4(d_M-c_M)^2}$$

$$(3\text{-}76)$$

对式 (3-76) 关于 x 求导，得到准零刚度隔振器受力 F 与位移 x 的关系式：

$$F_M = \cfrac{x}{\begin{bmatrix} \tilde{x}_{M1}\left(\dfrac{c_M+d_M}{2}-m_M\right)+\tilde{x}_{M2}\left(\dfrac{c_M+d_M}{2}\right)+\tilde{x}_{M3}\left(\dfrac{c_M+d_M}{2}+m_M\right)+\tilde{x}_{M4}(d_M) \\ +\left(\dfrac{d_M-c_M}{2}+m_M\right)\tilde{\varphi}_{M1}\left(\dfrac{c_M+d_M}{2}-m_M\right) \\ +\left(\dfrac{d_M-c_M}{2}\right)\tilde{\varphi}_{M2}\left(\dfrac{c_M+d_M}{2}\right)+\left(\dfrac{d_M-c_M}{2}-m_M\right)\tilde{\varphi}_{M3}\left(\dfrac{c_M+d_M}{2}+m_M\right)\end{bmatrix}}$$

$$\cdot \cfrac{\pi E(2s_M^2 x - 3s_M x^2 + x^3)}{\dfrac{1}{t_M}\ln\left(\dfrac{c_M+d_M-2m_M}{c_M}\dfrac{2d_M}{c_M+d_M+2m_M}\right)+\begin{bmatrix}\dfrac{1}{C_{M1}}\ln\left(\dfrac{c_M+d_M}{2k_M+t_M}\dfrac{t_M}{c_M+d_M-2m_M}\right) \\ +\dfrac{1}{C_{M2}}\ln\left(\dfrac{c_M+d_M+2m_M}{t_M}\dfrac{2k_M+t_M}{c_M+d_M}\right)\end{bmatrix}} \cdot \frac{1}{(d_M-c_M)^2}$$

$$(3\text{-}77)$$

将准零刚度隔振器坐标原点变为受载后的平衡点，则垂向位移 $u=x-s_M$。式 (3-77) 可表示为

$$F_M = \beta_{M,0} + \beta_{M,1}u + \beta_{M,2}u^2 + \beta_{M,3}u^3 \tag{3-78}$$

式 (3-78) 关于 u 求导，获得刚度表达式：

$$K_M = \beta_{M,1} + 3\beta_{M,3}u^2 \tag{3-79}$$

式中，

$$\beta_{M,0} = \cfrac{s_M}{\begin{bmatrix} \tilde{x}_{M1}\left(\dfrac{c_M+d_M}{2}-m_M\right)+\tilde{x}_{M2}\left(\dfrac{c_M+d_M}{2}\right)+\tilde{x}_{M3}\left(\dfrac{c_M+d_M}{2}+m_M\right)+\tilde{x}_{M4}(d_M) \\ +\left(\dfrac{d_M-c_M}{2}+m_M\right)\tilde{\varphi}_{M1}\left(\dfrac{c_M+d_M}{2}-m_M\right) \\ +\left(\dfrac{d_M-c_M}{2}\right)\tilde{\varphi}_{M2}\left(\dfrac{c_M+d_M}{2}\right)+\left(\dfrac{d_M-c_M}{2}-m_M\right)\tilde{\varphi}_{M3}\left(\dfrac{c_M+d_M}{2}+m_M\right) \end{bmatrix}}$$

$$= Mg$$

$$\beta_{M,1} = \cfrac{1}{\begin{bmatrix} \tilde{x}_{M1}\left(\dfrac{c_M+d_M}{2}-m_M\right)+\tilde{x}_{M2}\left(\dfrac{c_M+d_M}{2}\right)+\tilde{x}_{M3}\left(\dfrac{c_M+d_M}{2}+m_M\right)+\tilde{x}_{M4}(d_M) \\ +\left(\dfrac{d_M-c_M}{2}+m_M\right)\tilde{\varphi}_{M1}\left(\dfrac{c_M+d_M}{2}-m_M\right) \\ +\left(\dfrac{d_M-c_M}{2}\right)\tilde{\varphi}_{M2}\left(\dfrac{c_M+d_M}{2}\right)+\left(\dfrac{d_M-c_M}{2}-m_M\right)\tilde{\varphi}_{M3}\left(\dfrac{c_M+d_M}{2}+m_M\right) \end{bmatrix}} +$$

$$\cfrac{\pi E s_M^2}{\dfrac{1}{t_M}\ln\left(\dfrac{c_M+d_M-2m_M}{c_M}\dfrac{d_M}{c_M+d_M+2m_M}\right)+\begin{bmatrix} \dfrac{1}{C_{M1}}\ln\left(\dfrac{c_M+d_M}{2k_M+t_M}\dfrac{t_M}{c_M+d_M-2m_M}\right) \\ +\dfrac{1}{C_{M2}}\ln\left(\dfrac{c_M+d_M+2m_M}{t_M}\dfrac{2k_M+t_M}{c_M+d_M}\right) \end{bmatrix}}\cfrac{1}{(d_M-c_M)^2}$$

$$\beta_{M,2} = 0$$

$$\beta_{M,3} = \cfrac{\pi E}{\dfrac{1}{t_M}\ln\left(\dfrac{c_M+d_M-2m_M}{c_M}\dfrac{d_M}{c_M+d_M+2m_M}\right)+\begin{bmatrix} \dfrac{1}{C_{M1}}\ln\left(\dfrac{c_M+d_M}{2k_M+t_M}\dfrac{t_M}{c_M+d_M-2m_M}\right) \\ +\dfrac{1}{C_{M2}}\ln\left(\dfrac{c_M+d_M+2m_M}{t_M}\dfrac{2k_M+t_M}{c_M+d_M}\right) \end{bmatrix}}\cfrac{1}{(d_M-c_M)^2}$$

对式 (3-79) 进行参数无量纲化处理，定义无量纲参数为

$$\overline{t}_M = \frac{t_M}{d_M}, \quad \overline{s}_M = \frac{s_M}{d_M}, \quad \overline{c}_M = \frac{c_M}{d_M}, \quad \overline{t}_{Ms} = \frac{t_{Ms}}{d_M},$$

$$\overline{h}_{Ms} = \frac{h_s}{d}, \quad \overline{k}_M = \frac{k_M}{d_M}, \quad \overline{m}_M = \frac{m_M}{d_M}, \quad \delta = \frac{u}{d_M}$$

得到：

$$\bar{F}_M = \cfrac{\delta + \bar{s}_M}{\begin{bmatrix} \bar{x}_{M1}\left(\dfrac{\bar{c}_M + \bar{d}_M}{2} - \bar{m}_M\right) + \bar{x}_{M2}\left(\dfrac{\bar{c}_M + \bar{d}_M}{2}\right) + \bar{x}_{M3}\left(\dfrac{\bar{c}_M + \bar{d}_M}{2} + \bar{m}_M\right) + \bar{x}_{M4}(\bar{d}_M) \\ + \left(\dfrac{1 - \bar{c}_M}{2} + \bar{m}_M\right)\bar{\varphi}_{M1}\left(\dfrac{\bar{c}_M + \bar{d}_M}{2} - \bar{m}_M\right) + \dfrac{1 - \bar{c}_M}{2}\bar{\varphi}_{M2}\left(\dfrac{\bar{c}_M + \bar{d}_M}{2}\right) \\ + \left(\dfrac{1 - \bar{c}_M}{2} - \bar{m}_M\right)\bar{\varphi}_{M3}\left(\dfrac{\bar{c}_M + \bar{d}_M}{2} + \bar{m}_M\right) \end{bmatrix}}$$

$$+ \cfrac{(-\bar{s}_M^2\delta + \delta^3)}{\dfrac{1}{\bar{t}_M}\ln\left(\dfrac{\bar{c}_M + 1 - 2\bar{m}_M}{\bar{c}_M} \dfrac{1}{\bar{c}_M + 1 + 2\bar{m}_M}\right) + \begin{bmatrix} \dfrac{1}{\bar{C}_{M1}}\ln\left(\dfrac{\bar{c}_M + d_M}{2\bar{k}_M + \bar{t}_M} \dfrac{\bar{t}_M}{\bar{c}_M + 1 - 2\bar{m}_M}\right) + \\ \dfrac{1}{\bar{C}_{M2}}\ln\left(\dfrac{\bar{c}_M + 1 + 2\bar{m}_M}{\bar{t}_M} \dfrac{2\bar{k}_M + \bar{t}_M}{\bar{c}_M + 1}\right) \end{bmatrix}} \dfrac{1}{(1 - \bar{c}_M)^2}$$

$$\tag{3-80}$$

式中，

$$\bar{B}_{M1} = \frac{2\bar{k}_M}{\bar{m}_M}$$

$$\bar{B}_{M2} = -\frac{2\bar{k}_M}{\bar{m}_M}$$

$$\bar{C}_{M1} = t_M - 2\frac{\bar{k}_M}{\bar{m}_M}\left(\frac{\bar{c}_M + \bar{d}_M}{2} - \bar{m}_M\right)$$

$$\bar{C}_{M2} = \bar{t}_M + 2\frac{\bar{k}_M}{\bar{m}_M}\left(\frac{\bar{c}_M + \bar{d}_M}{2} + \bar{m}_M\right)$$

$$\bar{\varphi}_{M1}\left(\frac{\bar{c}_M + \bar{d}_M}{2} - \bar{m}_M\right) = \frac{6(1 - k_s)\ln\left(\dfrac{\bar{c}_M + 1 - 2\bar{m}_M}{2\bar{c}_M}\right) - \left(\dfrac{\bar{d}_M - \bar{c}_M - 2\bar{m}_M}{2}\right)}{\pi E \bar{t}_M^3}$$

$$\bar{x}_{M1}\left(\frac{\bar{c}_M + \bar{d}_M}{2} - \bar{m}_M\right) = \frac{6}{E\pi\bar{t}_M^3}\left\{\begin{matrix}(1 - k_s)\left[\dfrac{\bar{c}_M + 1 - 2\bar{m}_M}{2}\ln\left(\dfrac{\bar{c}_M + 1 - 2\bar{m}_M}{2\bar{c}_M}\right) - \dfrac{1 - \bar{c}_M - 2\bar{m}_M}{2}\right] \\ -\dfrac{1}{2}\left(\dfrac{\bar{c}_M + \bar{d}_M - 2\bar{m}_M}{2} - \bar{c}_M\right)^2\end{matrix}\right\}$$

$$\overline{\varphi}_{M2}\left(\frac{\overline{c}_M+\overline{d}_M}{2}\right)=\frac{6(1-k_s)}{\pi}\left\{\begin{array}{l}\dfrac{1}{\overline{C}_{M1}^3}\ln\left(\dfrac{\overline{c}_M+1}{\overline{c}_M+1-2\overline{m}_M}\dfrac{\overline{t}_M}{2\overline{k}_M+\overline{t}_M}\right)-\dfrac{1}{\overline{C}_{M1}^2}\left(\dfrac{1}{2\overline{k}_M+\overline{t}_M}-\dfrac{1}{\overline{t}_M}\right)\\[3mm]+\dfrac{1}{2\overline{C}_{M1}}\left[\dfrac{1}{(2\overline{k}_M+\overline{t}_M)^2}-\dfrac{1}{\overline{t}_M^2}\right]\end{array}\right\}$$
$$+\frac{3}{\pi B_{M1}}\left[\frac{1}{(2\overline{k}_M+\overline{t}_M)^2}-\frac{1}{\overline{t}_M^2}\right]$$

$$\overline{x}_{M2}\left(\frac{\overline{c}_M+\overline{d}_M}{2}\right)=\frac{6d(1-k_s)}{\pi}\left[\begin{array}{l}\dfrac{\overline{c}_M+1}{2\overline{C}_{M1}^3}\ln\dfrac{\overline{c}_M+1}{\overline{c}_M+1-2\overline{m}_M}-\dfrac{\overline{c}_M+1}{2\overline{C}_{M1}^3}\ln\left(\dfrac{2\overline{k}_M+\overline{t}_M}{\overline{t}_M}\right)-\dfrac{\overline{m}_M}{\overline{t}_M\overline{C}_{M1}^2}\\[3mm]+\dfrac{1}{2\overline{C}_{M1}}\left(\dfrac{1}{B_{M1}\overline{t}_M}-\dfrac{1}{B_{M1}}\dfrac{1}{2\overline{k}_M+\overline{t}_M}-\dfrac{\overline{m}_M}{\overline{t}_M^2}\right)\end{array}\right]$$
$$+\frac{1}{E\pi B_{M1}}\left(\frac{1}{B_{M1}\overline{t}_M}-\frac{1}{B_{M1}}\frac{1}{2\overline{k}_M+\overline{t}_M}-\frac{\overline{m}_M}{\overline{t}_M^2}\right)$$

$$\overline{\varphi}_{M3}\left(\frac{\overline{c}_M+\overline{d}_M}{2}+\overline{m}_M\right)=\frac{6(1-k_s)}{\pi}\left\{\begin{array}{l}\dfrac{1}{\overline{C}_{M2}^3}\ln\left(\dfrac{\overline{c}_M+1+2\overline{m}_M}{\overline{c}_M+1}\dfrac{2\overline{k}_M+\overline{t}_M}{\overline{t}_M}\right)\\[3mm]+\dfrac{1}{\overline{C}_{M2}^2}\left(\dfrac{1}{\overline{t}_M}-\dfrac{1}{2\overline{k}_M+\overline{t}_M}\right)\\[3mm]+\dfrac{1}{2\overline{C}_{M2}}\left[\dfrac{1}{\overline{t}_M^2}-\dfrac{1}{(2\overline{k}_M+\overline{t}_M)^2}\right]\end{array}\right\}$$
$$+\frac{3}{\pi B_{M2}}\left[\frac{1}{\overline{t}_M^2}-\frac{1}{(2\overline{k}_M+\overline{t}_M)^2}\right]$$

$$\overline{x}_{M3}\left(\frac{\overline{c}_M+\overline{d}_M}{2}+\overline{m}_M\right)=\frac{6(1-k_s)}{\pi}\left\{\begin{array}{l}\dfrac{1}{\overline{C}_{M2}^3}\dfrac{\overline{c}_M+1+2\overline{m}_M}{2}\ln\left(\dfrac{\overline{c}_M+1+2\overline{m}_M}{\overline{c}_M+\overline{d}_M}\dfrac{2\overline{k}_M+\overline{t}_M}{\overline{t}_M}\right)\\[3mm]-\dfrac{1}{\overline{C}_{M2}^2}\dfrac{\overline{m}_M}{2\overline{k}_M+\overline{t}_M}\\[3mm]+\dfrac{1}{2\overline{C}_{M2}}\left[\dfrac{1}{B_{M2}}\dfrac{1}{\overline{t}_M+2\overline{k}_M}-\dfrac{1}{\overline{t}_M B_{M2}}-\dfrac{1}{(2\overline{k}_M+\overline{t}_M)^2}\overline{m}_M\right]\end{array}\right\}$$
$$+\frac{3}{\pi B_{M2}}\left[\frac{1}{B_{M2}}\frac{1}{\overline{t}_M+2\overline{k}_M}-\frac{1}{\overline{t}_M B_{M2}}-\frac{1}{(2\overline{k}_M+\overline{t}_M)^2}\overline{m}_M\right]$$

$$\overline{x}_{M4}(d_M)=\frac{6}{\pi\overline{t}_M^3}(1-k_s)\left[\ln\left(\frac{2}{\overline{c}_M+1+2\overline{m}_M}\right)+\frac{\overline{c}_M-1+2\overline{m}_M}{2}\right]-\frac{3}{\pi\overline{t}_M^3}\left(1-\frac{\overline{c}_M+1+2\overline{m}_M}{2}\right)^2$$

无量纲化刚度表达式为

$$\bar{K}_M = \cfrac{1}{\left[\begin{array}{l} \bar{x}_{M1}\left(\dfrac{\bar{c}_M + \bar{d}_M}{2} - \bar{m}_M\right) + \bar{x}_{M2}\left(\dfrac{\bar{c}_M + \bar{d}_M}{2}\right) + \bar{x}_{M3}\left(\dfrac{\bar{c}_M + \bar{d}_M}{2} + \bar{m}_M\right) + \bar{x}_{M4}(\bar{d}_M) \\[2mm] + \left(\dfrac{1 - \bar{c}_M}{2} + \bar{m}_M\right)\bar{\varphi}_{M1}\left(\dfrac{\bar{c}_M + \bar{d}_M}{2} - \bar{m}_M\right) + \dfrac{1 - \bar{c}_M}{2}\bar{\varphi}_{M2}\left(\dfrac{\bar{c}_M + \bar{d}_M}{2}\right) \\[2mm] + \left(\dfrac{1 - \bar{c}_M}{2} - \bar{m}_M\right)\bar{\varphi}_{M3}\left(\dfrac{\bar{c}_M + \bar{d}_M}{2} + \bar{m}_M\right) \end{array}\right]}$$

$$+ \cfrac{\pi E(-\bar{s}_M^2 + 3\delta^2)}{\dfrac{1}{\bar{t}_M}\ln\left(\dfrac{\bar{c}_M + 1 - 2\bar{m}_M}{\bar{c}_M}\dfrac{1}{\bar{c}_M + 1 + 2\bar{m}_M}\right) + \left[\begin{array}{l} \dfrac{1}{\bar{C}_{M1}}\ln\left(\dfrac{\bar{c}_M + d_M}{2\bar{k}_M + \bar{t}_M}\dfrac{\bar{t}_M}{\bar{c}_M + 1 - 2\bar{m}_M}\right) + \\[2mm] \dfrac{1}{\bar{C}_{M2}}\ln\left(\dfrac{\bar{c}_M + 1 + 2\bar{m}_M}{\bar{t}_M}\dfrac{2\bar{k}_M + \bar{t}_M}{\bar{c}_M + 1}\right) \end{array}\right]} \cdot \cfrac{1}{(1 - \bar{c}_M)^2}$$

$$(3\text{-}81)$$

3.2.2　频响特性及稳定性分析

1. 端部变厚度准零刚度隔振器

为了便于讨论，分别建立传统线性隔振器和端部变厚度准零刚度隔振器的理论模型如图 3-4 所示。受惯性质量的重力作用，准零刚度隔振器处于静平衡状态，即 $u=0$。假设，准零刚度隔振器的回复力为 F_E，惯性质量受简谐力激励 $F = F_0 \cos\omega t$，得到隔振系统运动微分方程为

$$M\frac{\mathrm{d}^2 u}{\mathrm{d}t^2} + c\frac{\mathrm{d}u}{\mathrm{d}t} + F_E - Mg = F_0 \cos\omega t \qquad (3\text{-}82)$$

式中，c 表示阻尼系数，M 表示惯性质量。

将式(3-78)代入式(3-82)，得到：

$$M\frac{\mathrm{d}^2 u}{\mathrm{d}t^2} + c\frac{\mathrm{d}u}{\mathrm{d}t} + \beta_{E,1}u + \beta_{E,3}u^3 = F_0 \cos\omega t \qquad (3\text{-}83)$$

定义无量纲参数：

$$\delta = \frac{u}{d_E}, \ \omega_n = \sqrt{\frac{k}{M}}, \ \tau = \omega_n t, \ \Omega = \frac{\omega}{\omega_n}, \ \xi = \frac{c}{2M\omega_n}, \ f_0 = \frac{F_0}{d_E M \omega_n^2}, \ \bar{k}_1 = \frac{\beta_{E,1}}{k}, \ \bar{k}_3 = \frac{\beta_{E,3}d_E^2}{k}$$

式中，δ 表示无量纲位移，ω_n 表示隔振系统固有频率，τ 表示无量纲时间，Ω

表示频率比，ζ 表示阻尼比，f_0 表示无量纲外部激励，$\overline{k_1}$ 和 $\overline{k_3}$ 分别表示无量纲线性刚度和立方刚度。

从实际应用角度，准零刚度隔振器在工作状态其线性刚度 $\overline{k_1} \neq 0$，故式 (3-83) 无量纲化后，得到：

$$\frac{\mathrm{d}^2\delta}{\mathrm{d}\tau^2} + 2\xi\frac{\mathrm{d}\delta}{\mathrm{d}\tau} + \overline{k_1}\delta + \overline{k_3}\delta^3 = f_0\cos\Omega\tau \tag{3-84}$$

采用谐波平衡法计算获得系统近似稳态解，设稳态解为

$$\delta = \delta_0\cos(\Omega\tau + \theta) \tag{3-85}$$

式中，δ_0 表示位移响应幅值，θ 表示位移响应相位。

将式 (3-85) 代入式 (3-86) 中，令 $\sin(\Omega\tau+\theta)$ 项和 $\cos(\Omega\tau+\theta)$ 项的系数分别为零，得到：

$$-2\xi\Omega\delta_0 = f_0\sin\theta \tag{3-86}$$

$$(\overline{k_1} - \Omega^2)\delta_0 + \frac{3}{4}\overline{k_3}\delta_0^3 = f_0\cos\theta \tag{3-87}$$

联列式 (3-84)、式 (3-86) 与式 (3-87)，得到：

$$\delta_0^2\Omega^4 + \left(4\xi^2\delta_0^2 - 2\overline{k_1}\delta_0^2 - \frac{3}{2}\overline{k_3}\delta_0^4\right)\Omega^2 + \overline{k_1}^2\delta_0^2 + \frac{3}{2}\overline{k_1 k_3}\delta_0^4 + \frac{9}{16}\overline{k_3}^2\delta_0^6 - f_0^2 = 0 \tag{3-88}$$

式 (3-88) 为频率比与响应幅值的隐函数，进一步求解可获得频率比与响应幅值的关系式：

$$\Omega_{1,2}^A = \sqrt{\overline{k_1} - 2\xi^2 + \frac{3}{4}\overline{k_3}\delta_0^2 \pm \sqrt{4\xi^4 - 4\overline{k_1}\xi^2 - 3\overline{k_3}\xi^2\delta_0^2 + \frac{f_0^2}{\delta_0^2}}} \tag{3-89}$$

为了便于对比，给出传统线性隔振器的幅频响应表达式：

$$\Omega_{1,2}^B = \sqrt{1 - 2\xi^2 \pm \sqrt{4\xi^4 - 4\xi^2 + \frac{f_0^2}{\delta_0^2}}} \tag{3-90}$$

式中，上标 A 和 B 分别表示准零刚度隔振器和线性隔振器，下标 1 和 2 分别表示频响曲线的两个分支。

端部变厚度准零刚度隔振器由于其显著的非线性特征，需要进行稳定性分析。根据非线性振动理论，非线性隔振系统幅频响应曲线的稳定性与垂直切线相关，利用表达式 $\mathrm{d}\Omega/\mathrm{d}\delta_0 = 0$ 可对非线性隔振系统稳态响应的稳定性进行判断，相应稳定性限制条件表达式为

$$\Omega^4 + (4\xi^2 - 2\overline{k_1} - 3\overline{k_3}\delta_0^2)\Omega^2 + \overline{k_1}^2 + 3\overline{k_1}\overline{k_3}\delta_0^2 + \frac{27}{16}\overline{k_3}^2\delta_0^4 = 0 \tag{3-91}$$

幅频响应曲线的峰值为两分支曲线相等，进一步得到峰值点表达式：

$$\delta_{0,\text{peak}} = \sqrt{\frac{(2\xi^3 - 2\overline{k_1}\xi) + \sqrt{(2\xi^3 - 2\overline{k_1}\xi)^2 + 3\overline{k_3}f_0^2}}{3\overline{k_3}\xi}} \tag{3-92}$$

将式(3-92)代入式(3-91)，获得峰值点对应的频率比：

$$\Omega_{\text{peak}} = \frac{1}{2}\sqrt{\frac{\sqrt{(2\xi^3 - 2\overline{k_1}\xi)^2 + 3\overline{k_3}f_0^2} - 6\xi^3 + 2\overline{k_1}\xi}{\xi}} \tag{3-93}$$

利用峰值点表达式获得非稳定区域为

$$\Omega_{\text{backbone}} = \frac{1}{2}\sqrt{3\overline{k_3}\delta_0^2 - 8\xi^2 + 4\overline{k_1}} \tag{3-94}$$

且当式(3-92)中分子有解时，得到：

$$32\xi^9 - 20\overline{k_1}\xi^4 < 3\overline{k_3}f_0^2 \tag{3-95}$$

进一步，为了评价一体化端部变厚度准零刚度隔振器的隔振性能，采用力传递率作为评价指标：

$$T_f = \frac{F_{tf}}{F_0} \tag{3-96}$$

式中，F_{tf} 和 F_0 分别表示传递给刚性基础的力幅值和惯性质量所受激振力幅值。

隔振系统传递给刚性基础的无量纲力幅值 F_{tr} 表示为

$$F_{tf} = (-2\xi\Omega\delta_0)^2 + \left(\overline{k_1}\delta_0 + \frac{3}{4}\overline{k_3}\delta_0^3\right)^2 \tag{3-97}$$

无量纲力传递率为

$$T_f = \frac{\sqrt{(-2\xi\Omega\delta_0)^2 + \left(\overline{k_1}\delta_0 + \frac{3}{4}\overline{k_3}\delta_0^3\right)^2}}{F_0} \tag{3-98}$$

为了便于对比，给出传统线性隔振器力传递率：

$$T_{fl} = \sqrt{\frac{1 + 4\xi^2\Omega^2}{(1 - \Omega^2)^2 + 4\Omega^2\xi^2}} \tag{3-99}$$

2. 中心变厚度准零刚度隔振器

中心变厚度准零刚度隔振器的动力学建模及求解过程与第 3.2.2 节关于端部变厚度准零刚度隔振器相似，故此处不再重复介绍。

3.2.3　设计参数影响分析

1. 端部变厚度准零刚度隔振器

1) 静力学分析

任意选择一组无量纲参数：$\bar{t}_E = 0.0385$，$\bar{s}_E = 0.06$，$\bar{c}_E = 0.15$，$\bar{t}_{Es} = 0.25$，$\bar{h}_{Es} = 0.08$，$\bar{k}_E = 0.08$，$\bar{m}_E = 0.29$。

当隔振器倾斜侧壁厚度比 $\bar{t}_E = 0.0385$ 时，其力-位移曲线在静平衡位置附近呈现恒力特征，在其两侧则随着位移增大隔振器输出力单调递增，如图 3-8(a)所示。另外，随着隔振器倾斜侧壁厚度比增加，在静平衡位置附近的恒力区域逐渐减小直至消失，且平衡点附近(无量纲位移为零)力的增长速度越来越快。最终，在计算位移范围内隔振器的力-位移曲线变得单调递增，相应刚度则从准零刚度变为正刚度。图 3-8(b)给出隔振器输出刚度-位移曲线受倾斜侧壁厚度比变化的影响。由图可见，当倾斜侧壁厚度比 $\bar{t}_E = 0.0385$ 时，隔振器输出刚度在静平衡位置附近为零刚度，在两侧随着位移增加分别呈现单调递减和单调递增的变化规律。并且，随着倾斜侧壁厚度比增加，隔振器刚度-位移曲线整体向上移动，而随位移增加刚度变化规律相近。

隔振器倾斜侧壁高度比对其输出力-位移曲线和刚度-位移曲线的影响，如图 3-9 所示。由图 3-9(a)可见，倾斜侧壁高度比增加，隔振器输出力-位移曲线的斜率逐渐减小，即平衡点附近(无量纲位移为零)力的增长速度越来越慢，且随着位移增加单调递增趋势发生显著变化。尤其在 $\bar{s}_E = 0.06$ 时，力-位移曲线在静平衡位置附件近似为恒力，而在两侧位置则随着位移增加仍为单调递增变化。隔振器的刚度-位移曲线如图 3-9(b)所示，由图可见，隔振器刚度随着位移增加，呈现"先单调减小，后单调增加"的变化规律，且在静平衡位置附近的刚度值随着倾斜侧壁高度比增加而减小，并当 $\bar{s}_E = 0.06$ 时近似为零。此外，对比图 3-8(b)和图 3-9(b)可见，倾斜侧壁厚度比变化对相同位移处刚度曲线之间的间隔几乎无影响，而倾斜侧壁高度比增加使相同位移处刚度曲线间隔逐渐增大。

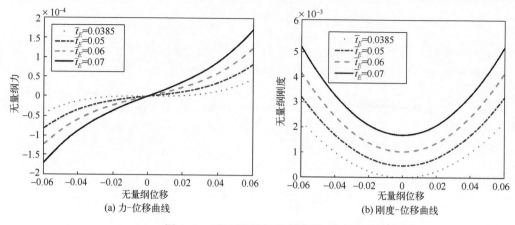

(a) 力-位移曲线　　　　　　　　　　　　(b) 刚度-位移曲线

图 3-8　不同倾斜侧壁厚度比对应

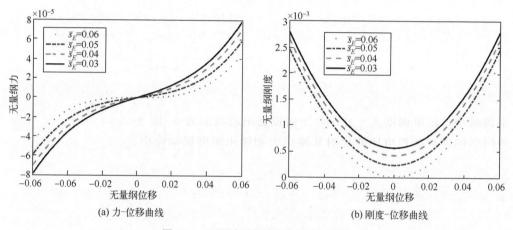

(a) 力-位移曲线　　　　　　　　　　　　(b) 刚度-位移曲线

图 3-9　不同倾斜侧壁高度比对应

　　隔振器半径比对其力-位移曲线和刚度-位移曲线的影响与前面设计参数呈现较大区别，如图 3-10 所示。由图 3-10(a)给出隔振器的力-位移曲线可见，在计算位移范围内，隔振器输出力呈现显著的分段特征，即在远离静平衡位置处随着位移增加隔振器输出力单调递增且随着半径比增加，输出力增长速度越来越快。在静平衡位置附近，隔振器输出力近似为恒力且几乎不受半径比变化的影响。观察图 3-10(b)给出隔振器的刚度-位移曲线可见，在计算位移范围内，隔振器输出刚度"先单调减小，后单调增大"且随着位移增大，不同半径比对应刚度曲线之间的间距也呈现"先减小，后增大"的变化特征。此外，在静平衡位置附近隔振器刚度近似为零且不受半径比影响。

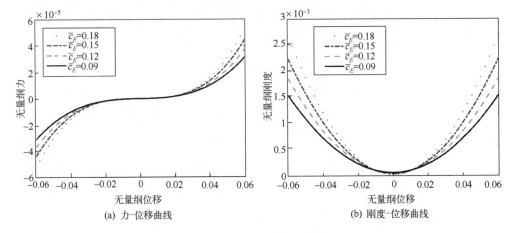

(a) 力-位移曲线　　　　　　　　　　　(b) 刚度-位移曲线

图 3-10　不同半径比对应

　　隔振器倾斜侧壁局部厚度比对其力-位移曲线和刚度-位移曲线的影响，如图
3-11 所示。在位移计算范围内，隔振器的力-位移曲线和刚度-位移曲线呈现与前
面所述设计参数计算结果相似的变化规律，即力-位移曲线随着位移增加单调递增
且在静平衡位置附近近似为恒力(图 3-11(a))，刚度-位移曲线随着位移增加"先
单调减小，后单调增大"且在静平衡位置附近近似为零(图 3-11(b))。另外，隔振
器倾斜侧壁局部厚度比变化对其输出力和输出刚度影响较小，几乎没有变化。

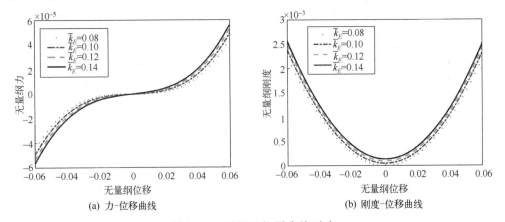

(a) 力-位移曲线　　　　　　　　　　　(b) 刚度-位移曲线

图 3-11　不同局部厚度比对应

　　隔振器倾斜侧壁局部厚度比变化对其输出力-位移曲线和刚度-位移曲线影
响主要集中在远离静平衡位置区域，如图 3-12 所示。由图 3-12(a)给出的力-位
移曲线对比可见，倾斜侧壁局部厚度比增加在远离静平衡位置附近，随着位移增
加力增加速度变快且呈现单调增加趋势，在静平衡位置附近则几乎不受其变化影

响呈现恒力状态。隔振器的刚度-位移曲线在图3-12(b)中给出,可见,在计算位移范围内刚度曲线宏观变化特征与其他设计参数保持一致,即随着位移增加,刚度曲线"先单调减小,后单调增大"且在静平衡位置附近刚度近似为零。

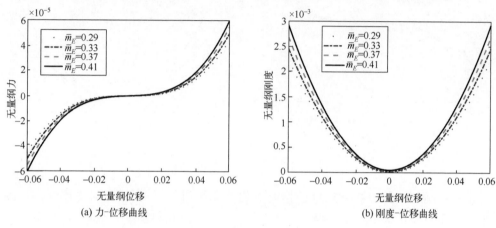

(a) 力-位移曲线　　　　　　　　　　　　(b) 刚度-位移曲线

图 3-12　不同局部宽度比对应

2) 频响特性及稳定性分析

结合端部变厚度准零刚度隔振器给出的频响特性表达式通过数值计算可以得到相应的非稳定区域与非稳定段。在此基础上,进一步研究阻尼比ξ和外部激励力幅值f_0,以及准零刚度隔振器结构设计参数对其频响特性的影响,计算结果如图3-13~图3-18所示。其中,蓝色虚线表示传统线性隔振器,阴影和红色虚线分别表示准零刚度隔振器的非稳定区域与频响曲线的非稳定段。

隔振器倾斜侧壁厚度比变化对应隔振系统位移响应幅值曲线如图3-13所示。由图可见,倾斜侧壁厚度比主要对中低频范围隔振系统的位移频响幅值有影响,而在高频范围隔振器类型及倾斜侧壁厚度比对其影响可忽略。在中低频范围,随着倾斜侧壁厚度比增加,谐振频率向高频移动且谐振峰值及低频频响幅值均减小;而且,非稳定区域面积及非稳定段也逐渐减小并向右上方移动。与传统线性隔振器相比,谐振频率更低且幅值更大。

图3-14分别给出不同倾斜侧壁高度比对应准零刚度隔振系统的位移响应幅值曲线。由图可见,隔振器倾斜侧壁高度比减小,中低频范围响应幅值逐渐减小但谐振频率向高频移动,且与传统线性隔振器相比,谐振频率更低但峰值更大;随着频率继续增加,隔振系统响应幅值趋近于一致,不受设计参数变化和隔振器类型的影响。此外,需要注意,隔振器倾斜侧壁高度比减小,隔振系统非稳定区域向右上方移动,而非稳定段则逐渐减小。

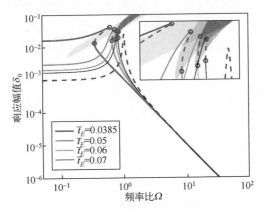

图 3-13　不同倾斜侧壁厚度比对应频响曲线 1（见彩图）

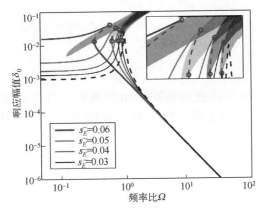

图 3-14　不同倾斜侧壁高度比对应频响曲线 1（见彩图）

　　隔振器局部厚度比变化对其位移响应幅值曲线的影响与前述设计参数类似，即在中低频范围内，局部厚度比增加导致隔振系统谐振频率向高频移动且峰值及低频的响应幅值减小；相比传统线性隔振器，谐振频率更低且峰值更大；随着频率增加，隔振系统位移响应幅值曲线逐渐趋于一致，如图 3-15 所示。另外，准零刚度隔振系统非稳定区域随着局部厚度比增加而逐渐缩小，且向右上方移动。通过观察图 3-16 可见，虽然隔振器局部宽度比变化对隔振系统位移响应幅值曲线的影响规律与前述设计参数相似；但是，不同局部宽度比使隔振系统位移响应幅值曲线的变化差异较小且主要集中在中低频区域。

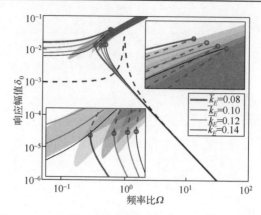

图 3-15　不同局部厚度比对应频响曲线（见彩图）

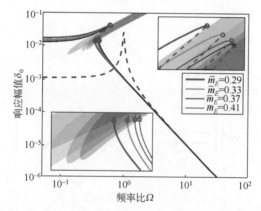

图 3-16　不同局部宽度比对应频响曲线（见彩图）

　　隔振器阻尼比和外部激励幅值对隔振系统位移响应幅值曲线的影响如图 3-17 和图 3-18 所示。由图 3-17 可见，阻尼比仅对响应曲线的谐振频率及幅值有影响，随着阻尼比增加，谐振频率向低频移动且峰值显著减小；但是，非稳定区域的面积则不断增大且向左下方移动。然而，阻尼比对传统线性隔振器的影响则主要局限于峰值随阻尼比增加而减小，准零刚度隔振器的谐振频率更小且中低频响应幅值更大。图 3-18 给出不同外部激励力幅值对应隔振系统位移响应幅值曲线，可见激励力幅值增加，准零刚度隔振器和传统线性隔振器的响应幅值曲线均呈现整体上移的趋势，但相同力激励条件下不同类型隔振系统响应幅值曲线在高频范围保持一致；在中低频范围，准零刚度隔振系统谐振频率随激励力幅值增加向高频移动且峰值增大，呈现"刚度渐硬"特征。此外，不稳定区域随激励力幅值增加而逐渐收缩且向右上方移动。

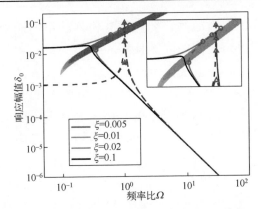

图 3-17　不同阻尼比对应频响曲线（见彩图）

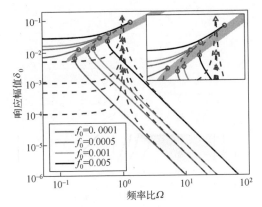

图 3-18　不同激励幅值对应频响曲线（见彩图）

3)传递率及稳定性分析

根据力传递率定义，并选择部分一体化准零刚度隔振器的关键设计参数，本节重点讨论阻尼比 ξ，无量纲激励幅值 f_0，倾斜面厚度比 $\overline{t}_E$，倾斜壁高度比 $\overline{s}_E$，局部厚度比 $\overline{k}_E$，局部宽度比 $\overline{m}_E$ 对隔振系统力传递特性的影响。

图 3-19 和图 3-20 分别给出不同倾斜侧壁厚度比和高度比对应隔振系统力传递率。同时，为了便于对比，图中还给出传统线性隔振器的力传递特性曲线。由图 3-19 可见，倾斜侧壁厚度比的影响主要集中在谐振峰值频率附近，随着该参数增加隔振系统谐振峰值频率向低频发生移动且幅值减小；并且，导致隔振系统非稳定区域向左下方扩张面积增大。但是，在低频和高频区域隔振系统的力传递特性未受倾斜侧壁厚度比变化的影响。另外，一体化准零刚度隔振器隔振性能均优于传统线性隔振器。与倾斜侧壁厚度比的影响相反，随着倾斜侧壁高度比减小，图 3-20 所示隔振系统力传递率曲线的变化规律与图 3-19 相似。

进而，可以得出结论，较大的倾斜侧壁厚度比或较小的倾斜侧壁高度比更有利于改善一体化准零刚度隔振器的隔振性能。

　　针对不同倾斜侧壁局部厚度比和局部宽度比对应一体化准零刚度隔振器力传递率，如图 3-21 和图 3-22 所示。与图 3-19 和图 3-20 相比，倾斜侧壁局部特征变化对其力传递率曲线的影响主要集中在谐振频率附近，随着倾斜侧壁局部厚度比减小，谐振频率和峰值均呈现微幅减小趋势，对应非稳定区域也向左下方扩张面积增大，如图 3-21 所示。与传统线性隔振器相比，隔振性能优势明显。图 3-22 给出倾斜侧壁局部宽度比对隔振系统力传递率的影响与图 3-21 相似，即随着倾斜侧壁局部宽度比减小，谐振频率和峰值均呈现微幅减小趋势，对应非稳定区域也向左下方扩张面积增大。综上，较小的倾斜侧壁局部厚度比和宽度比均有利于改善一体化准零刚度隔振器的隔振性能。

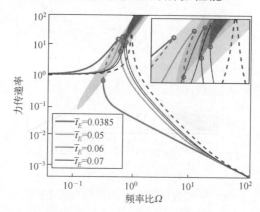

图 3-19　不同倾斜侧壁厚度比对应力传递率 1（见彩图）

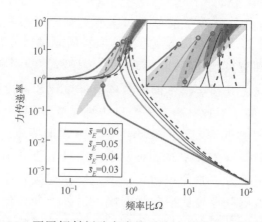

图 3-20　不同倾斜侧壁高度比对应力传递率 1（见彩图）

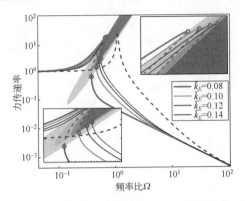

图 3-21　不同倾斜侧壁局部厚度比对应力传递率 1（见彩图）

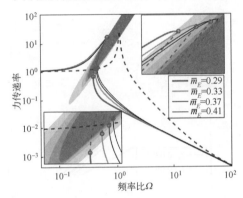

图 3-22　不同倾斜侧壁局部宽度比对应力传递率 1（见彩图）

　　一体化准零刚度隔振器受其非线性特征的影响，阻尼比和外部激励幅值变化也会对其力传递率产生显著影响，如图 3-23 和图 3-24 所示。阻尼比对隔振系统力传递率的影响与传统线性隔振器类似，参见图 3-23。可见，随着阻尼比增大，力传递率峰值减小且谐振频响向低频移动，且非稳定区域逐渐减小直至消失；但是，在高频范围，阻尼比增大导致隔振系统力传递率曲线幅值增大，隔振性能变差。外部激励幅值增大驱使隔振系统谐振峰值显著增大甚至大于传统线性隔振器，且谐振频率向高频移动；同时，非稳定区域面积和相应的频率范围均增大，如图 3-24 所示。

　　2. 中心变厚度准零刚度隔振器

1）静力学分析

　　与端部变厚度一体化准零刚度隔振器相似的分析方法，任意选择一组无量纲参数：$\bar{t}_M = 0.0331$，$\bar{s}_M = 0.06$，$\bar{c}_M = 0.1$，$\bar{t}_{Ms} = 0.09$，$\bar{h}_{Ms} = 0.25$，$\bar{k}_M = 0.05$，$\bar{m}_M = 0.43$。

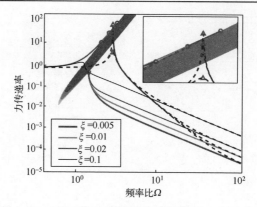

图 3-23 不同阻尼比对应力传递曲线（见彩图）

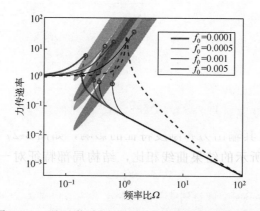

图 3-24 不同激励幅值对应力传递曲线（见彩图）

倾斜侧壁厚度比和高度比对一体化准零刚度隔振器输出力和刚度特征的影响，如图 3-25 和图 3-26 所示。观察图 3-25(a) 和图 3-26(a) 给出的力-位移曲线，

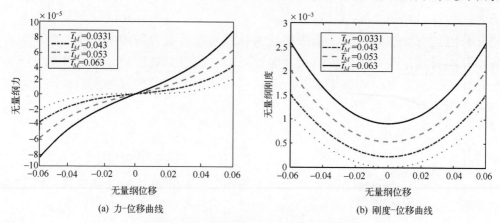

(a) 力-位移曲线

(b) 刚度-位移曲线

图 3-25 不同倾斜侧壁厚度比对应

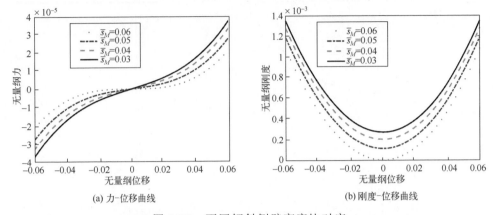

(a) 力-位移曲线　　　　　　　　　　　　(b) 刚度-位移曲线

图 3-26　不同倾斜侧壁高度比对应

可见，当倾斜侧壁厚度比和高度比分别为 $\bar{t}_M = 0.0331$ 和 $\bar{s}_M = 0.06$ 时在静平衡位置附近隔振器呈现近似恒力特征，相应刚度曲线则呈现准零刚度特征参见图 3-25(b) 和图 3-26(b)；当倾斜侧壁厚度比增大或倾斜侧壁高度比减小，平衡点附近(无量纲位移为零)力的增长速度越来越快，系统刚度也从准零刚度变化为正刚度。

　　一体化准零刚度隔振器的结构局部特征(包括倾斜侧壁局部厚度比和倾斜侧壁局部宽度比)对其输出力和刚度特征的影响，如图 3-27 和图 3-28 所示。与图 3-25 和图 3-26 所示的结果曲线相比，结构局部特征对一体化准零刚度隔振器的静力学特征影响较小。当倾斜侧壁局部厚度比和宽度比分别为 $\bar{k}_M = 0.05$ 和 $\bar{m}_M = 0.43$ 时在静平衡位置附近隔振器呈现近似恒力特征，相应刚度曲线则呈现准零刚度特征参见图 3-27(b) 和图 3-28(b)；当倾斜侧壁局部厚度比或倾斜侧壁局部宽度比增大，平衡点附近(无量纲位移为零)力的增长速度越来越快，系统刚度也从准零刚度变化为正刚度。

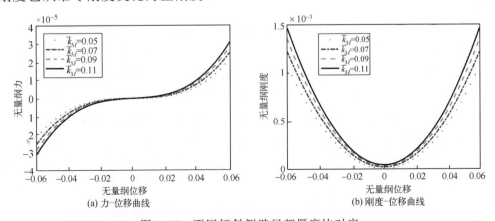

(a) 力-位移曲线　　　　　　　　　　　　(b) 刚度-位移曲线

图 3-27　不同倾斜侧壁局部厚度比对应

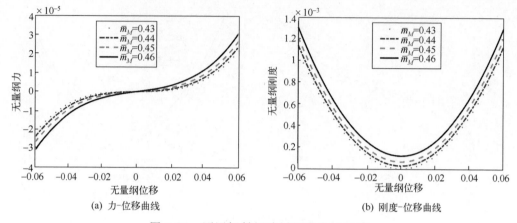

图 3-28　不同倾斜侧壁局部宽度比对应

2) 频响特性及稳定性分析

采用与第 3.2.3 节第 1 部分端部变厚度准零刚度隔振器相同的设计参数和表达方式，讨论中心变厚度一体化准零刚度隔振系统幅频响应特性的变化规律和稳定性。本节重点讨论中心变厚度一体化准零刚度隔振器结构设计参数对其频响特性的影响，计算结果如图 3-29～图 3-32 所示。其中，蓝色虚线表示传统线性隔振器，阴影和红色虚线分别表示中心变厚度一体化准零刚度隔振器的非稳定区域与频响曲线的非稳定段。

分别考虑一体化准零刚度隔振器倾斜侧壁厚度比、高度比、局部厚度比和局部宽度比四个设计参数变化对隔振系统频响曲线的影响，如图 3-29～图 3-32 所示。另外，为了便于对比，图中还给出传统线性隔振器对应频响曲线。可见，上述设计参数主要对隔振系统在中低频范围的频响曲线产生影响，在高频范围一体化准零刚度隔振器的动态特征与传统线性隔振器相近。其中，隔振器倾斜侧壁高度比和厚度比对其低频范围的频响特性影响比较显著，随着倾斜侧壁厚度比增大或高度比减小，隔振系统呈现相似的变化规律，即频响曲线峰值减小且向高频移动，并与传统线性隔振器频响幅值接近，相应非稳定区域面积减小且向右上方收缩参见图 3-29 和图 3-30。随着隔振器倾斜侧壁局部厚度比或局部宽度比增大，隔振系统在中低频范围的频响曲线呈现与前述倾斜侧壁厚度比和高度比相似的影响，区别在于变化幅度较小。此外，随着频率向高频移动，一体化准零刚度隔振器与传统线性隔振器的频响特性趋于一致且不受设计参数变化的影响。

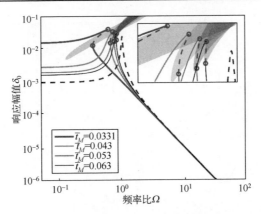

图 3-29　不同倾斜侧壁厚度比对应频响曲线 2（见彩图）

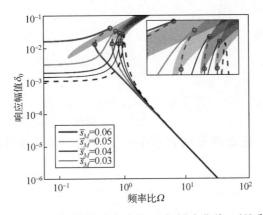

图 3-30　不同倾斜侧壁高度比对应频响曲线 2（见彩图）

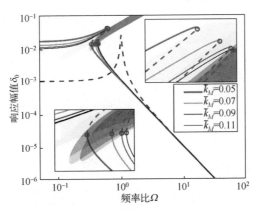

图 3-31　不同倾斜侧壁局部厚度比对应频响曲线（见彩图）

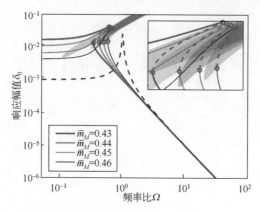

图 3-32　不同倾斜侧壁局部宽度比对应频响曲线（见彩图）

3）传递率及稳定性分析

本节选择力传递率作为隔振性能的评价指标，选择无量纲倾斜面厚度比 $\bar{t}_M$、倾斜面垂直高度比 $\bar{s}_M$、局部厚度比 $\bar{k}_M$、局部宽度比 $\bar{m}_M$ 作为影响因素对一体化准零刚度隔振器的隔振性能进行分析评价，计算结果如图 3-33～图 3-36 所示。为了便于对比，图中还给出传统线性隔振器的力传递率曲线。

隔振器倾斜侧壁厚度比和高度比对隔振系统力传递率的影响主要集中于谐振频率附近范围，在低频和高频一体化准零刚度隔振器与传统线性隔振器的力传递率曲线趋于一致参见图 3-33 和图 3-34。在中频范围，厚度比减小或高度比增大使谐振频率向低频移动且峰值减小，更利于改善其隔振性能。倾斜侧壁局部厚度比和局部宽度比减小使隔振系统的力传递率呈现与前述倾斜侧壁厚度比和高度比相似的影响规律，区别在于变化幅度较小，如图 3-35 和图 3-36 所示。由此可以得出结论，较小的局部厚度比和局部宽度比有利于改善准零刚度隔振器的隔振性能。

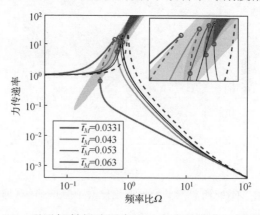

图 3-33　不同倾斜侧壁厚度比对应力传递率 2（见彩图）

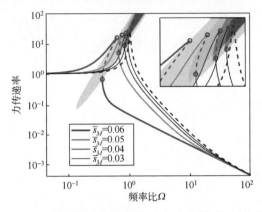

图 3-34　不同倾斜侧壁高度比对应力传递率 2（见彩图）

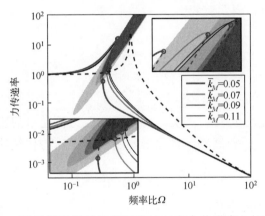

图 3-35　不同倾斜侧壁局部厚度比对应力传递率 2（见彩图）

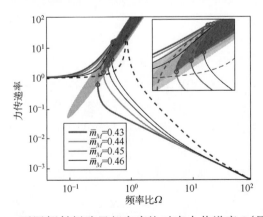

图 3-36　不同倾斜侧壁局部宽度比对应力传递率 2（见彩图）

3.3　弹性薄片梁准零刚度隔振器设计

3.3.1　弹性薄片梁设计

由弹性薄片梁构成的负刚度元件是准零刚度隔振器的核心元件之一[13]。相比于采用斜置螺旋弹簧[14]、滑动梁[15]、欧拉屈曲梁[16]、永磁体[16]等形式，弹性薄片梁抗蠕变性能更好，易于实现轻量化，本部分讨论的弹性薄片梁结构形式[17]，如图 3-37 所示。由图可见，弹性薄片梁两端为连接位置，左端固定，且右端顶点在工作状态时只发生竖直位移，不发生水平位移；l_B 表示弹性薄片梁任意位置长度，L_B 表示弹性薄片梁总长度，$w(l_B)$ 表示弹性薄片梁任意位置处宽度。

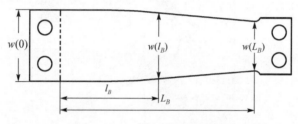

图 3-37　薄片梁结构示意图

弹性薄片梁的形函数为

$$\gamma(\xi_{l_B}) = \frac{w(l_B)}{w(0)} = [c_1 + c_2\cos(\beta\xi_{l_B}) + c_3\sin(\beta\xi_{l_B})]^{-1} \tag{3-100}$$

式中，$\xi_{l_B} = l_B/L_B$。

弹性薄片梁初始受力状态，如图 3-38 所示。为了便于分析，暂不考虑弹性薄片梁沿水平方向的可伸展性和剪切变形。由图可见，X_L 和 Y_L 分别表示弹性薄片梁顶端的水平和垂向坐标，G_X 和 G_Y 分别表示水平和垂直约束载荷，$P(l_B)$、$Q(l_B)$ 和 $M(l_B)$ 分别表示微分段 dl_B 承受的水平内力、垂直内力和弯矩，$\theta(l_B)$ 表示 dl_B 切向与水平 x 轴的夹角。另外，弹性薄片梁两端角度相对固定，且沿 x 轴的投影长度不发生变化。各设计变量 X、Y 和 θ 之间的关系为

$$\frac{dX}{dl_B} = \cos\theta, \quad \frac{dY}{dl_B} = \sin\theta \tag{3-101}$$

弹性薄片梁曲率和弯矩之间的关系为

$$\frac{1}{\rho} = \frac{\mathrm{d}\theta}{\mathrm{d}l_B} = \frac{M_L}{EI} \tag{3-102}$$

式中，EI 表示弹性薄片梁弯曲刚度，$I(l_B) = \dfrac{d^3 w(l_B)}{12}$。

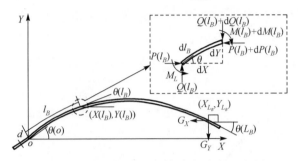

图 3-38　弹性薄片梁初始受力状态示意图

根据静力平衡，得到关系式：

$$\frac{\mathrm{d}P(l_B)}{\mathrm{d}l_B} = 0，\quad \frac{\mathrm{d}Q(l_B)}{\mathrm{d}l_B} = 0 \tag{3-103}$$

需要说明，相比于被隔振对象质量，弹性薄片梁微分段的质量可以忽略不计。因此，微分段 $\mathrm{d}l_B$ 所受内力保持恒定，即 $P(l_B)=G_X$，$Q(l_B)=G_Y$。

同样，微分段 $\mathrm{d}l_B$ 所受弯矩平衡，得到：

$$M_L + P(l_B)\frac{\mathrm{d}Y}{2} + \left[P(l_B) + \mathrm{d}P(l_B)\right]\frac{\mathrm{d}Y}{2}$$
$$= M_L + \mathrm{d}M_L + Q(l_B)\frac{\mathrm{d}X}{2} + \left[Q(l_B) + \mathrm{d}Q(l_B)\right]\frac{\mathrm{d}X}{2} \tag{3-104}$$

将式 (3-101) 和式 (3-103) 代入式 (3-104)，得到：

$$\frac{\mathrm{d}M_L}{\mathrm{d}l_B} = P(l_B)\sin\theta - Q(l_B)\cos\theta \tag{3-105}$$

定义无量纲化参数：

$$\tilde{X} = \frac{X}{L_B} = \int_0^{\xi_{l_B}} \cos(\xi_{l_B})\mathrm{d}\xi_{l_B}，\quad \tilde{Y} = \frac{Y}{L_B} = \int_0^{\xi_{l_B}} \sin(\xi_{l_B})\mathrm{d}\xi_{l_B} \tag{3-106}$$

$$\tilde{G}_X = \frac{L_B^2 G_X}{EI(0)}，\quad \tilde{G}_Y = \frac{L_B^2 G_Y}{EI(0)}，\quad \tilde{M}_L = \frac{L_B M_L}{EI(0)}$$

进一步，可以得到弹性薄片梁的静力学方程：

$$\frac{\mathrm{d}\theta(\xi_{l_B})}{\mathrm{d}\xi_{l_B}} = \gamma(\xi_{l_B})\tilde{M}_L , \quad \frac{\mathrm{d}\tilde{M}_L}{\mathrm{d}\xi_{l_B}} = \tilde{G}_X \sin\theta(\xi_{l_B}) - \tilde{G}_Y \cos\theta(\xi_{l_B})$$

$$(3\text{-}107)$$

$$\theta(0) = \pi/4 , \quad \theta(1) = -\pi/6$$

通过数值方法获得弹性薄片梁静态力-位移关系曲线，如图 3-39 所示。由图可见，弹性薄片梁受载变形时，对应力-位移曲线呈现非线性变化特征，且在位移[0m，0.035m]范围内斜率为负，即弹性薄片梁结构刚度呈现负刚度特征。

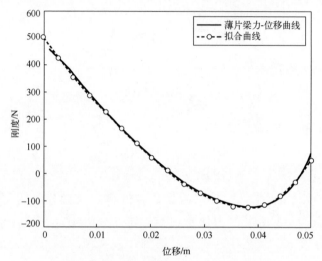

图 3-39　弹性薄片梁静态力-位移曲线

3.3.2　频响特性及稳定性分析

为了便于讨论，首先，将弹性薄片梁构建的隔振器等效为单自由度隔振系统，如图 3-40 所示。由图可见，F' 表示弹性薄片梁的等效非线性弹性恢复力，δ_L 表示初始位置到静态平衡位置的位移，c 表示等效阻尼。

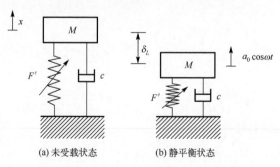

(a) 未受载状态　　　　　　(b) 静平衡状态

图 3-40　单自由度隔振系统力学模型

结合第 3.3.1 节数值分析所得弹性薄片梁力-位移曲线，利用数值分析工具软件 MATLAB 采用多项式拟合，可以获得其等效弹性恢复力为

$$F' = \sum_{i=1}^{n} a_i x^i \tag{3-108}$$

式中，a_i 表示拟合系数，i 表示次数，x 表示弹性薄片梁端部垂向位移。

根据牛顿第二定理，单自由度隔振系统在简谐激励作用下对应运动微分方程：

$$M\frac{\mathrm{d}^2 x}{\mathrm{d}t^2} + c\frac{\mathrm{d}x}{\mathrm{d}t} + F' - Mg = Ma_0 \cos\omega t \tag{3-109}$$

式中，M 表示隔振系统的惯性质量，ω 表示激励圆频率，a_0 表示加速度激励幅值。

为了便于分析，定义中间变量 $u = x - \delta_L$，代入式 (3-109)，化简得到：

$$M\frac{\mathrm{d}^2 u}{\mathrm{d}t^2} + c\frac{\mathrm{d}u}{\mathrm{d}t} + \sum_{i=1}^{n} k_i u^i = Ma_0 \cos\omega t \tag{3-110}$$

式中，u 表示相对位移，k_i 表位不同阶次对应刚度项，如 k_1、k_2、k_3、k_4 分别表示非线性弹性恢复力对应的线性刚度、平方刚度、立方刚度和高次刚度项。

为了便于求解，定义无量纲化参数：

$$X = \frac{u}{H_S}, \quad \omega_n = \sqrt{\frac{k_1}{M}}, \quad \tau = \omega_n t, \quad \Omega = \frac{\omega}{\omega_n}, \quad \xi = \frac{c}{2M\omega_n}, \quad A_0 = \frac{Ma_0}{H_s\omega_n^2}$$

式中，H_S 表示静平衡状态弹簧高度，ω_n 表示隔振系统固有频率。

通过变换，得到：

$$K_i = \frac{k_i H_S^{i-1}}{k_1}, \quad i = 2, \cdots, n$$

化简式 (3-110)，得到：

$$\ddot{X} + 2\xi\dot{X} + X + \sum_{i=2}^{n} K_i X^i = A_0 \cos\Omega\tau \tag{3-111}$$

根据所建理论模型，采用复变量-平均法求解式 (3-111) 的稳态响应。首先，定义复变量：

$$\varphi e^{\mathrm{i}\Omega\tau} = \dot{X} + \mathrm{i}\Omega X, \quad \varphi^* e^{\mathrm{i}\Omega\tau} = \dot{X} - \mathrm{i}\Omega X \tag{3-112}$$

将式 (3-112) 代入式 (3-111)，得到：

$$\frac{1}{2}\Big[\dot{\varphi}e^{i\Omega\tau}+i\Omega(\varphi e^{i\Omega\tau}-\varphi^*e^{-i\Omega\tau})\Big]+2\xi\frac{1}{2}(\varphi e^{i\Omega\tau}+\varphi^*e^{-i\Omega\tau})-$$

$$\frac{i}{2\Omega}(\varphi e^{i\Omega\tau}-\varphi^*e^{-i\Omega\tau})+\sum_{i=2}^{n}K_i\Big[-\frac{i}{2\Omega}(\varphi e^{i\Omega\tau}-\varphi^*e^{-i\Omega\tau})\Big]^i=\frac{A_0}{2} \tag{3-113}$$

假设 $n=4$，式 (3-113) 整理，可得：

$$\dot{\varphi}+i\Omega\varphi+2\xi\varphi-\frac{i}{\Omega}\varphi-i\frac{3K_3}{4\Omega^3}|\varphi|^2\varphi=A_0 \tag{3-114}$$

引入时间变量函数 a 和 b，令

$$\varphi=a+ib，\quad \dot{\varphi}=\dot{a}+i\dot{b} \tag{3-115}$$

式中，a 和 b 分别表示变量 φ 的实部和虚部，将式 (3-115) 代入式 (3-114)，得到：

$$\begin{cases}\dot{a}=A_0+\Omega b-2\xi a-\dfrac{1}{\Omega}b-\dfrac{3K_3}{4\Omega^3}b(a^2+b^2)\\[2mm]\dot{b}=-\Omega a-2\xi b+\dfrac{1}{\Omega}a+\dfrac{3K_3}{4\Omega^3}a(a^2+b^2)\end{cases} \tag{3-116}$$

令 $\dot{a}=0$，$\dot{b}=0$，通过求解非线性代数方程，得到主振系稳态响应幅值：

$$X=\frac{\sqrt{a^2+b^2}}{\Omega} \tag{3-117}$$

利用弹性薄片梁结构非线性特征构建的隔振器，属于一类典型的非线性系统。因此，有必要针对隔振系统动态响应的稳定性进行讨论。这里采用谐波平衡法对隔振系统稳定性进行分析。假设，隔振系统的稳态解为

$$X=X_0\cos(\Omega\tau+\theta) \tag{3-118}$$

式中，X_0 表示位移幅值，Ω 表示频率比，θ 表示相位角。

将式 (3-118) 代入式 (3-111)，考虑动态响应频率与激励频率的基础频率占主要部分；因此，可略掉高次谐波项，得到：

$$\begin{cases}-2\xi\Omega X_0=MA_0\sin\theta\\[2mm](1-\Omega^2)X_0+\dfrac{3}{4}K_3X_0^3=MA_0\cos\theta\end{cases} \tag{3-119}$$

联列式 (3-119) 中两式，得到：

$$X_0^2\Omega^4+\left(4\xi^2X_0^2-2X_0^2-\frac{3}{2}K_3X_0^4\right)\Omega^2+X_0^2+\frac{3}{2}K_3X_0^4+\frac{9}{16}K_3^2X_0^6-M^2A_0^2=0 \tag{3-120}$$

求解，可得：

$$\Omega_{1,2}=\sqrt{1-2\xi^2+\frac{3}{4}K_3X_0^2\pm\sqrt{4\xi^4-4\xi^2-3K_3\xi^2X_0^2+\frac{M^2A_0^2}{X_0^2}}} \tag{3-121}$$

根据稳定性理论，利用非线性系统跳变频率可以得到对应的不稳定区域。由于在幅频曲线垂直切线位置出现稳定状态变化，故，令 $\dfrac{\mathrm{d}\Omega}{\mathrm{d}X_0}=0$。同时，根据式 (3-120) 可确定稳态响应特征值。进一步，导出稳定极限条件：

$$\Omega^4+(4\xi^2-2-3K_3X_0^2)\Omega^2+1+3K_3X_0^2+\frac{27}{16}K_3^2X_0^4=0 \tag{3-122}$$

通过数值计算软件 MATLAB 绘制理论曲线，如图 3-41 所示。其中，黑色区域为非稳定区域，因加速度传递率曲线与非稳定区域重叠，则该系统不稳定，而图中二者并未重叠，故该隔振器稳定可靠。

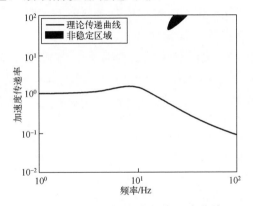

图 3-41　加速度传递率的理论曲线

3.3.3　设计参数影响分析

1. 静力学分析

弹性薄片梁的负刚度特性受其结构参数的影响，为便于分析，选取一组结构参数：L_B=70mm，θ_0=26°，θ_2=−25°，E=208GPa，d_L=1mm，$w(0)$=24mm。弹性薄片梁的初始倾斜角度 θ_0=25° 时，其力-位移曲线如图 3-42(a) 所示，弹性薄片梁在[0.001m,0.038m]范围内表现出负刚度特征。随着初始倾角 θ_0 值不断增大，力的变化速度越来越慢，弹性薄片梁的负刚度范围变得更大，当薄片梁的位移超出该范围后，薄片梁表现出正刚度特征。图 3-42(b) 给出薄片梁的刚度-位移曲线，其负刚度范围随着初始倾斜角度的增加不断变大，变化规律与图 3-42(a)结论一致。

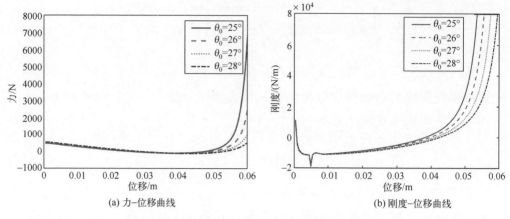

图 3-42　弹性薄片梁不同初始倾斜角度对应

　　弹性薄片梁的长度 L_B=65mm 时，其力-位移曲线如图 3-43（a）所示，弹性薄片梁在[0m,0.03m]范围内表现出负刚度特征。随着长度 L_B 的值不断增大时，力的变化速度越来越慢，弹性薄片梁的负刚度范围先变大后减小，当薄片梁的位移超出该范围后，薄片梁表现出正刚度特征。图 3-43（b）给出薄片梁的刚度-位移曲线，其负刚度范围随着长度的增加先变大再减小，变化规律与图 3-43（a）结论一致。

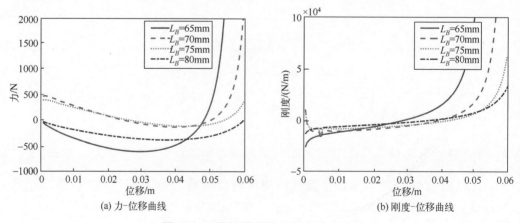

图 3-43　弹性薄片梁不同长度对应

　　弹性薄片梁的厚度 d_L=0.8mm 时，其力-位移曲线如图 3-44（a）所示，弹性薄片梁在[0.001m,0.038m]范围内表现出负刚度特征。随着厚度 d_L 的值不断增大，力的变化速度越来越快，弹性薄片梁的负刚度范围基本不发生变化，当薄片梁的位移超出该范围后，薄片梁表现出正刚度特征。图 3-44（b）给出薄片梁

的刚度-位移曲线，其负刚度范围受薄片梁厚度变化的影响很小，变化规律与图
3-44(a)结论一致。

　　弹性薄片梁的宽度 $w(0)=22\mathrm{mm}$ 时，其力-位移曲线如图 3-45(a)所示，弹
性薄片梁在[0.001m,0.039m]范围内表现出负刚度特征。随着宽度 $w(0)$ 的值不断
增大，力的变化速度越来越快，弹性薄片梁的负刚度范围基本保持不变，当薄
片梁的位移超出该范围后，薄片梁表现出正刚度特征。图 3-45(b)给出薄片梁
的刚度-位移曲线，其负刚度范围受薄片梁厚度变化的影响很小，变化规律与图
3-45(a)结论一致。

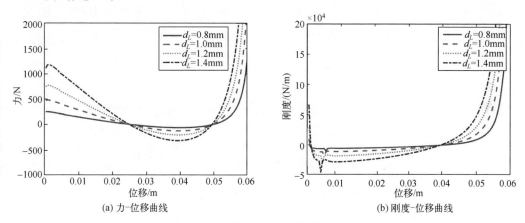

图 3-44　弹性薄片梁不同厚度对应

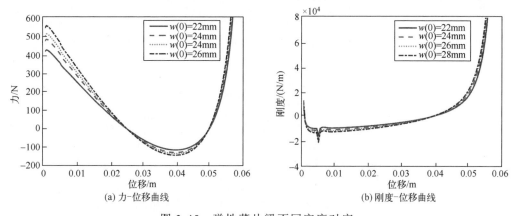

图 3-45　弹性薄片梁不同宽度对应

2. 传递率及稳定性分析

　　根据弹性薄片梁准零刚度隔振器所选择的设计参数可计算得到其加速度传

递率和对应的非稳定区域，进一步，研究弹性薄片梁初始角度 θ_0、长度 L_B、厚度 d_L 和宽度 $w(0)$ 对其传递率和非稳定区域的影响。图 3-46 给出不同初始角度 θ_0 对应的加速度传递率曲线。可见，随着初始角度 θ_0 不断增大，低频处的加速度传递率未发生明显变化，传递率峰值频率逐渐减小，传递率峰值的幅值保持不变。此外，随着初始角度 θ_0 不断增大，不稳定区域的范围也不断减小，并向左上方移动。加速度传递率曲线与非稳定区域不重叠，故该隔振器始终稳定可靠。

图 3-47 给出不同薄片梁长度 L_B 对应的加速度传递率曲线。可见，随着薄片梁长度 L_B 不断增大，低频处加速度传递率未发生明显变化，传递率峰值频率逐渐减小，传递率峰值的幅值保持不变。此外，随着薄片梁长度 L_B 不断增大，不稳定区域的范围也不断减小，并向左上方移动。加速度传递率曲线与非稳定区域不重叠，故该隔振器始终稳定可靠。

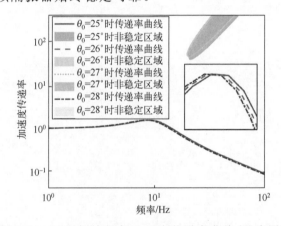

图 3-46　不同初始角度 θ_0 对应传递率曲线（见彩图）

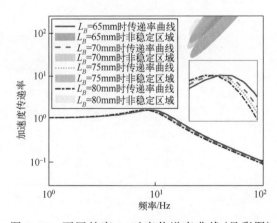

图 3-47　不同长度 L_B 对应传递率曲线（见彩图）

　　图 3-48 给出不同薄片梁厚度 d_L 对应的加速度传递率曲线。可见，随着薄片梁厚度 d_L 的不断增大，低频处的加速度传递率未发生明显变化，传递率峰值频率明显减小，传递率峰值的幅值几乎保持不变。此外，随着薄片梁厚度 d_L 的不断增大，不稳定区域的范围也不断增加，并向左下方移动。加速度传递率曲线与非稳定区域不重叠，故该隔振器始终稳定可靠。

　　图 3-49 给出不同薄片梁宽度 $w(0)$ 对应的加速度传递率曲线。可见，随着薄片梁宽度 $w(0)$ 的不断增大，低频处的加速度传递率未发生明显变化，传递率峰值频率不断减小，传递率峰值的幅值几乎保持不变。此外，随着薄片梁宽度 $w(0)$ 的不断增大，不稳定区域的范围也不断增加，并向左下方移动。加速度传递率曲线与非稳定区域不重叠，故该隔振器始终稳定可靠。

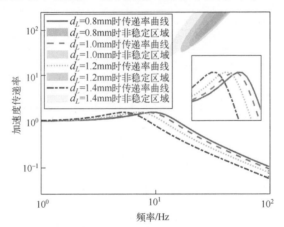

图 3-48　不同薄片梁厚度 d_L 对应传递率曲线（见彩图）

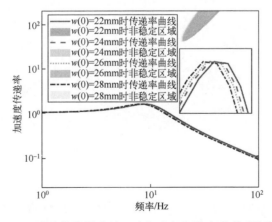

图 3-49　不同薄片梁宽度 $w(0)$ 对应传递率曲线（见彩图）

3.4 实 验 验 证

3.4.1 一体化准零刚度隔振器

1. 端部变厚度准零刚度隔振器

针对端部变厚度准零刚度隔振器，选用尼龙材料，通过 3D 打印方式制备实验件参见表 3-1 和图 3-50，以便证明所建理论模型及分析结论的有效性。

表 3-1 端部变厚度准零刚度隔振器实验件参数表 （单位：mm）

序号	外壁		倾斜侧壁					
	厚度 t_{Es}	高度 h_{Es}	高度 s_E	内径 c_E	外径 d_E	厚度 t_E	局部厚度 k_E	局部宽度 m_E
1#	3	8	2.3	6	40	1.3	0.4	20
2#	3	8	2.3	6	40	1.6	0.4	20
3#	3	8	2.3	6	40	1.9	0.4	20
4#	3	8	1.8	6	40	1.3	0.4	20
5#	3	8	1.3	6	40	1.3	0.4	20
6#	3	8	2.3	6	40	1.3	0.9	20
7#	3	8	2.3	6	40	1.3	1.4	20
8#	3	8	2.3	6	40	1.3	1.4	14
9#	3	8	2.3	6	40	1.3	1.4	6

图 3-50 端部变厚度准零刚度隔振器实验件

1）静力学分析

采用电子万能试验机对端部变厚度准零刚度隔振器实验件进行准静态测试，如图 3-51 所示。

为便于分析加工制造误差对端部变厚度准零刚度隔振器测试结果的影响，采用 1#实验件的几何参数进行剖面打印，得到的结构工艺件如图 3-52 所示。

通过实测上述结构工艺件，得到各设计参数为：d_E=40.9mm，c_E=5.82mm，t_E=1.42mm，s_E=1.92mm，k_E=0.38mm，t_{Es}=3.12mm，h_{Es}=3.98mm，m_E=20.2mm。结合理论分析结果和实测数据得到 1#实验件对应的力-位移曲线，如图 3-53 所示，最大误差约为 14.5%。

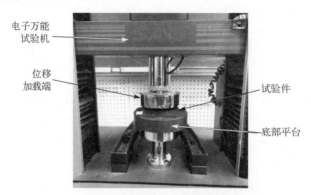

图 3-51　准静态实验照片

图 3-52　端部变厚度准零刚度隔振器结构工艺件

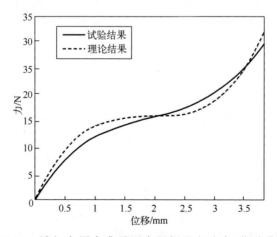

图 3-53　端部变厚度准零刚度隔振器(1#)力-位移曲线

在此基础上，通过对比实测数据分别研究各主要设计参数对端部变厚度准零刚度隔振器力-位移曲线的影响。图 3-54 和图 3-55 分别给出倾斜侧壁厚度和高度变化对应端部变厚度准零刚度隔振器力-位移曲线。由图可见，随着倾斜侧壁厚度增加，隔振器静态承载能力增加，结构呈现明显的正刚度特征；随着倾斜侧壁高度增加，隔振器静态承载能力被削弱，结构同样呈现较明显的正刚度特征。

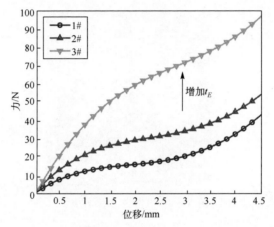

图 3-54　不同倾斜侧壁厚度对应力-位移曲线

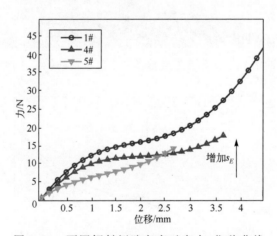

图 3-55　不同倾斜侧壁高度对应力-位移曲线

考虑端部变厚度准零刚度隔振器局部厚度和局部宽度变化对其静态力学性能的影响，实测力-位移曲线如图 3-56 和图 3-57 所示。由图可见，随着局部厚度和局部宽度增加，隔振器静态承载能力增加，且正刚度特征逐渐明显。

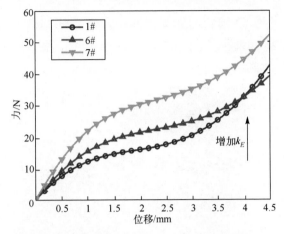

图 3-56 不同局部厚度对应力-位移曲线 1

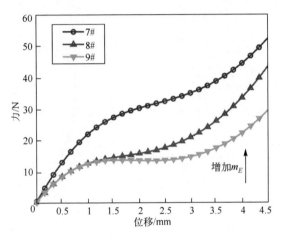

图 3-57 不同局部宽度对应力-位移曲线 1

2) 动力学分析

为了评估端部变厚度准零刚度隔振器各主要设计参数对其减隔振性能，通过正弦扫频 (激励幅值 0.1g，频率范围 1~200Hz，采样频率 512Hz) 和正弦定频 (激励幅值 0.1g，频率步长 0.5Hz) 激励方式采用力传递率作为评价指标，动力学实验系统如图 3-58 所示。

图 3-59 和图 3-60 分别给出不同倾斜侧壁厚度和高度对应力传递率曲线。由图可见，随着端部变厚度准零刚度隔振器倾斜侧壁厚度增加，谐振峰幅值增大且谐振频率向高频移动，随着频率继续增加力传递率曲线趋于一致。实验结果表明，较小的倾斜侧壁厚度有利于改善端部变厚度准零刚度隔振器的减隔振

性能。另外，随着隔振器倾斜侧壁高度减小，谐振峰幅值增大且谐振频率向高频移动，随着频率继续增加力传递率曲线趋于一致。根据实测结果，较大的倾斜侧壁高度有利于改善端部变厚度准零刚度隔振器的减隔振性能。

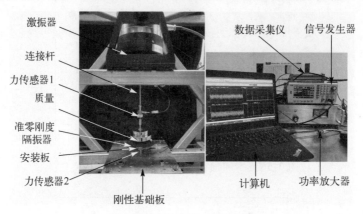

图 3-58　动力学实验系统

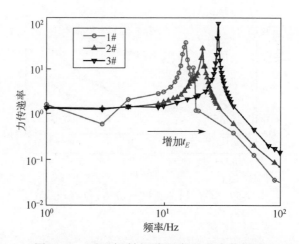

图 3-59　不同倾斜侧壁厚度对应力传递率

　　端部变厚度准零刚度隔振器局部厚度和局部宽度变化对其力传递率的影响如图 3-61 和图 3-62 所示。可见，局部厚度和局部宽度增加，力传递率谐振峰值增大且谐振频率向高频移动；而且，在高频范围力传递率曲线趋于一致，不受局部厚度和局部宽度变化影响。实验结果表明，较小的局部厚度和局部宽度均有利于改善端部变厚度准零刚度隔振器的减隔振性能。

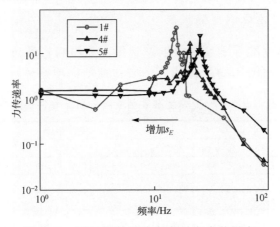

图 3-60 不同倾斜侧壁高度对应力传递率

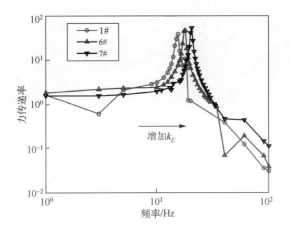

图 3-61 不同局部厚度对应力传递率 1

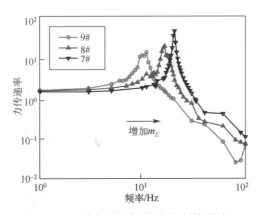

图 3-62 不同局部宽度对应力传递率 1

2. 中心变厚度准零刚度隔振器

针对中心变厚度准零刚度隔振器，选用尼龙材料，通过 3D 打印方式制备实验件参见表 3-2 和图 3-63，以便验证所建理论模型及分析结论的有效性。

表 3-2　中心变厚度准零刚度隔振器实验件参数表　　　　（单位：mm）

序号	外壁		倾斜侧壁					
	厚度 t_{Ms}	高度 h_{Ms}	高度 s_M	内径 c_M	外径 d_M	厚度 t_M	局部厚度 k_M	局部宽度 m_M
10#	3	8	2.3	6	40	1	0.2	10
11#	3	8	2.3	6	40	1	0.5	10
12#	3	8	2.3	6	40	1	0.8	10
13#	3	8	2.3	6	40	1	0.8	7
14#	3	8	2.3	6	40	1	0.8	4

图 3-63　中心变厚度准零刚度隔振器实验件

1）静力学分析

与端部变厚度准零刚度隔振器静力学实验采用相同的测试设备和方法，实测力-位移数据如图 3-64 和图 3-65 所示。由图可见，随着局部厚度和局部宽度增加，隔振器静态承载能力不断增大，变化规律基本一致。

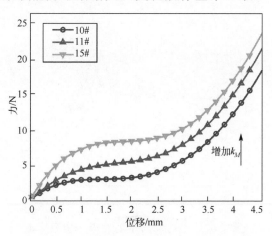

图 3-64　不同局部厚度对应力-位移曲线 2

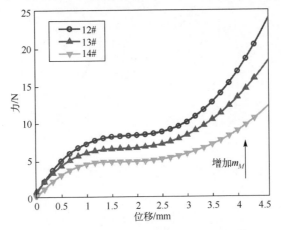

图 3-65　不同局部宽度对应力-位移曲线 2

2) 动力学分析

　　采用与端部变厚度准零刚度隔振器相同的测试设备和方法对中心变厚度准零刚度隔振器的动态特性进行测试及评估，实测结果如图 3-66 和图 3-67 所示。由图可见，随着中心变厚度准零刚度隔振器局部厚度和局部宽度增加，力传递率谐振峰值增大且谐振频率向高频移动；同时，在高频范围力传递率曲线趋于一致不受局部厚度和局部宽度变化的影响。实测结果表明，中心变厚度准零刚度隔振器采用较小的局部厚度和局部宽度更有利于改善其减隔振性能。

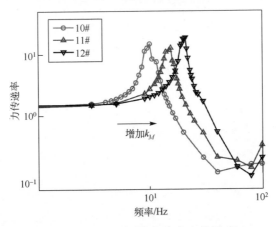

图 3-66　不同局部厚度对应力传递率 2

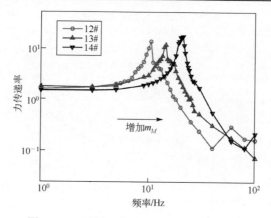

图 3-67　不同局部宽度对应力传递率 2

3.4.2　薄片梁准零刚度隔振器

为评估隔振器动态传递性能，采用如图 3-68 所示四分之一隔振器单机试验件对仿真结果进行验证，采用激振器对试验件进行激励。测试系统详见图 3-69。

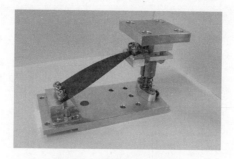

图 3-68　隔振器试验件

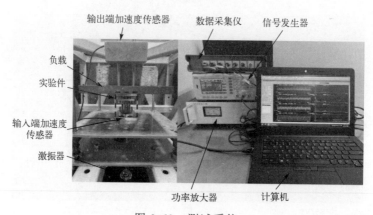

图 3-69　测试系统

　　设置数据采集仪采样频率为 1024Hz,设置信号发生器扫频范围为 1~50Hz、峰值为 50mVpp、电压为 500mv,扫频方式为线性,扫频时间为 100s。将功率放大器的幅值旋钮调至最小,打开信号发生器再调节功率放大器的幅值旋钮至三分之一位置处,通过采集仪记录并采集各个频率对应响应信号振动加速度幅值。提取激振处(输入端)和配重处(输出端)的加速度响应信号(图 3-70(a)),使用测试系统自带的数据分析软件进行滤波处理,并在软件中通过傅里叶变换进行频域分析。以频率为横坐标,分贝值为纵坐标绘出加速度幅频特性曲线(图3-70(b))。为了便于对比,图中还给出数值仿真分析结果。由图可见,隔振器单机试验件仅采用四分之一模型故其中心位置垂向弹簧受水平作用力影响发生载荷偏置,进而影响其垂向的隔振效果。考虑该影响因素,结合实测数据和数值仿真结果,证明隔振器设计方法及仿真结果有效。

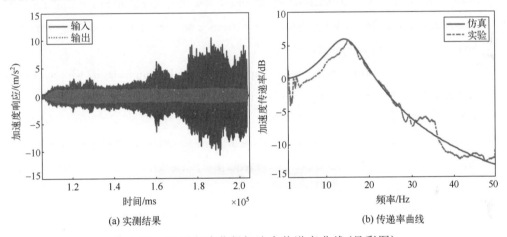

(a) 实测结果　　　　　　　　　　　(b) 传递率曲线

图 3-70　不同方法获得加速度传递率曲线(见彩图)

参 考 文 献

[1] Bayly P V, Virgin L N. An experimental study of an impacting pendulum[J]. Journal of Sound and Vibration, 1993, 164(2): 364-374.

[2] 吕琦. 人工周期结构对低频隔振系统的调控机理分析[D]. 北京: 北京科技大学, 2022.

[3] 刘兴天. 基于欧拉屈曲梁负刚度调节器的高静低动刚度隔振器研究[D]. 上海: 上海交通大学, 2013.

[4] Carrella A. Passive vibration isolators with high-static-low-dynamic-stiffness[D]. Southampton: University of Southampton, 2008.

[5]　Wang K, Zhou J X, Xu D L. Sensitivity analysis of parametric errors on the performance of a torsion quasi-zero-stiffness vibration isolator[J]. International Journal of Mechanical Sciences, 2017, 134: 336-346.

[6]　Zheng Y S, Zhang X N, Luo Y J, et al. Design and experimental of a high-static-low-dynamic stiffness isolator using a negative stiffness magnetic spring[J]. Journal of Sound and Vibration, 2016, 360: 31-52.

[7]　Meng Q Y, Chen X Q, Zhang H. Dynamic characteristics analysis of magnetorheological semi-active vibration isolator with high-static-low-dynamic stiffness[C]//2nd International Conference on Advanced Materials and Mechatronics, 2022. 06. 24-2022. 06. 26, Dali, China.

[8]　Valeev A, Zotov A, Tashbulatov R. Compact low frequency vibration isolator with quasi-zero-stiffness[C]//7th International Conference on Vibration Engineering, 18th-20th September, Shanghai, China, 2015.

[9]　Valeev A, Zotov A, Tokarev A. Study of application of vibration isolators with quasi-zero stiffness for reducing dynamics loads on the foundation[J]. Procedia Engineering, 2017, 176: 137-143.

[10]　Valeev A. Dynamics of a group of quasi-zeros stiffness vibration isolators with slightly different parameters[J]. Journal of Low Frequency Noise Vibration and Active Control, 2018, 37(3): 640-653.

[11]　Valeev A, Zotov A, Kharisov S. Designing of compact low frequency vibration isolator with quasi-zero-stiffness[J]. Journal of Low Frequency Noise Vibration and Active Control, 2015, 34(4): 459-473.

[12]　王岩. 准零周期结构对低频隔振系统的调控机理研究[D]. 北京: 北京科技大学, 2023.

[13]　刘海平, 张世乘, 门玲鸰, 等. 面向激光跟踪仪宽频隔振器的理论分析及试验评价[J]. 物理学报, 2022, 71(16): 160701.

[14]　Carrella A, Brennan M J, Waters T P, et al. On the design of a high-static-low-dynamic stiffness isolator using linear mechanical springs and magnets[J]. Journal of Sound and Vibration, 2008, 315(9): 712-720.

[15]　Huang X C, Liu X T, Hua H X. On the characteristics of an ultra-low frequency nonlinear isolator using sliding beam as negative stiffness[J]. Journal of Mechanical Science and

Technology, 2014, 28: 813-822.

[16] Liu X T, Huang X C, Hua H X. On the characteristics of a quasi-zero stiffness isolator using Euler buckled beam as negative stiffness corrector[J]. Journal of Sound and Vibration, 2013, 332: 3359-3376.

[17] Yan L X, Xuan S H, Gong X L. Shock isolation performance of a geometric anti-spring isolator[J]. Journal of Sound and Vibration, 2018, 413: 120-143.

第4章　高稳定隔振器的理论及设计

从工程角度，常见工程材料的刚度(弹性模量)和阻尼呈现相反的变化规律，即刚度越大，阻尼越小[1, 2]，反之亦然。因此，利用所述工程材料制备的结构产品也表现出刚度和阻尼变化规律相反的特征。刚度和阻尼是机械系统或结构振动控制领域的两个关键因素。显然，结构阻尼较小将导致其振动响应的衰减能力不足；反之，增加结构阻尼导致其刚度被削弱，将极大影响结构的静态承载能力，即静态变形量较大。因此，在实际应用中，希望结构兼具高稳定和高阻尼特征，为了解决上述问题，一方面，需要研发新型高刚度高阻尼材料；另一方面，则可以通过提出新颖的隔振技术对系统动态响应进行有效控制以使其实现高稳定高阻尼特征。通过多年研究[3-5]，X 型结构(又称"剪刀型"结构)呈现优异的几何非线性特征，研究人员可以通过将刚度元件和阻尼元件以不同的方式布置使组合系统的刚度和阻尼呈现出非线性特征，进而可以显著改善隔振器的减隔振性能。本章重点讨论 X 型结构，通过引入多种动力学元件并灵活调整 X 型结构的设计参数使其成为改善隔振系统减振性能的有效途径。

4.1　隔　振　理　论

4.1.1　阻尼增效原理

希腊学者 Antoniadis 等[6]通过理论研究发现：在含弱阻尼或常规阻尼的振动系统中,通过灵活配置正刚度元件(如螺旋弹簧)和负刚度元件(如斜置螺旋弹簧、薄梁、薄板等)受源自不同力学元件弹性恢复力之间相位差的影响可实现振动系统超阻尼的宏观力学特征，即充分利用结构或机构的非线性特征，通过灵活设计可以实现振动系统的阻尼增效特性。

以 X 型结构为例，运动过程中横向位移和纵向位移呈现几何非线性特征。研究发现[5, 7-9]：合理利用该结构几何非线性特征可以有效改善其减隔振性能。刚度元件和阻尼元件作为传统隔振系统中常见力学元件，其隔振性能分别与位移和速度相关。因此，在充分利用 X 型结构纵横向位移之间几何非线性特征的基础上，在其内部引入刚度元件和阻尼元件，可以改变隔振系统输出的刚度和阻尼特征，进而改善其减隔振性能。

图 4-1 给出 X 型结构运动示意图，该结构由四根两两铰接的刚性杆组成，其中，实线和虚线分别表示运动前后 X 型结构的状态，l 表示单根刚性杆的长度，θ_0 表示运动前刚性杆与水平轴 y 的初始夹角，y_1 和 y_2 分别表示左右两侧刚性杆活动铰接点的水平位移，φ_x 表示运动前后刚性杆的夹角变化量。

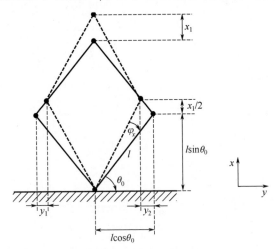

图 4-1　X 型结构运动示意图

由图 4-1 所示 X 型结构的运动关系，为了便于讨论，假设垂直向上为 x 轴正方向，水平向右为 y 轴正方向，可以得到：

$$y_1 = -y_2 = l\cos\theta_0 - 2\sqrt{l - (\sin\theta_0 + x_1/2)^2} \tag{4-1}$$

对应水平方向相对位移：

$$y = y_1 - y_2 \tag{4-2}$$

将式 (4-1) 代入式 (4-2)，可得：

$$y = 2l\cos\theta_0 - 2\sqrt{l^2 - (l\sin\theta_0 + x_1/2)^2} \tag{4-3}$$

进一步，将式 (4-3) 两边同除以 l 进行无量纲化处理，可得：

$$\tilde{y} = 2\cos\theta_0 - 2\sqrt{1 - (\sin\theta_0 + \tilde{x}_1/2)^2} \tag{4-4}$$

暂定 $\theta_0 = 60°$，由式 (4-4) 计算得到 X 型结构沿 x 方向和 y 方向的无量纲位移关系曲线，如图 4-2 所示。由图可见，在 x 方向无量纲位移 $[-0.2, 0.2]$ 范围内，随着 x 方向相对位移增大，X 型结构沿水平方向（y 方向）的相对位移大幅增大。与传统线性隔振器相比，保持 x 方向相同位移的条件下，X 型结构可对沿水平方向（y 方向）的相对位移实现放大。同时，曲线的斜率随着 x 方向位移的增大而增大，即相应速度随之增大，且斜率均大于 1。显然，X 型结构也可对系统速度实现放大。在此基础上，考虑系统刚度和黏性阻尼输出力分别与位移和速度呈线性关系，故通过对 X 型结构的合理设计，可以实现系统等效刚度和等效阻尼的放大。

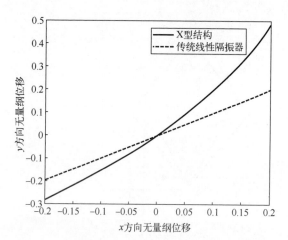

图 4-2　X 型结构沿不同方向的位移关系曲线

4.1.2　等效刚度和等效阻尼分析

通过充分利用 X 型结构的几何非线性特征，可以实现对系统输出位移和输出速度不同程度的放大效果。第 4.1.1 节通过定性分析得出系统位移和速度的非线性特征将导致其输出等效刚度和等效阻尼也呈现非线性放大效果。本节重点通过力学分析，进一步明确 X 型结构对应等效刚度和等效阻尼非线性特征的量化关系。

1. 含线性弹簧 X 型结构等效刚度

含线性弹簧 X 型结构，如图 4-3 所示。由水平安装线性弹簧传递到 x 方向的力：

$$F_k = 2k_h \left(l\cos\theta_0 - \sqrt{l^2 - (l\sin\theta_0 + x_1/2)^2} \right) \frac{l\sin\theta_0 + x_1/2}{\sqrt{l^2 - (l\sin\theta_0 + x_1/2)^2}} \tag{4-5}$$

式中，F_k 表示 X 型结构输出力，k_h 表示线性弹簧刚度。

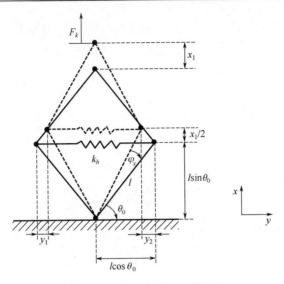

图 4-3　含线性弹簧 X 型结构

进一步，将式 (4-5) 对位移 x_1 求导计算得到 X 型结构等效刚度：

$$K = 2k_h \left\{ \frac{1}{2} \frac{(l\sin\theta_0 + x_1/2)^2}{l^2 - (l\sin\theta_0 + x_1/2)^2} + \frac{l^2 \left[l\cos\theta_0 - \sqrt{l^2 - (l\sin\theta_0 + x_1/2)^2} \right]}{2 \left[l^2 - (l\sin\theta_0 + x_1/2)^2 \right]^{\frac{3}{2}}} \right\} \tag{4-6}$$

式中，K 表示 X 型结构的等效刚度。

利用上式计算得到 X 型结构的等效刚度曲线，如图 4-4 所示。由图可知，对于传统线性弹簧，其等效刚度为定值，而 X 型结构由于其几何非线性特性，

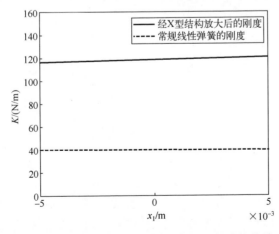

图 4-4　含线性弹簧 X 型结构等效刚度系数曲线

随着位移增大等效刚度增大，且在计算位移范围内，含线性弹簧 X 型结构等效刚度均大于线性弹簧等效刚度。对比发现，X 型结构能够实现对含常规线性弹簧系统等效刚度的放大目标。

2. 含黏性阻尼 X 型结构等效阻尼

含黏性阻尼 X 型结构运动示意图，如图 4-5 所示。由水平安装黏性阻尼传递到 x 方向的力：

$$F_c = c \frac{(l\sin\theta_0 + x_1/2)^2}{l^2 - (l\sin\theta_0 + x_1/2)^2} \dot{x}_1 \tag{4-7}$$

式中，F_c 表示 X 型结构输出力，c 表示水平安装黏性阻尼系数。

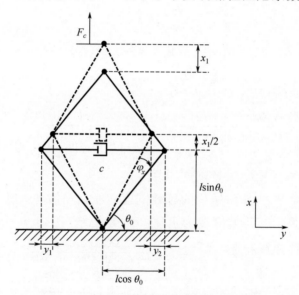

图 4-5　含黏性阻尼 X 型结构运动示意图

进一步，将式 (4-7) 对速度 $\dot{x}_1$ 求导得到 X 型结构等效阻尼：

$$C = c \frac{(l\sin\theta_0 + x_1/2)^2}{l^2 - (l\sin\theta_0 + x_1/2)^2} \tag{4-8}$$

式中，C 表示等效阻尼系数。

利用上式得到 X 型结构的等效阻尼系数曲线，如图 4-6 所示。由图可见，其等效阻尼特性与前述刚度特性有类似表现，对于传统黏性阻尼，其阻尼系数也为定值，而受 X 型结构影响随着位移增大其等效刚度增大，相应斜率也呈现增大趋势，同样在计算位移范围内，含黏性阻尼 X 型结构等效阻尼系数均大于黏性阻尼系数，即 X 型结构对传统黏性阻尼呈现较强的放大作用。

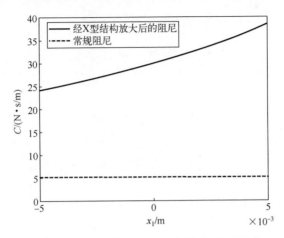

图 4-6　含黏性阻尼 X 型结构等效阻尼系数

综上，通过合理利用 X 型结构沿纵横向运动的几何非线性关系，可以实现对系统等效刚度和等效阻尼的放大设计目标，并改善其减隔振性能。

4.2　含 X 型结构隔振器设计

4.2.1　等杆长 X 型结构

通过对含线性弹簧和黏性阻尼 X 型结构等效刚度和等效阻尼的理论推导和计算分析，不难发现其几何非线性特征对系统输出力学特征的影响显著。在此基础上，本节重点讨论 X 型结构对传统线性隔振器力学性能的影响，并提出三类力学模型，分别命名为含 X 型结构隔振器、含"嵌套式"X 型结构隔振器和含 X 型结构改进三参数隔振器，如图 4-7 所示。

①含 X 型结构隔振器：如图 4-7(a)所示，垂向弹簧 k_v 表示隔振器主刚度，与 X 型结构并联安装，X 型结构内部含沿水平安装的线性弹簧 k_h 和黏性阻尼 c；

②含"嵌套式"X 型结构隔振器：如图 4-7(b)所示，与第一类力学模型不同，通过 X 型结构的"嵌套"安装构建二次放大 X 型结构，X 型结构内部的线性弹簧 k_h 和黏性阻尼 c 均改为沿垂直方向安装；

③含 X 型结构改进三参数隔振器：如图 4-7(c)所示，在传统三参数隔振器的基础上，将辅助弹簧 k_e 与 X 型结构串联安装。

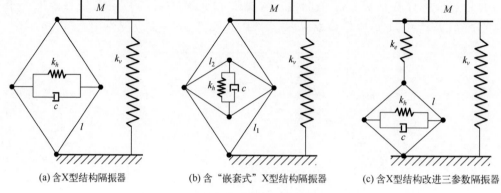

(a) 含X型结构隔振器　　　　　(b) 含"嵌套式"X型结构隔振器　　　　　(c) 含X型结构改进三参数隔振器

图 4-7　三类含 X 型结构隔振器力学模型

1. 动力学建模及响应

1) 含 X 型结构隔振器

含 X 型结构隔振器力学模型，如图 4-8 所示，实线表示考虑惯性质量重力作用时的静平衡状态，虚线表示未考虑重力时的初始状态。k_v 和 k_h 分别表示隔振器内沿垂直方向和水平方向安装的弹簧刚度。X 型结构由相同的四根刚性杆两两铰接构成，l 表示单根刚性杆的长度，θ_0 表示刚性杆与水平轴 y 的初始夹角，φ_A 表示刚性杆与水平轴夹角的变化量；c 表示阻尼系数，t 表示时间。模型中，假设垂直向上表示 x 轴正方向，水平向右表示 y 轴正方向。

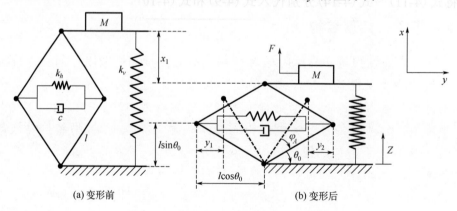

(a) 变形前　　　　　　　　　　　(b) 变形后

图 4-8　含 X 型结构隔振器力学模型

从研究完整性分别考虑隔振器受力激励 $Z(t) = 0$、$F(t) = F_0 \cos \omega t$ 和基础激励 $Z(t) = Z_0 \cos \omega t$、$F(t) = 0$ 条件下隔振系统的传递特性。根据牛顿第二定律，不同激励条件下隔振系统运动微分方程为

$$M\frac{\mathrm{d}^2 x_1^{f_1}}{\mathrm{d}t^2} + k_v x_1^{f_1} + \left[k_h(y_1 - y_2) + c\left(\frac{\mathrm{d}y_1}{\mathrm{d}t} - \frac{\mathrm{d}y_2}{\mathrm{d}t}\right) \right] \tan(\varphi_A + \theta_0) = F_0 \cos\omega t \tag{4-9}$$

$$M\frac{\mathrm{d}^2 u_1^{d1}}{\mathrm{d}t^2} + k_v u_1^{d1} + \left[k_h(y_1 - y_2) + c\left(\frac{\mathrm{d}y_1}{\mathrm{d}t} - \frac{\mathrm{d}y_2}{\mathrm{d}t}\right) \right] \tan(\varphi_A + \theta_0) = -M\omega^2 Z_0 \cos\omega t \tag{4-10}$$

式中，M 表示惯性质量，x_1 表示惯性质量沿垂向位移，y_1 和 y_2 分别表示 X 型结构活动铰接点的左侧与右侧的水平位移，$u_1 = x_1 - Z$ 表示基础和惯性质量之间的相对位移。

由图 4-8 得到含 X 型结构隔振器的几何关系：

$$\tan(\theta_0 + \varphi_A) = \frac{l\sin\theta_0 + x_1/2}{l\cos\theta_0 - y_1} \tag{4-11}$$

$$y_1 = l\cos\theta_0 - \sqrt{l^2 - (l\sin\theta_0 + x_1/2)^2} \tag{4-12}$$

$$\dot{y}_1 = \frac{1}{2}\frac{l\sin\theta_0 + x_1/2}{\sqrt{l^2 - (l\sin\theta_0 + x_1/2)^2}}\dot{x}_1 \tag{4-13}$$

$$y_1 = -y_2 \tag{4-14}$$

需要注意，式中 u_1 与 x_1 分别表示 X 型结构顶部与底部相对位移及 X 型结构顶部绝对位移，式(4-11)~式(4-13)中的 x_1 和 y_1 的几何关系与 u_1 与 y_1 的几何关系完全一致。因此，为了简化过程，以下不再列写 u_1 的几何关系式。

将式(4-11)~式(4-14)分别代入式(4-9)和式(4-10)，整理可得：

$$M\frac{\mathrm{d}^2 x_1^{f_1}}{\mathrm{d}t^2} + k_v x_1^{f_1} + \left\{ \begin{array}{l} 2k_h\left[l\cos\theta_0 - \sqrt{l^2 - (l\sin\theta_0 + x_1^{f_1}/2)^2} \right] \\ +c\dfrac{l\sin\theta_0 + x_1^{f_1}/2}{\sqrt{l^2 - (l\sin\theta_0 + x_1^{f_1}/2)^2}}\dfrac{\mathrm{d}x_1^{f_1}}{\mathrm{d}t} \end{array} \right\} \dfrac{l\sin\theta_0 + x_1^{f_1}/2}{\sqrt{l^2 - (l\sin\theta_0 + x_1^{f_1}/2)^2}}$$

$$= F_0 \cos\omega t$$

$$\tag{4-15}$$

$$M\frac{\mathrm{d}^2 u_1^{d_1}}{\mathrm{d}t^2} + k_v u_1^{d_1} + \left\{ \begin{array}{l} 2k_h\left[l\cos\theta_0 - \sqrt{l^2 - (l\sin\theta_0 + u_1^{d_1}/2)^2} \right] \\ +c\dfrac{l\sin\theta_0 + u_1^{d_1}/2}{\sqrt{l^2 - (l\sin\theta_0 + u_1^{d_1}/2)^2}}\dfrac{\mathrm{d}u_1^{d_1}}{\mathrm{d}t} \end{array} \right\} \dfrac{l\sin\theta_0 + u_1^{d_1}/2}{\sqrt{l^2 - (l\sin\theta_0 + u_1^{d_1}/2)^2}}$$

$$= -M\omega^2 Z_0 \cos\omega t$$

$$\tag{4-16}$$

为了方便计算，对式(4-15)和式(4-16)进行化简，定义函数：

$$f_1(\varepsilon_1) = 2k_h\left(l\cos\theta_0 - \sqrt{l^2 - (l\sin\theta_0 + \varepsilon_1/2)^2}\right)\frac{l\sin\theta_0 + \varepsilon_1/2}{\sqrt{l^2 - (l\sin\theta_0 + \varepsilon_1/2)^2}} \tag{4-17}$$

$$f_2(\varepsilon_1) = \frac{(l\sin\theta_0 + \varepsilon_1/2)^2}{l^2 - (l\sin\theta_0 + \varepsilon_1/2)^2} \tag{4-18}$$

式中，ε_1 表示新定义的变量，当隔振系统受力激励时，$\varepsilon_1 = x_1^{f_1}$；当隔振系统受位移激励时，$\varepsilon_1 = u_1^{d_1}$。

由于函数 $f_1(\varepsilon_1)$ 和 $f_2(\varepsilon_1)$ 在 $\varepsilon_1 = 0$ 处连续，将式（4-17）和式（4-18）分别在零平衡位置采用二阶泰勒级数展开，可得：

$$f_1(\varepsilon_1) = \beta_0 + \beta_1\varepsilon_1 + \beta_2\varepsilon_1^2 \tag{4-19}$$

$$f_2(\varepsilon_1) = \beta_3 + \beta_4\varepsilon_1 + \beta_5\varepsilon_1^2 \tag{4-20}$$

式中，$\beta_0 = 0$，$\beta_1 = k_h\tan^2\theta_0$，$\beta_2 = \dfrac{3k_h}{2l}\dfrac{\sin\theta_0}{\cos^4\theta_0}$，$\beta_3 = \tan^2\theta_0$，$\beta_4 = \dfrac{1}{l}\dfrac{\sin\theta_0}{\cos^4\theta_0}$，$\beta_5 = \dfrac{1+3\sin^2\theta_0}{2l^2\cos^6\theta_0}$。

将上述系数代入式（4-15）和式（4-16）中，得到：

$$M\frac{d^2 x_1^{f_1}}{dt^2} + k_v x_1^{f_1} + \left\{ \begin{aligned} &k_h\tan^2\theta_0 x_1^{f_1} + \frac{3k_h}{2l}\frac{\sin\theta_0}{\cos^4\theta_0}(x_1^{f_1})^2 \\ &+c\left[\tan^2\theta_0 + \frac{1}{l}\frac{\sin\theta_0}{\cos^4\theta_0}x_1^{f_1} + \frac{1+3\sin^2\theta_0}{2l^2\cos^6\theta_0}(x_1^{f_1})^2\right]\frac{dx_1^{f_1}}{dt} \end{aligned} \right\} \frac{l\sin\theta_0 + x_1^{f_1}/2}{\sqrt{l^2 - (l\sin\theta_0 + x_1^{f_1}/2)^2}}$$
$$= F_0\cos\omega t \tag{4-21}$$

$$M\frac{d^2 u_1^{d_1}}{dt^2} + k_v u_1^{d_1} + \left\{ \begin{aligned} &k_h\tan^2\theta_0 u_1^{d_1} + \frac{3k_h}{2l}\frac{\sin\theta_0}{\cos^4\theta_0}(u_1^{d_1})^2 \\ &+c\left[\tan^2\theta_0 + \frac{1}{l}\frac{\sin\theta_0}{\cos^4\theta_0}u_1^{d_1} + \frac{1+3\sin^2\theta_0}{2l^2\cos^6\theta_0}(u_1^{d_1})^2\right]\frac{du_1^{d_1}}{dt} \end{aligned} \right\} \frac{l\sin\theta_0 + u_1^{d_1}/2}{\sqrt{l^2 - (l\sin\theta_0 + u_1^{d_1}/2)^2}}$$
$$= -M\omega^2 Z_0\cos\omega t \tag{4-22}$$

为了方便计算，对式（4-21）和式（4-22）进行无量纲化处理，定义以下无量纲化参数：

$$\omega_n = \sqrt{\frac{k_v}{M}}，\quad \tau = \omega_n t，\quad \gamma = \frac{k_h}{k_v}，\quad \Omega = \frac{\omega}{\omega_n}，\quad x_{10}^{f_1} = \frac{x_1^{f_1}}{l}，\quad \xi = \frac{c}{2\sqrt{Mk_v}}，$$

$$f_0 = \frac{F_0}{M \omega_n^2 l}, \quad u_{10}^{d_1} = \frac{u_1^{d_1}}{l}, \quad z_0 = \frac{Z_0}{l}$$

式中，ω_n 表示隔振系统固有频率，τ 表示无量纲时间，γ 表示隔振器纵横刚度比，Ω 表示频率比，$x_{10}^{f_1}$ 和 $u_{10}^{d_1}$ 均表示力激励与位移激励下惯性质量相对于 X 型结构底部的无量纲位移，ξ 表示阻尼比，f_0 表示无量纲激励力，z_0 表示无量纲激励位移。

通过无量纲化处理，式(4-21)和式(4-22)变换为

$$\frac{\mathrm{d}^2 x_{10}^{f_1}}{\mathrm{d}\tau^2} + 2\xi \left[\tan^2\theta_0 + \frac{\sin\theta_0}{\cos^4\theta_0} x_{10}^{f_1} + \frac{1+3\sin^2\theta_0}{2\cos^6\theta_0} (x_{10}^{f_1})^2 \right] \frac{\mathrm{d}x_{10}^{f_1}}{\mathrm{d}\tau} + (1 + \gamma\tan^2\theta_0) x_{10}^{f_1}$$
$$+ \gamma \left(\frac{\sin\theta_0\cos\theta_0 + \sin^3\theta_0}{\cos^4\theta_0} + \frac{\sin\theta_0}{2\cos^4\theta_0} \right)(x_{10}^{f_1})^2 = f_0\cos\Omega\tau \tag{4-23}$$

$$\frac{\mathrm{d}^2 u_{10}^{d_1}}{\mathrm{d}\tau^2} + 2\xi \left[\tan^2\theta_0 + \frac{\sin\theta_0}{\cos^4\theta_0} u_{10}^{d_1} + \frac{1+3\sin^2\theta_0}{2\cos^6\theta_0} (u_{10}^{d_1})^2 \right] \frac{\mathrm{d}u_{10}^{d_1}}{\mathrm{d}\tau} + (1 + \gamma\tan^2\theta_0) u_{10}^{d_1}$$
$$+ \gamma \left(\frac{\sin\theta_0\cos\theta_0 + \sin^3\theta_0}{\cos^4\theta_0} + \frac{\sin\theta_0}{2\cos^4\theta_0} \right)(u_{10}^{d_1})^2 = z_0\Omega^2\cos\Omega\tau \tag{4-24}$$

为了便于分析，将式(4-23)和式(4-24)进一步合并：

$$\frac{\mathrm{d}^2 \delta_A}{\mathrm{d}\tau^2} + 2\xi \left(\tan^2\theta_0 + \frac{\sin\theta_0}{\cos^4\theta_0} \delta_A + \frac{1+3\sin^2\theta_0}{2\cos^6\theta_0} \delta_A^2 \right) \frac{\mathrm{d}\delta_A}{\mathrm{d}\tau} + (1 + \gamma\tan^2\theta_0)\delta_A$$
$$+ \gamma \left(\frac{\sin\theta_0\cos\theta_0 + \sin^3\theta_0}{\cos^4\theta_0} + \frac{\sin\theta_0}{2\cos^4\theta_0} \right)\delta_A^2 = \rho A_0\cos\Omega\tau \tag{4-25}$$

式中，ρ 表示新定义变量，当系统受力激励时，$\rho=1$；当系统受位移激励时，$\rho=\Omega^2$。另外，f_0 和 A_0 分别表示力激励和位移激励对应的无量纲力激励和无量纲位移激励幅值。

采用谐波平衡法求解式(4-25)对应稳态解，假设其稳态解的形式为

$$\delta_A = \delta_{A0}\cos(\Omega\tau + \phi_A) \tag{4-26}$$

式中，δ_{A0} 为位移响应幅值。由上式得：

$$\dot{\delta}_A = -\Omega\delta_{A0}\sin(\Omega\tau + \phi_A) \tag{4-27}$$

$$\ddot{\delta}_A = -\Omega^2\delta_{A0}\cos(\Omega\tau + \phi_A) \tag{4-28}$$

将式(4-26)～式(4-28)代入式(4-25)，有

$$-\delta_{A0}\Omega^2\cos(\Omega\tau+\phi_A)+2\xi\left\{\tan^2\theta_0+\frac{\sin\theta_0}{\cos^4\theta_0}\delta_{A0}\cos(\Omega\tau+\phi_A)+\frac{1+3\sin^2\theta_0}{2\cos^6\theta_0}[\delta_{A0}\cos(\Omega\tau+\phi_A)]^2\right\}$$

$$[-\delta_{A0}\Omega\sin(\Omega\tau+\phi_A)]+(1+\gamma\tan^2\theta_0)\delta_{A0}\cos(\Omega\tau+\phi_A)+\frac{3\gamma}{2}\frac{\sin\theta_0}{\cos^4\theta_0}[\delta_{A0}\cos(\Omega\tau+\phi_A)]^2$$

$$=\rho A_0\cos\Omega\tau$$

$$(4\text{-}29)$$

忽略式(4-29)中的高次谐波项:

$$\delta_{A0}(1+\gamma\tan^2\theta_0-\Omega^2)\cos(\Omega\tau+\phi_A)$$
$$-2\delta_{A0}\Omega\xi\left(\tan^2\theta_0+\frac{1+3\sin^2\theta_0}{2\cos^6\theta_0}\delta_{A0}^2\right)\sin(\Omega\tau+\phi_A)=\rho A_0\cos\Omega\tau \qquad (4\text{-}30)$$

将上式中的谐波项展开:

$$\left[-\delta_{A0}(1+\gamma\tan^2\theta_0-\Omega^2)\sin\phi_A-2\delta_{A0}\Omega\xi\left(\tan^2\theta_0+\frac{1+3\sin^2\theta_0}{2\cos^6\theta_0}\delta_{A0}^2\right)\cos\phi_A\right]\sin\Omega\tau$$

$$+\left[\delta_{A0}(1+\gamma\tan^2\theta_0-\Omega^2)\cos\phi_A-2\delta_{A0}\Omega\xi\left(\tan^2\theta_0+\frac{1+3\sin^2\theta_0}{2\cos^6\theta_0}\delta_{A0}^2\right)\sin\phi_A\right]\cos\Omega\tau$$

$$=\rho A_0\cos\Omega\tau$$

$$(4\text{-}31)$$

令式(4-31)两边的一次谐波项系数相等:

$$\delta_{A0}(1+\gamma\tan^2\theta_0-\Omega^2)\cos\phi_A-2\delta_{A0}\Omega\xi\left(\tan^2\theta_0+\frac{1+3\sin^2\theta_0}{2\cos^6\theta_0}\delta_{A0}^2\right)\sin\phi_A=\rho A_0 \quad (4\text{-}32)$$

$$-\delta_{A0}(1+\gamma\tan^2\theta_0-\Omega^2)\sin\phi_A-2\delta_{A0}\Omega\xi\left(\tan^2\theta_0+\frac{1+3\sin^2\theta_0}{2\cos^6\theta_0}\delta_{A0}^2\right)\cos\phi_A=0 \quad (4\text{-}33)$$

整理式(4-32)和式(4-33)得:

$$-2\delta_{A0}\Omega\xi\left(\tan^2\theta_0+\frac{1+3\sin^2\theta_0}{2\cos^6\theta_0}\delta_{A0}^2\right)=\rho A_0\sin\phi_A \qquad (4\text{-}34)$$

$$\delta_{A0}(1+\gamma\tan^2\theta_0-\Omega^2)=\rho A_0\cos\phi_A \qquad (4\text{-}35)$$

将上式两边平方后相加,整理可得:

$$\left\{-2\delta_{A0}\Omega\xi\left[\tan^2\theta_0+\frac{1+3\sin^2\theta_0}{2\cos^6\theta_0}\delta_{A0}^2\right]\right\}+[\delta_{A0}(1+\gamma\tan^2\theta_0-\Omega^2)]=\rho^2 A_0^2 \quad (4\text{-}36)$$

系统为位移激励时,式(4-36)可表示为

$$\left\{-2u_{10}^{d_1}\Omega\xi\left[\tan^2\theta_0+\frac{1+3\sin^2\theta_0}{2\cos^6\theta_0}\left(u_{10}^{d_1}\right)^2\right]\right\}^2+\left[u_{10}^{d_1}\left(1+\gamma\tan^2\theta_0-\Omega^2\right)\right]^2=z_0^2\Omega^4 \tag{4-37}$$

系统为力激励时，式(4-36)可表示为

$$\left\{-2x_{10}^{f_1}\Omega\xi\left[\tan^2\theta_0+\frac{1+3\sin^2\theta_0}{2\cos^6\theta_0}(x_{10}^{f_1})^2\right]\right\}^2+\left[x_{10}^{f_1}\left(1+\gamma\tan^2\theta_0-\Omega^2\right)\right]^2=f_0^2 \tag{4-38}$$

直接求解 $u_{10}^{d_1}$ 和 $x_{10}^{f_1}$ 比较困难，为了求解该隔振系统的幅频响应，将式(4-37)和式(4-38)写成关于频率比 Ω 的形式：

$$(x_{10}^{f_1})^2\Omega^4+\left\{4\xi^2\left[\tan^2\theta_0 x_{10}^{f_1}+\frac{1+3\sin^2\theta_0}{2\cos^6\theta_0}(x_{10}^{f_1})^3\right]^2-2(1+\gamma\tan^2\theta_0)(x_{10}^{f_1})^2\right\}\Omega^2$$

$$+(x_{10}^{f_1})^2(1+\gamma\tan^2\theta_0)^2-f_0^2=0 \tag{4-39}$$

$$[(u_{10}^{d_1})^2-z_0^2]\Omega^4+\left\{4(u_{10}^{d_1})^2\xi^2\left[\tan^2\theta_0+\frac{1+3\sin^2\theta_0}{2\cos^6\theta_0}(u_{10}^{d_1})^2\right]^2-2(1+\gamma\tan^2\theta_0)(u_{10}^{d_1})^2\right\}\Omega^2$$

$$+(u_{10}^{d_1})^2(1+\gamma\tan^2\theta_0)^2=0 \tag{4-40}$$

推导得到隔振系统幅频响应表达式：

$$\Omega_{12}^{f_1}=\sqrt{\frac{(1+\gamma\tan^2\theta_0)-2\xi^2\left[\tan^2\theta_0+\frac{1+3\sin^2\theta_0}{2\cos^6\theta_0}(u_{10}^{d_1})^2\right]^2}{\pm\sqrt{\left\{\xi^2\left[\tan^2\theta_0+\frac{1+3\sin^2\theta_0}{8\cos^6\theta_0}(u_{10}^{d_1})^2\right]^2-\frac{1}{2}(1+\gamma\tan^2\theta_0)\right\}^2-(u_{10}^{d_1})^2(1+\gamma\tan^2\theta_0)^2+\frac{f_0^2}{(u_{10}^{d_1})^2}}}} \tag{4-41}$$

$$\Omega_{12}^{d_1}=\sqrt{\frac{2(1+\gamma\tan^2\theta_0)(u_{10}^{d_1})^2-4\xi^2\left[\tan^2\theta_0 u_{10}^{d_1}+\frac{1+3\sin^2\theta_0}{2\cos^6\theta_0}(u_{10}^{d_1})^3\right]^2}{2[(u_{10}^{d_1})^2-z_0^2]}\pm\sqrt{\frac{\left\{4\xi^2\left[\tan^2\theta_0 u_{10}^{d_1}+\frac{1+3\sin^2\theta_0}{2\cos^6\theta_0}(u_{10}^{d_1})^3\right]^2-2(1+\gamma\tan^2\theta_0)(u_{10}^{d_1})^2\right\}^2}{2[(u_{10}^{d_1})^2-z_0^2]}}} \tag{4-42}$$

式中，上标 f 和 d 分别表示力激励和位移激励，相应下角标 1 表示含 X 型结构的一次放大隔振器，下角标 12 表示频响曲线由两条分支曲线组成。

相应隔振系统的相频特性表达式为

$$\phi^{f_1} = \arccos\left\{\dfrac{f_0 x_{10}^{f_1}(1+\gamma\tan^2\theta_0 - \Omega^2)}{(1+\gamma\tan^2\theta_0 - \Omega^2)^2(x_{10}^{f_1})^2 + 2x_{10}^{f_1}\Omega\xi\left[\tan^2\theta_0 + \dfrac{1+3\sin^2\theta_0}{2\cos^6\theta_0}(x_{10}^{f_1})^2\right]^2}\right\}$$

(4-43)

$$\phi^{d_1} = \arccos\left\{\dfrac{z_0\Omega^2 u_{10}^{d_1}(1+\gamma\tan^2\theta_0 - \Omega^2)}{(u_{10}^{d_1})^2(1+\gamma\tan^2\theta_0 - \Omega^2)^2 + \left\{2u_{10}^{d_1}\Omega\xi\left[\tan^2\theta_0 + \dfrac{1+3\sin^2\theta_0}{2\cos^6\theta_0}(u_{10}^{d_1})^2\right]\right\}^2}\right\}$$ (4-44)

结合上述推导所得含 X 型结构隔振器稳态频响表达式分别计算得到力激励和位移激励条件下的位移响应曲线，如图 4-9 和图 4-10 所示。同时，为了验证理论推导结果的正确性，采用四阶龙格库塔法通过数值方法进行验证，计算所得结果也在图中给出。

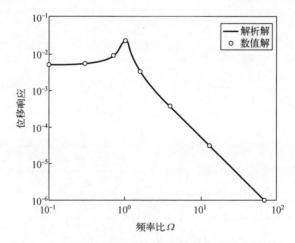

图 4-9 力激励含 X 型结构隔振器位移响应曲线

由图可见，力激励条件下，隔振系统位移响应在低频段为定值，随着频率增大，位移响应呈现"先增大，后减小"的变化规律，且数值计算结果与解析结果保持良好一致，如图 4-9 所示。位移激励条件下，位移响应曲线呈现"先增大，后趋于定值"的变化规律，且数值计算结果与解析结果保持良好一致，如图 4-10 所示。

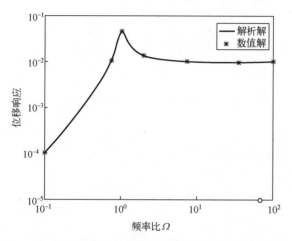

图 4-10　位移激励含 X 型结构隔振器位移响应曲线

2）含"嵌套式"X 型结构隔振器

含"嵌套式"X 型结构隔振器力学模型，如图 4-11 和图 4-12 所示。可见，l_1 表示外部 X 型结构刚性铰接杆长度，l_2 表示内部 X 型结构刚性铰接杆长度，内外 X 型结构的刚性杆均以铰接方式连接；θ_1 表示外部刚性杆与水平轴 y 的初始夹角，θ_2 表示内部刚性杆与水平轴 y 的初始夹角；φ_{B1} 表示外部刚性铰接杆与水平轴夹角的变化量，φ_{B2} 表示内部刚性铰接杆与水平轴夹角的变化量，其他参数含义与含 X 型结构隔振器相同。

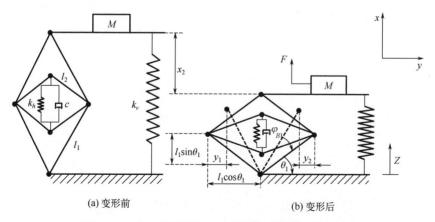

(a) 变形前　　　　　　　　　　　　　(b) 变形后

图 4-11　含"嵌套式"X 型结构隔振器力学模型

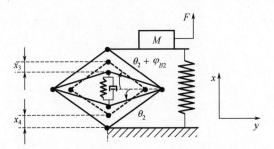

图 4-12　含"嵌套式"X 型结构运动关系图

针对隔振系统分别受到力激励和位移激励时，根据牛顿第二定律建立沿 x 轴方向的系统运动微分方程：

$$M\frac{\mathrm{d}^2 x_2^{f_2}}{\mathrm{d}t^2} + k_v x_2^{f_2} + \left[k_h(x_3^{f_2} - x_4^{f_2}) + c\left(\frac{\mathrm{d}x_3^{f_2}}{\mathrm{d}t} - \frac{\mathrm{d}x_4^{f_2}}{\mathrm{d}t}\right)\right]\frac{\tan(\varphi_{B1} + \theta_1)}{\tan(\varphi_{B2} + \theta_2)} = F_0 \cos\omega t \quad (4\text{-}45)$$

$$M\frac{\mathrm{d}^2 u_2^{d_2}}{\mathrm{d}t^2} + k_v u_2^{d_2} + \left[k_h(x_3^{d_2} - x_4^{d_2}) + c\left(\frac{\mathrm{d}x_3^{d_2}}{\mathrm{d}t} - \frac{\mathrm{d}x_4^{d_2}}{\mathrm{d}t}\right)\right]\frac{\tan(\varphi_{B1} + \theta_1)}{\tan(\varphi_{B2} + \theta_2)} = -M\omega^2 Z_0 \cos\omega t \quad (4\text{-}46)$$

式中，x_2 表示惯性质量的垂向位移，x_3 和 x_4 分别表示刚性杆活动铰接点的水平位移，$u_2 = x_2 - Z$ 表示基础和惯性质量之间的相对位移。

根据图 4-11 和图 4-12 所示含"嵌套式"X 型结构隔振器的几何关系，得到：

$$\tan(\theta_1 + \varphi_{B1}) = \frac{l_1 \sin\theta_1 + x_2/2}{l_1 \cos\theta_1 - y_1} \quad (4\text{-}47)$$

$$\tan(\theta_2 + \varphi_{B2}) = \frac{x_3 + l_2 \sin\theta_2}{l_1 \cos\theta_1 - y_1} \quad (4\text{-}48)$$

$$y_1 = l_1 \cos\theta_1 - \sqrt{l_1^2 - \left(l_1 \sin\theta_1 + \frac{x_2}{2}\right)^2} \quad (4\text{-}49)$$

$$x_3 = \sqrt{l_2^2 - (l_2 \cos\theta_2 - y_1)^2} - l_2 \sin\theta_2 \quad (4\text{-}50)$$

$$\dot{y}_1 = \frac{1}{2}\frac{l_1 \sin\theta_i + x/2}{\sqrt{l_1^2 - (l_1 \sin\theta_i + x/2)^2}}\dot{x}_2 \quad (4\text{-}51)$$

$$y_1 = -y_2 \quad (4\text{-}52)$$

$$x_3 = -x_4 \quad (4\text{-}53)$$

$$\dot{x}_3 = \frac{(l_2 \cos\theta_2 - y_1)\dot{y}_1}{\sqrt{l_2^2 - (l_2 \cos\theta_2 - y_1)^2}} \quad (4\text{-}54)$$

将式 (4-47) ～式 (4-54) 代入式 (4-45) 和式 (4-46) 整理得到：

$$M\frac{\mathrm{d}^2 x_2^{f_2}}{\mathrm{d}t^2} + k_v x_2^{f_2} + 2k_h\left[1 - \frac{\sqrt{l_2^2 - l_1^2\cos^2\theta_1}}{\sqrt{l_2^2 - l_1^2 + (l_1\sin\theta_1 + x_2^{f_2}/2)^2}}\right](l_1\sin\theta_1 + x_2^{f_2}/2)$$
$$+c\frac{(l_1\sin\theta_1 + x_2^{f_2}/2)^2}{l_2^2 - l_1^2 + (l_1\sin\theta_1 + x_2^{f_2}/2)^2}\frac{\mathrm{d}x_2^{f_2}}{\mathrm{d}t} = F_0\cos\omega t \tag{4-55}$$

$$M\frac{\mathrm{d}^2 u_2^{d_2}}{\mathrm{d}t^2} + k_v u_2^{d_2} + 2k_h\left[1 - \frac{\sqrt{l_2^2 - l_1^2\cos^2\theta_1}}{\sqrt{l_2^2 - l_1^2 + (l_1\sin\theta_1 + u_2^{d_2}/2)^2}}\right](l_1\sin\theta_1 + u_2^{d_2}/2)$$
$$+c\frac{(l_1\sin\theta_1 + u_2^{d_2}/2)^2}{l_2^2 - l_1^2 + (l_1\sin\theta_1 + u_2^{d_2}/2)^2}\dot{u}_2^{d_2} = -M\omega^2 Z_0\cos\omega t \tag{4-56}$$

为了便于计算，定义函数：

$$f_1(\varepsilon_2) = \left[1 - \frac{\sqrt{l_2^2 - l_1^2\cos^2\theta_1}}{\sqrt{l_2^2 - l_1^2 + (l_1\sin\theta_1 + \varepsilon_2/2)^2}}\right](l_1\sin\theta_1 + \varepsilon_2/2) \tag{4-57}$$

$$f_2(\varepsilon_2) = \frac{(l_1\sin\theta_1 + \varepsilon_2/2)^2}{l_2^2 - l_1^2 + (l_1\sin\theta_1 + \varepsilon_2/2)^2} \tag{4-58}$$

式中，ε_2 表示新定义的变量；当系统激励为力激励时，$\varepsilon_2 = x_2^{f_2}$，当系统激励为位移激励时，$\varepsilon_2 = u_2^{d_2}$。

由于函数 $f_1(\varepsilon_2)$ 和 $f_2(\varepsilon_2)$ 在 $\varepsilon_2=0$ 处连续，将式（4-57）和式（4-58）分别在零平衡位置采用三阶泰勒级数展开，得到：

$$f_1(\varepsilon_2) = \beta_0 + \beta_1\varepsilon_2 + \beta_2\varepsilon_2^2 \tag{4-59}$$

$$f_2(\varepsilon_2) = \beta_3 + \beta_4\varepsilon_2 + \beta_5\varepsilon_2^2 \tag{4-60}$$

式中，$\beta_0 = 0$，$\beta_1 = \frac{1}{2}\frac{l_1^2\sin^2\theta_1}{l_2^2 - l_1^2\cos^2\theta_1}$，$\beta_2 = \frac{3}{4}\frac{l_1\sin\theta_1}{l_2^2 - l_1^2\cos^2\theta_1} - \frac{1}{4}\frac{3l_1^3\sin^3\theta_1}{(l_2^2 - l_1^2\cos^2\theta_1)^2}$，

$\beta_3 = \frac{l_1^2\sin^2\theta_1}{l_2^2 - l_1^2\cos^2\theta_1}$，$\beta_4 = \frac{l_1\sin\theta_1}{l_2^2 - l_1^2\cos^2\theta_1} - \frac{l_1^3\sin^3\theta_1}{(l_2^2 - l_1^2\cos^2\theta_1)^2}$，$\beta_5 = \frac{1}{2(l_2^2 - l_1^2\cos^2\theta_1)} - $

$\frac{5l_1^2\sin^2\theta_1}{2(l_2^2 - l_1^2\cos^2\theta_1)^2} + \frac{2l_1^4\sin^4\theta_1}{(l_2^2 - l_1^2\cos^2\theta_1)^3}$。

将函数展开式（4-59）和式（4-60）代入式（4-55）和式（4-56），为了便于讨论，定义无量纲参数：

$$\omega_n = \sqrt{\frac{k_v}{M}} \quad , \quad \tau = \omega_n t, \quad \gamma = \frac{k_h}{k_v}, \quad \Omega = \frac{\omega}{\omega_n}, \quad x_{20}^{f_2} = \frac{x_2^{f_2}}{l}, \quad \xi = \frac{c}{2\sqrt{Mk_v}}$$

$$f_0 = \frac{F_0}{M\omega_n^2 l}, \quad u_{20}^{d_2} = \frac{u_2^{d_2}}{l}, \quad z_0 = \frac{Z_0}{l}, \quad \lambda = \frac{l_2}{l_1}$$

式中，ω_n 表示隔振系统固有频率，τ 表示无量纲时间，γ 表示隔振器纵横刚度比，Ω 表示频率比，$x_{20}^{f_2}$ 和 $u_{20}^{d_2}$ 分别表示力激励与位移激励下惯性质量相对于 X 型结构底部的无量纲位移，ξ 表示阻尼比，f_0 表示无量纲激励力幅值，z_0 表示无量纲激励位移幅值，λ 表示内外 X 型结构杆长比。

通过无量纲化处理，得到：

$$\frac{d^2 x_{20}^{f_2}}{d\tau^2} + x_{20}^{f_2} + 2\gamma \left\{ \frac{1}{2} \frac{\sin^2\theta_1}{\lambda^2 - \cos^2\theta_1} x_{20}^{f_2} + \left[\frac{3}{4} \frac{\sin\theta_1}{\lambda^2 - \cos^2\theta_1} - \frac{3}{4} \frac{\sin^3\theta_1}{(\lambda^2 - \cos^2\theta_1)^2} \right] (x_{20}^{f_2})^2 \right\}$$

$$+ 2\xi \left\{ \begin{array}{c} \dfrac{\sin^2\theta_1}{\lambda^2 - \cos^2\theta_1} + \left[\dfrac{\sin\theta_1}{\lambda^2 - \cos^2\theta_1} - \dfrac{\sin^3\theta_1}{(\lambda^2 - \cos^2\theta_1)^2} \right] x_{20}^{f_2} \\ + \left[\dfrac{1}{2(\lambda^2 - \cos^2\theta_1)} - \dfrac{5\sin^2\theta_1}{2(\lambda^2 - \cos^2\theta_1)^2} + \dfrac{2\sin^4\theta_1}{(\lambda^2 - \cos^2\theta_1)^3} \right] (x_{20}^{f_2})^2 \end{array} \right\} \frac{dx_{20}^{f_2}}{d\tau} = f_0 \cos\Omega\tau$$

$$(4\text{-}61)$$

$$\frac{d^2 u_{20}^{d_2}}{d\tau^2} + u_{20}^{d_2} + 2\gamma \left\{ \frac{1}{2} \frac{(\sin\theta_1)^2}{\lambda^2 - \cos^2\theta_1} u_{20}^{d_2} + \left[\frac{3}{4} \frac{\sin\theta_1}{(\lambda^2 - \cos^2\theta_1)} - \frac{1}{4} \frac{3\sin^3\theta_1}{(\lambda^2 - \cos^2\theta_1)^2} \right] (u_{20}^{d_2})^2 \right\}$$

$$+ 2\xi \left\{ \begin{array}{c} \dfrac{\sin^2\theta_1}{\lambda^2 - \cos^2\theta_1} + \left[\dfrac{\sin\theta_1}{\lambda^2 - \cos^2\theta_1} - \dfrac{\sin^3\theta_1}{(\lambda^2 - \cos^2\theta_1)^2} \right] u_{20}^{d_2} \\ + \left[\dfrac{1}{2(\lambda^2 - \cos^2\theta_1)} - \dfrac{5\sin^2\theta_1}{2(\lambda^2 - \cos^2\theta_1)^2} + \dfrac{2\sin^4\theta_1}{(\lambda^2 - \cos^2\theta_1)^3} \right] (u_{20}^{d_2})^2 \end{array} \right\} \frac{du_{20}^{d_2}}{d\tau} = z_0 \Omega^2 \cos\Omega\tau$$

$$(4\text{-}62)$$

将式(4-61)和式(4-62)合并为一个式子：

$$\frac{d^2 \delta_B}{d\tau^2} + \delta_B + 2\gamma \left\{ \frac{1}{2} \frac{\sin^2\theta_1}{\lambda^2 - \cos^2\theta_1} \delta_B + \left[\frac{3}{4} \frac{\sin\theta_1}{(\lambda^2 - \cos^2\theta_1)} - \frac{1}{4} \frac{3\sin^3\theta_1}{(\lambda^2 - \cos^2\theta_1)^2} \right] \delta_B^2 \right\}$$

$$+ 2\xi \left\{ \begin{array}{c} \dfrac{\sin^2\theta_1}{\lambda^2 - \cos^2\theta_1} + \left[\dfrac{\sin\theta_1}{\lambda^2 - \cos^2\theta_1} - \dfrac{\sin^3\theta_1}{(\lambda^2 - \cos^2\theta_1)^2} \right] \delta_B \\ + \left[\dfrac{1}{2(\lambda^2 - \cos^2\theta_1)} - \dfrac{5\sin^2\theta_1}{2(\lambda^2 - \cos^2\theta_1)^2} + \dfrac{2\sin^4\theta_1}{(\lambda^2 - \cos^2\theta_1)^3} \right] \delta_B^2 \end{array} \right\} \frac{d\delta_B}{d\tau} = \rho A_0 \cos\Omega\tau$$

$$(4\text{-}63)$$

式中，ρ 表示新定义的参数，当系统受力激励时，$\rho=1$，当系统受位移激励时，$\rho=\Omega^2$。同样，A_0 分别表示力激励和位移激励对应的无量纲激励力幅值和无量纲激励位移幅值。

采用谐波平衡法求解式（4-63）的稳态响应。假设，隔振系统的稳态解为

$$\delta_B = \delta_{B0} \cos(\Omega\tau + \phi_B) \tag{4-64}$$

式中，δ_{B0} 表示位移幅值。

将式（4-64）代入式（4-63），并略去高次项，可得：

$$\left(\delta_{B0} + \frac{\gamma\delta_{B0}\sin^2\theta_1}{\lambda^2 - \cos^2\theta_1} - \delta_{B0}\Omega^2\right)\cos(\Omega\tau + \phi_B)$$

$$-2\xi\delta_{B0}\Omega\left\{\frac{\sin^2\theta_1}{\lambda^2 - \cos^2\theta_1} + \left[\begin{array}{c}\dfrac{1}{2(\lambda^2 - \cos^2\theta_1)} - \dfrac{5\sin^2\theta_1}{2(\lambda^2 - \cos^2\theta_1)^2} \\ + \dfrac{2\sin^4\theta_1}{(\lambda^2 - \cos^2\theta_1)^3}\end{array}\right]\delta_{B0}^2\right\}\sin(\Omega\tau + \phi_B) \tag{4-65}$$

$$= \rho A_0 \cos\Omega\tau$$

将上式中的谐波项展开，并令公式两侧的一次谐波系数相等，得到：

$$-2\xi\delta_{B0}\Omega\left\{\frac{\sin^2\theta_1}{\lambda^2 - \cos^2\theta_1} + \left[\begin{array}{c}\dfrac{1}{2(\lambda^2 - \cos^2\theta_1)} - \dfrac{5\sin^2\theta_1}{2(\lambda^2 - \cos^2\theta_1)^2} \\ + \dfrac{2\sin^4\theta_1}{(\lambda^2 - \cos^2\theta_1)^3}\end{array}\right]\delta_{B0}^2\right\} = \rho A_0 \sin\phi_B \tag{4-66}$$

$$\delta_{B0} + \frac{\gamma\delta_{B0}\sin^2\theta_1}{\lambda^2 - \cos^2\theta_1} - \delta_{B0}\Omega^2 = \rho A_0 \cos\phi_B \tag{4-67}$$

将式（4-66）的平方与式（4-67）的平方相加，整理得到：

$$\left\{-2\xi\delta_{B0}\Omega\left[\frac{\sin^2\theta_1}{\lambda^2 - \cos^2\theta_1} + \left(\frac{1}{2(\lambda^2 - \cos^2\theta_1)} - \frac{5\sin^2\theta_1}{2(\lambda^2 - \cos^2\theta_1)^2} + \frac{2\sin^4\theta_1}{(\lambda^2 - \cos^2\theta_1)^3}\right)\delta_{B0}^2\right]\right\}^2$$

$$+ \left(\delta_{B0} + \frac{\gamma\delta_{B0}\sin^2\theta_1}{\lambda^2 - \cos^2\theta_1} - \delta_{B0}\Omega^2\right)^2 = \rho^2 A_0^2$$

$$\tag{4-68}$$

当隔振系统受到力激励时，式（4-68）可变换为

$$\left\{-2\xi x_{20}^{f_2}\Omega\left[\frac{\sin^2\theta_1}{\lambda^2-\cos^2\theta_1}+\left(\frac{1}{2(\lambda^2-\cos^2\theta_1)}-\frac{5\sin^2\theta_1}{2(\lambda^2-\cos^2\theta_1)^2}+\frac{2\sin^4\theta_1}{(\lambda^2-\cos^2\theta_1)^3}\right)(x_{20}^{f_2})^2\right]\right\}^2$$

$$+\left(x_{20}^{f_2}+\frac{\gamma x_{20}^{f_2}\sin^2\theta_1}{\lambda^2-\cos^2\theta_1}-x_{20}^{f_2}\Omega^2\right)^2=f_0^2$$

$$(4\text{-}69)$$

当隔振系统受位移激励时，式(4-68)可变换为

$$\left\{-2\xi u_{20}^{d_2}\Omega\left[\frac{\sin^2\theta_1}{\lambda^2-\cos^2\theta_1}+\left(\frac{1}{2(\lambda^2-\cos^2\theta_1)}-\frac{5\sin^2\theta_1}{2(\lambda^2-\cos^2\theta_1)^2}+\frac{2\sin^4\theta_1}{(\lambda^2-\cos^2\theta_1)^3}\right)(u_{20}^{d_2})^2\right]\right\}^2$$

$$+\left(u_{20}^{d_2}+\frac{\gamma u_{20}^{d_2}\sin^2\theta_1}{\lambda^2-\cos^2\theta_1}-u_{20}^{d_2}\Omega^2\right)^2=z_0^2\Omega^4$$

$$(4\text{-}70)$$

显然，针对式(4-44)和式(4-45)直接求解 $u_{20}^{d_2}$ 和 $x_{20}^{f_2}$ 比较困难，故将上述两式表示成关于频率比 Ω 的形式：

$$(x_{20}^{f_2})^2\Omega^4+\left\{\begin{array}{l}4\xi^2(x_{20}^{f_2})^2\left[\frac{\sin^2\theta_1}{\lambda^2-\cos^2\theta_1}+\left(\begin{array}{l}\dfrac{1}{2(\lambda^2-\cos^2\theta_1)}-\dfrac{5\sin^2\theta_1}{2(\lambda^2-\cos^2\theta_1)^2}\\+\dfrac{2\sin^4\theta_1}{(\lambda^2-\cos^2\theta_1)^3}\end{array}\right)(x_{20}^{f_2})^2\right]^2\\-2x_{20}^{f_2}\left(x_{20}^{f_2}+\dfrac{\gamma x_{20}^{f_2}\sin^2\theta_1}{\lambda^2-\cos^2\theta_1}\right)\end{array}\right\}\Omega^2$$

$$+\left(x_{20}^{f_2}+\frac{\gamma x_{20}^{f_2}\sin^2\theta_1}{\lambda^2-\cos^2\theta_1}\right)^2-f_0^2=0$$

$$(4\text{-}71)$$

$$\left[(u_{20}^{d_2})^2-z_0^2\right]\Omega^4+\left\{\begin{array}{l}4\xi^2(u_{20}^{d_2})^2\left[\frac{\sin^2\theta_1}{\lambda^2-\cos^2\theta_1}+\left(\begin{array}{l}\dfrac{1}{2(\lambda^2-\cos^2\theta_1)}-\dfrac{5\sin^2\theta_1}{2(\lambda^2-\cos^2\theta_1)^2}\\+\dfrac{2\sin^4\theta_1}{(\lambda^2-\cos^2\theta_1)^3}\end{array}\right)(u_{20}^{d_2})^2\right]^2\\-2(u_{20}^{d_2})^2\left[(u_{20}^{d_2})^2+\dfrac{\gamma u_{20}^{d_2}\sin^2\theta_1}{\lambda^2-\cos^2\theta_1}\right]\end{array}\right\}\Omega^2$$

$$+\left(u_{20}^{d_2}+\frac{\gamma u_{20}^{d_2}\sin^2\theta_1}{\lambda^2-\cos^2\theta_1}\right)^2=0$$

$$(4\text{-}72)$$

为了便于讨论，定义参数：

$$A_1 = (x_{20}^{f_2})^2$$

$$B_1 = 4\xi^2(x_{20}^{f_2})^2 \left\{ \frac{\sin^2\theta_1}{\lambda^2 - \cos^2\theta_1} + \left[\frac{1}{2(\lambda^2 - \cos^2\theta_1)} - \frac{5\sin^2\theta_1}{2(\lambda^2 - \cos^2\theta_1)^2} + \frac{2\sin^4\theta_1}{(\lambda^2 - \cos^2\theta_1)^3} \right] (x_{20}^{f_2})^2 \right\}^2$$

$$- 2(x_{20}^{f_2})^2 - \frac{2\gamma(x_{20}^{f_2})^2 \sin^2\theta_1}{\lambda^2 - \cos^2\theta_1}$$

$$C_1 = \left(x_{20}^{f_2} + \frac{\gamma x_{20}^{f_2} \sin^2\theta_1}{\lambda^2 - \cos^2\theta_1} \right)^2 - f_0^2$$

$$A_2 = (x_{20}^{f_2})^2 - z_0^2$$

$$B_2 = 4\xi^2(u_{20}^{d_2})^2 \left\{ \frac{\sin^2\theta_1}{\lambda^2 - \cos^2\theta_1} + \left[\frac{1}{2(\lambda^2 - \cos^2\theta_1)} - \frac{5\sin^2\theta_1}{2(\lambda^2 - \cos^2\theta_1)^2} + \frac{2\sin^4\theta_1}{(\lambda^2 - \cos^2\theta_1)^3} \right] u_{20}^2 \right\}^2$$

$$- 2(u_{20}^{d_2})^2 - \frac{2\gamma(u_{20}^{d_2})^2 \sin^2\theta_1}{\lambda^2 - \cos^2\theta_1}$$

$$C_2 = \left(u_{20}^{d_2} + \frac{\gamma u_{20}^{d_2} \sin^2\theta_1}{\lambda^2 - \cos^2\theta_1} \right)^2$$

对式(4-71)和式(4-72)求解，得到：

$$\Omega_{12}^{f_2} = \frac{-B_1 \pm \sqrt{B_1^2 - 4A_1C_1}}{2A_1} \tag{4-73}$$

$$\Omega_{12}^{d_2} = \frac{-B_2 \pm \sqrt{B_2^2 - 4A_2C_2}}{2A_2} \tag{4-74}$$

式中，上标 f 和 d 分别表示力激励和位移激励，下标 12 表示频响曲线由两条分支曲线组成。

求解式(4-73)、式(4-74)可得到相频特性，为了方便表示，定义：

$$D_1 = \left(x_{20}^{f_2} + \frac{\gamma x_{20}^{f_2} \sin^2\theta_1}{\lambda^2 - \cos^2\theta_1} - x_{20}^{f_2}\Omega^2 \right) f_0 \tag{4-75}$$

$$E_1 = \left(x_{20}^{f_2} + \frac{\gamma x_{20}^{f_2} \sin^2\theta_1}{\lambda^2 - \cos^2\theta_1} - x_{20}^{f_2}\Omega^2 \right)^2 \tag{4-76}$$

$$G_1 = 4\xi^2(x_{20}^{f_2})^2 \Omega^2 \left\{ \frac{\sin^2\theta_1}{\lambda^2 - \cos^2\theta_1} + \left[\frac{1}{2(\lambda^2 - \cos^2\theta_1)} - \frac{5\sin^2\theta_1}{2(\lambda^2 - \cos^2\theta_1)^2} + \frac{2\sin^4\theta_1}{(\lambda^2 - \cos^2\theta_1)^3} \right] (x_{20}^{f_2})^2 \right\}^2 \tag{4-77}$$

$$D_2 = \left(u_{20}^{d_2} + \frac{\gamma u_{20}^{d_2} \sin^2 \theta_1}{\lambda^2 - \cos^2 \theta_1} - u_{20}^{d_2} \Omega^2 \right) z_0 \Omega^2 \tag{4-78}$$

$$E_2 = \left(u_{20}^{d_2} + \frac{\gamma u_{20}^{d_2} \sin^2 \theta_1}{\lambda^2 - \cos^2 \theta_1} - u_{20}^{d_2} \Omega^2 \right)^2 \tag{4-79}$$

$$G_2 = 4\xi^2 (u_{20}^{d_2})^2 \Omega^2 \left\{ \frac{\sin^2 \theta_1}{\lambda^2 - \cos^2 \theta_1} + \left[\begin{array}{c} \dfrac{1}{2(\lambda^2 - \cos^2 \theta_1)} \\[2mm] -\dfrac{5\sin^2 \theta_1}{2(\lambda^2 - \cos^2 \theta_1)^2} + \dfrac{2\sin^4 \theta_1}{(\lambda^2 - \cos^2 \theta_1)^3} \end{array} \right] (u_{20}^{d_2})^2 \right\}^2 \tag{4-80}$$

进一步，求解得到相频特性表达式：

$$\phi^{f_2} = \arccos \left(\frac{D_1}{E_1 + G_1} \right) \tag{4-81}$$

$$\phi^{d_2} = \arccos \left(\frac{D_2}{E_2 + G_2} \right) \tag{4-82}$$

3) 含 X 型结构改进三参数隔振器

含 X 型结构改进三参数隔振器力学模型，如图 4-13 所示。可见，实线表示考虑惯性质量重力作用时的静平衡状态，虚线表示未考虑重力时的初始状态。模型中，由四根长度为 l 的刚性铰接杆组成的 X 型结构与主支承线性弹簧 k_v 并联，并与辅助支承线性弹簧 k_e 串联。其中，θ_0 表示刚性铰接杆与水平轴 y 的初始夹角，φ_C 表示刚性铰接杆与水平轴夹角变化量，F 表示外部激励；定义垂直向上为 x 轴正方向，水平向右为 y 轴正方向。

考虑隔振系统分别受力激励和位移激励，根据牛顿第二定理得到系统运动微分方程：

$$\begin{cases} M \dfrac{\mathrm{d}^2 x_1^{f_3}}{\mathrm{d}t^2} + k_v x_1^{f_3} + k_e (x_1^{f_3} - x_2^{f_3}) = F \\[3mm] k_e (x_1^{f_3} - x_2^{f_3}) = \left[k_h (y_1 - y_2) + c \left(\dfrac{\mathrm{d}y_1}{\mathrm{d}t} - \dfrac{\mathrm{d}y_2}{\mathrm{d}t} \right) \right] \tan(\varphi_C + \theta_0) \end{cases} \tag{4-83}$$

$$\begin{cases} M \dfrac{\mathrm{d}^2 u_1^{d_3}}{\mathrm{d}t^2} + k_v u_1^{d_3} + k_e (u_1^{d_3} - u_2^{d_3}) = M \dfrac{\mathrm{d}^2 z}{\mathrm{d}t^2} \\[3mm] k_e (u_1^{d_3} - u_2^{d_3}) = \left[k_h (y_1 - y_2) + c \left(\dfrac{\mathrm{d}y_1}{\mathrm{d}t} - \dfrac{\mathrm{d}y_2}{\mathrm{d}t} \right) \right] \tan(\varphi_C + \theta_0) \end{cases} \tag{4-84}$$

式中，M 表示惯性质量，x_1 表示惯性质量沿垂直方向的位移，x_2 表示 X 型结构上端铰接点沿垂直方向的位移，y_1 和 y_2 分别表示刚性杆活动铰接点沿水平方向位移，$u_1=x_1-Z$ 表示基础与惯性质量之间的相对位移，$u_2=x_2-Z$ 表示基础与右端铰接点之间的相对位移。

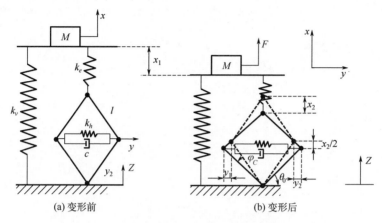

(a) 变形前   (b) 变形后

图 4-13 含 X 型结构改进三参数隔振器力学模型

根据图 4-13 所示含 X 型结构改进三参数隔振器的几何关系，得到：

$$\tan(\theta_0 + \varphi_{C1}) = \frac{l\sin\theta_0 + x_2/2}{l\cos\theta_0 - y_1} \tag{4-85}$$

$$y_1 = l\cos\theta_0 - \sqrt{l^2 - \left(l\sin\theta_0 + \frac{x_2}{2}\right)^2} \tag{4-86}$$

$$\frac{\mathrm{d}y_1}{\mathrm{d}t} = \frac{1}{2}\frac{l\sin\theta_0 + x_2/2}{\sqrt{l^2 - (l\sin\theta_0 + x_2/2)^2}}\frac{\mathrm{d}x_2}{\mathrm{d}t} \tag{4-87}$$

$$y_1 = -y_2 \tag{4-88}$$

将式 (4-85)～式 (4-88) 代入式 (4-83) 和式 (4-84)，得到：

$$\begin{cases} M\dfrac{\mathrm{d}^2 x_1^{f_3}}{\mathrm{d}t^2} + k_v x_1^{f_3} + k_e(x_1^{f_3} - x_2^{f_3}) = F_0\cos\omega t \\[4mm] k_e(x_1^{f_3} - x_2^{f_3}) = \begin{cases} \dfrac{2k_h\left[l\cos\theta_0 - \sqrt{l^2 - \left(l\sin\theta_0 + x_2^{f_3}/2\right)^2}\right](l\sin\theta_0 + x_2^{f_3}/2)}{\sqrt{l^2 - (l\sin\theta_0 + x_2^{f_3}/2)^2}} \\[4mm] +c\dfrac{(l\sin\theta_0 + x_2^{f_3}/2)^2}{l^2 - (l\sin\theta_0 + x_2^{f_3}/2)^2}\dfrac{\mathrm{d}x_2^{f_3}}{\mathrm{d}t} \end{cases} \end{cases} \tag{4-89}$$

$$\left\{ \begin{array}{l} M\dfrac{\mathrm{d}^2 u_1^{d_3}}{\mathrm{d}t^2} + k_v u_1^{d_3} + k_e(u_1^{d_3} - u_2^{d_3}) = -M\omega^2 Z_0 \cos\omega t \\[4mm] k_e(u_1^{d_3} - u_2^{d_3}) = \left\{ \begin{array}{l} \dfrac{2k_h\left[l\cos\theta_0 - \sqrt{l^2 - (l\sin\theta_0 + u_2^{d_3}/2)^2}\,\right](l\sin\theta_0 + u_2^{d_3}/2)}{\sqrt{l^2 - (l\sin\theta_0 + u_2^{d_3}/2)^2}} \\[4mm] + c\dfrac{(l\sin\theta_0 + u_2^{d_3}/2)^2}{l^2 - (l\sin\theta_0 + u_2^{d_3}/2)^2}\dfrac{\mathrm{d}u_2^{d_3}}{\mathrm{d}t} \end{array} \right. \end{array} \right. \tag{4-90}$$

为了便于计算，定义函数：

$$f_1(\varepsilon_3) = 2k_h\left[l\cos\theta_0 - \sqrt{l^2 - (l\sin\theta_0 + \varepsilon_3/2)^2}\,\right]\dfrac{l\sin\theta_0 + \varepsilon_3/2}{\sqrt{l^2 - (l\sin\theta_0 + \varepsilon_3/2)^2}} \tag{4-91}$$

$$f_2(\varepsilon_3) = \dfrac{(l\sin\theta_0 + \varepsilon_3/2)^2}{l^2 - (l\sin\theta_0 + \varepsilon_3/2)^2} \tag{4-92}$$

式中，ε_3 表示新定义的变量，当隔振系统受到力激励时，$\varepsilon_3 = x_{20}^{f_3}$；当隔振系统受到位移激励时，$\varepsilon_3 = u_{20}^{d_3}$。

由于函数 $f_1(\varepsilon_3)$ 和 $f_2(\varepsilon_3)$ 在 $\varepsilon_3 = 0$ 处连续，将式(4-69)和式(4-70)分别在零平衡位置采用二阶泰勒级数展开，得到：

$$\left\{ \begin{array}{l} f_1(\varepsilon_3) = \beta_0 + \beta_1\varepsilon_3 + \beta_2\varepsilon_3^2 \\[2mm] f_2(\varepsilon_3) = \beta_3 + \beta_4\varepsilon_3 + \beta_5\varepsilon_3^2 \end{array} \right. \tag{4-93}$$

式中，$\beta_0 = 0$，$\beta_1 = k_h\tan^2\theta_0$，$\beta_2 = \dfrac{3k_h}{2l}\dfrac{\sin\theta_0}{\cos^4\theta_0}$，$\beta_3 = \tan^2\theta_0$，$\beta_4 = \dfrac{1}{l}\dfrac{\sin\theta_0}{\cos^4\theta_0}$，

$\beta_5 = \dfrac{1+3\sin^2\theta_0}{2l^2\cos^6\theta_0}$。

将上述参数代入式(4-89)和式(4-90)，得到：

$$\left\{ \begin{array}{l} M\dfrac{\mathrm{d}^2 x_1^{f_3}}{\mathrm{d}t^2} + k_v x_1^{f_3} + k_e(x_1^{f_3} - x_2^{f_3}) = F_0\cos\omega t \\[4mm] k_e(x_1^{f_3} - x_2^{f_3}) = \left\{ \begin{array}{l} k_h\left[\tan^2\theta_0 x_2^{f_3} + \dfrac{3}{2}\dfrac{1}{l}\dfrac{\sin\theta_0}{\cos^4\theta_0}(x_2^{f_3})^2 \right] \\[4mm] + c\left[\tan^2\theta_0 + \dfrac{1}{l}\dfrac{\sin\theta_0}{\cos^4\theta_0}x_2^{f_3} + \dfrac{1+3\sin^2\theta_0}{2l^2\cos^6\theta_0}(x_2^{f_3})^2 \right]\dfrac{\mathrm{d}x_2^{f_3}}{\mathrm{d}t} \end{array} \right. \end{array} \right. \tag{4-94}$$

$$\begin{cases} M\dfrac{\mathrm{d}^2 u_1^{d_3}}{\mathrm{d}t^2} + k_v u_1^{d_3} + k_e(u_1^{d_3} - u_2^{d_3}) = -M\omega^2 Z_0 \cos\omega t \\[2mm] k_e(u_1^{d_3} - u_2^{d_3}) = \begin{cases} c\left[\tan^2\theta_0 + \dfrac{1}{l}\dfrac{\sin\theta_0}{\cos^4\theta_0} u_2^{d_3} + \dfrac{1+3\sin^2\theta_0}{2l^2\cos^6\theta_0}(u_2^{d_3})^2\right]\dfrac{\mathrm{d}u_2^{d_3}}{\mathrm{d}t} \\[2mm] +\left[k_h\tan^2\theta_0 u_2^{d_3} + \dfrac{3k_h}{2l}\dfrac{\sin\theta_0}{\cos^4\theta_0}(u_2^{d_3})^2\right] \end{cases} \end{cases} \tag{4-95}$$

定义无量纲化参数：$\omega_n = \sqrt{\dfrac{k_v}{M}}$，$\tau = \omega_n t$，$\gamma_1 = \dfrac{k_h}{k_v}$，$\gamma_2 = \dfrac{k_e}{k_v}$，$\varOmega = \dfrac{\omega}{\omega_n}$，$u_{10}^{d_3} = \dfrac{u_1^{d_3}}{l}$，

$u_{20}^{d_3} = \dfrac{u_2^{d_3}}{l}$，　$\xi = \dfrac{c}{2\sqrt{Mk_v}}$，　$f_0 = \dfrac{F_0}{M\omega_n^2 l}$，　$z_0 = \dfrac{Z_0}{l}$，　$x_{10}^{f_3} = \dfrac{x_1^{f_3}}{l}$，　$x_{20}^{f_3} = \dfrac{x_2^{f_3}}{l}$。其中，$\omega_n$ 表

示隔振系统固有频率，τ 表示无量纲时间，γ_1 表示隔振器横纵刚度比，γ_2 表示隔振器辅助刚度与主刚度之比，$\varOmega$ 表示频率比，$x_{10}^{f_3}$ 和 $x_{20}^{f_3}$ 分别表示力激励下惯性质量相对于 X 型结构底部的无量纲位移及 X 型结构上端铰接点相对于 X 型结构底部的无量纲位移，$u_{10}^{d_3}$ 和 $u_{20}^{d_3}$ 分别表示位移激励下惯性质量相对于 X 型结构底部的无量纲位移及 X 型结构上端铰接点相对于 X 型结构底部的无量纲位移，f_0 和 z_0 分别表示无量纲激励力幅值和无量纲激励位移幅值。

通过无量纲化处理，得到：

$$\begin{cases} \dfrac{\mathrm{d}^2 x_{10}^{f_3}}{\mathrm{d}\tau^2} + (1+\gamma_2)x_{10}^{f_3} - \gamma_2 x_{20}^{f_3} = f_0\cos\varOmega\tau \\[2mm] \begin{cases} 2\xi\left[\tan^2\theta_0 + \dfrac{\sin\theta_0}{\cos^4\theta_0}x_{20}^{f_3} + \dfrac{1+3\sin^2\theta_0}{2\cos^6\theta_0}(x_{20}^{f_3})^2\right]\dfrac{\mathrm{d}x_{20}^{f_3}}{\mathrm{d}\tau} \\[2mm] +(\gamma_1\tan^2\theta_0 + \gamma_2)x_{20}^{f_3} + \dfrac{3}{2}\dfrac{\sin\theta_0}{\cos^4\theta_0}\gamma_1(x_{20}^{f_3})^2 - \gamma_2 x_{10}^{f_3} \end{cases} = 0 \end{cases} \tag{4-96}$$

$$\begin{cases} \dfrac{\mathrm{d}^2 u_{10}^{d_3}}{\mathrm{d}\tau^2} + (1+\gamma_2)u_{10}^{d_3} - \gamma_2 u_{20}^{d_3} = -z_0\varOmega^2\cos\varOmega\tau \\[2mm] \begin{cases} 2\xi\left[\tan^2\theta_0 + \dfrac{\sin\theta_0}{\cos^4\theta_0}u_{20}^{d_3} + \dfrac{1+3\sin^2\theta_0}{2\cos^6\theta_0}(u_{20}^{d_3})^2\right]\dfrac{\mathrm{d}u_{20}^{d_3}}{\mathrm{d}\tau} \\[2mm] +(\gamma_1\tan^2\theta_0 + \gamma_2)u_{20}^{d_3} + \dfrac{3\sin\theta_0}{2\cos^4\theta_0}\gamma_1(u_{20}^{d_3})^2 - \gamma_2 u_{10}^{d_3} \end{cases} = 0 \end{cases} \tag{4-97}$$

合并式(4-96)和式(4-97)，得到：

$$\begin{cases} \dfrac{\mathrm{d}^2 \delta_{C1}}{\mathrm{d}\tau^2} + (1+\gamma_2)\delta_{C1} - \gamma_2 \delta_{C2} = \rho A_0 \cos \Omega\tau \\ \\ \left[\begin{array}{l} 2\xi\left(\tan^2\theta_0 + \dfrac{\sin\theta_0}{\cos^4\theta_0}\delta_{C2} + \dfrac{1+3\sin^2\theta_0}{2\cos^6\theta_0}\delta_{C2}^2 \right)\dfrac{\mathrm{d}\delta_{C2}}{\mathrm{d}\tau} \\ \\ + (\gamma_1\tan^2\theta_0 + \gamma_2)\delta_{C2} + \left(\dfrac{3\sin\theta_0}{2\cos^4\theta_0} \right)\gamma_1\delta_{C2}^2 - \gamma_2\delta_{C1} \end{array} \right] = 0 \end{cases} \tag{4-98}$$

式中，ρ 表示新定义的参数，当隔振系统受到力激励时，$\rho=1$；当隔振系统受到位移激励时，$\rho=\Omega^2$。

采用谐波平衡法求解式（4-99）的稳态响应。假设，隔振系统的稳态解为

$$\delta_{C1} = \delta_{C10}\cos(\Omega\tau + \phi_C) \tag{4-99}$$

$$\delta_{C2} = \delta_{C20}\cos(\Omega\tau + \psi_C) \tag{4-100}$$

式中，δ_{C10} 和 δ_{C20} 分别表示 δ_{C1} 和 δ_{C2} 稳态解幅值。

将式（4-100）和式（4-101）代入式（4-99），并略去高次项，可得：

$$\begin{cases} [-\Omega^2\delta_{C10}\cos(\Omega\tau + \phi_C) + (\gamma_3 + \gamma_2)\delta_{C10}\cos(\Omega\tau + \phi_C) - \gamma_2\delta_{C20}\cos(\Omega\tau + \psi_C)] = \rho A_0 \cos\Omega\tau \\ [-2\Omega\delta_{C20}\xi\tan^2\theta_0\sin(\Omega\tau + \psi_C) + (\gamma_1\tan^2\theta_0 + \gamma_2)\delta_{C20}\cos(\Omega\tau + \psi_C) - \gamma_2\delta_{C10}\cos(\Omega\tau + \phi_C)] = 0 \end{cases} \tag{4-101}$$

将上式中的谐波项展开，并令公式两侧的一次谐波系数相等，得到：

$$\left[-2\Omega\xi\tan^2\theta_0\frac{(1+\gamma_2-\Omega^2)\delta_{C10}}{\gamma_2} \right]^2 + \left[\frac{(\gamma_1\tan^2\theta_0 + \gamma_2)(1+\gamma_2-\Omega^2)\delta_{C10}}{\gamma_2} - \gamma_2\delta_{C10} \right]^2$$
$$= \left(\frac{2\Omega\xi\tan^2\theta_0 f_0}{\gamma_2} \right)^2 + \left[\frac{\rho A_0\left(\gamma_1\tan^2\theta_0 + \gamma_2\right)}{\gamma_2} \right]^2 \tag{4-102}$$

求解，可得：

$$u_{10}^{d_3} = \sqrt{\frac{\dfrac{(-2\Omega\xi z_0\Omega^2\tan^2\theta_0)^2}{\gamma_2^2} - \dfrac{z_0^2\Omega^4(\gamma_1\tan^2\theta_0 + \gamma_2)^2}{\gamma_2^2}}{\left(-2\Omega\xi\tan^2\theta_0\dfrac{1+\gamma_2-\Omega^2}{\gamma_2} \right)^2 + \left[\dfrac{(\gamma_1\tan^2\theta_0 + \gamma_2)(1+\gamma_2-\Omega^2)}{\gamma_2} - \gamma_2 \right]^2}} \tag{4-103}$$

$$u_{20}^{d_3} = \sqrt{\frac{z_0^2\Omega^4\gamma_2^2}{\left[-2\Omega\xi(1+\gamma_2-\Omega^2)\tan^2\theta_0 \right]^2 + \left[(1+\gamma_2-\Omega^2)(\gamma_1\tan^2\theta_0 + \gamma_2) - \gamma_2^2 \right]^2}} \tag{4-104}$$

$$x_{10}^{f_3} = \sqrt{\frac{\dfrac{(-2\Omega\xi f_0 \tan^2\theta_0)^2}{\gamma_2^2} + \dfrac{f_0^2(\gamma_1\tan^2\theta_0 + \gamma_2)^2}{\gamma_2^2}}{\left(-2\Omega\xi\tan^2\theta_0 \dfrac{1+\gamma_2-\Omega^2}{\gamma_2}\right)^2 + \left[\dfrac{(\gamma_1\tan^2\theta_0+\gamma_2)(1+\gamma_2-\Omega^2)}{\gamma_2} - \gamma_2\right]^2}} \qquad (4\text{-}105)$$

$$x_{20}^{f_3} = \sqrt{\frac{f_0^2\gamma_2^2}{\left[-2\Omega\xi(1+\gamma_2-\Omega^2)\tan^2\theta_0\right]^2 + \left[(1+\gamma_2-\Omega^2)(\gamma_1\tan^2\theta_0+\gamma_2)-\gamma_2^2\right]^2}} \qquad (4\text{-}106)$$

$$\psi^{d_3} = \arccos\left\{\frac{\dfrac{-z_0\Omega^2\gamma_2}{1+\gamma_2-\Omega^2}\left[\gamma_1\tan\theta_0 + \gamma_2 - \dfrac{\gamma_2^2}{1+\gamma_2-\Omega^2}\right]}{u_{20}^{d_3}\left[(2\Omega\xi\tan^2\theta_0)^2 + \left(\gamma_1\tan\theta_0 + \gamma_2 - \dfrac{\gamma_2^2}{1+\gamma_2-\Omega^2}\right)^2\right]}\right\} \qquad (4\text{-}107)$$

$$\psi^{f_3} = \arccos\left\{\frac{\dfrac{f_0\gamma_2}{1+\gamma_2-\Omega^2}\left(\gamma_1\tan\theta_0 + \gamma_2 - \dfrac{\gamma_2^2}{1+\gamma_2-\Omega^2}\right)}{x_{20}^{f_3}\left[(2\Omega\xi\tan^2\theta_0)^2 + \left(\gamma_1\tan\theta_0 + \gamma_2 - \dfrac{\gamma_2^2}{1+\gamma_2-\Omega^2}\right)^2\right]}\right\} \qquad (4\text{-}108)$$

进一步，可计算得到相位表达式：

$$\phi^{f_3} = \arccos\left[\frac{f_0 + \gamma_2 x_{20}^{f_3}\cos\psi^{f_3}}{(1+\gamma_2)x_{10}^{f_3} - \Omega^2 x_{10}^{f_3}}\right] \qquad (4\text{-}109)$$

$$\phi^{d_3} = \arccos\left[\frac{-z_0\Omega^2 + \gamma_2 u_{20}^{d_3}\cos\psi^{d_3}}{(1+\gamma_2)u_{10}^{d_3} - \Omega^2 u_{10}^{d_3}}\right] \qquad (4\text{-}110)$$

2. 等效刚度和等效阻尼特性分析

1）含 X 型结构隔振器

含 X 型结构隔振器对应的等效弹性恢复力为

$$F_{k1} = k_v x + k_h \tan^2\theta_0 x + \frac{3k_h}{2l}\frac{\sin\theta_0}{\cos^4\theta_0}x^2 \qquad (4\text{-}111)$$

通过上式对 x 进行求导并无量纲化处理，得到隔振系统的等效刚度系数：

$$K_1 = 1 + \gamma\tan^2\theta_0 + 3\gamma\frac{\sin\theta_0}{\cos^4\theta_0}x_0 \qquad (4\text{-}112)$$

含 X 型结构隔振器对应的等效阻尼力为

$$F_{c1} = c\left(\tan^2\theta_0 + \frac{\sin\theta_0}{l\cos^4\theta_0}x + \frac{1+3\sin^2\theta_0}{2l^2\cos^6\theta_0}x^2\right)\frac{\mathrm{d}x}{\mathrm{d}t} \tag{4-113}$$

通过上式对 $\dot{x}$ 进行求导并无量纲化处理，得到隔振系统的等效阻尼系数：

$$C_1 = 2\xi\left(\tan^2\theta_0 + \frac{\sin\theta_0}{\cos^4\theta_0}x_0 + \frac{1+3\sin^2\theta_0}{2\cos^6\theta_0}x_0^2\right) \tag{4-114}$$

考虑 X 型结构初始倾角变化对应隔振系统等效刚度和等效阻尼曲线，如图 4-14 和图 4-15 所示。由图可见，随着初始倾角增大，等效刚度和等效阻尼呈现非线性增大的变化规律。其中，当初始倾角大于 45° 时，隔振系统的等效阻尼才能被放大。换言之，通过调整 X 型结构初始倾角可实现隔振器刚度放大的目标；同时，通过合理选择初始倾角可灵活调整等效阻尼的输出特性。

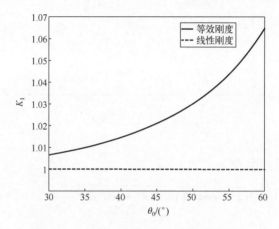

图 4-14　不同初始倾角对应等效刚度 1

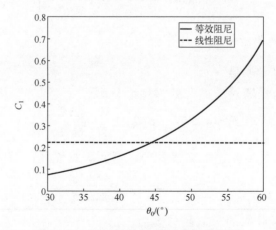

图 4-15　不同初始倾角对应等效阻尼

2）含"嵌套式"X 型结构隔振器

含"嵌套式"X 型结构隔振器对应的等效弹性恢复力为

$$F_{k2}=k_v x+2k_h\left\{\frac{1}{2}\frac{l_1^2\sin^2\theta_1}{l_2^2-l_1^2\cos^2\theta_1}x+\left[\frac{3}{4}\frac{l_1\sin\theta_1}{l_2^2-l_1^2\cos^2\theta_1}-\frac{3}{4}\frac{l_1^3\sin^3\theta_1}{(l_2^2-l_1^2\cos^2\theta_1)^2}\right]x^2\right\}\quad(4\text{-}115)$$

通过上式对 x 进行求导并无量纲化处理，得到隔振系统的等效刚度系数：

$$K_2=1+2\gamma\left\{\frac{1}{2}\frac{\sin^2\theta_1}{\lambda^2-\cos^2\theta_1}+\left[\frac{3}{2}\frac{\sin\theta_1}{(\lambda^2-\cos^2\theta_1)}-\frac{3}{2}\frac{\sin^3\theta_1}{(\lambda^2-\cos^2\theta_1)^2}\right]x_0\right\}\quad(4\text{-}116)$$

含"嵌套式"X 型结构隔振器对应的等效阻尼力为

$$F_{c2}=c\left\{\begin{array}{l}\dfrac{l^2\sin^2\theta_1}{l_2^2-l_1^2\cos^2\theta_1}+\left[\dfrac{l_1\sin\theta_1}{l_2^2-l_1^2\cos^2\theta_1}-\dfrac{l_1^3\sin^3\theta_1}{(l_2^2-l_1^2\cos^2\theta_1)^2}\right]x\\+\left[\dfrac{1}{2(l_2^2-l_1^2\cos^2\theta_1)}-\dfrac{5l_1^2\sin^2\theta_1}{2(l_2^2-l_1^2\cos^2\theta_1)^2}+\dfrac{2l_1^4\sin^4\theta_1}{(l_2^2-l_1^2\cos^2\theta_1)^3}\right]x^2\end{array}\right\}\dfrac{\mathrm{d}x}{\mathrm{d}t}\quad(4\text{-}117)$$

通过上式对 $\dot{x}$ 进行求导并无量纲化处理，得到隔振系统的等效阻尼系数：

$$C_2=2\xi\left\{\begin{array}{l}\dfrac{\sin^2\theta_1}{\lambda^2-\cos^2\theta_1}+\left[\dfrac{\sin\theta_1}{\lambda^2-\cos^2\theta_1}-\dfrac{\sin^3\theta_1}{(\lambda^2-\cos^2\theta_1)^2}\right]x_0\\+\left[\dfrac{1}{2(\lambda^2-\cos^2\theta_1)}-\dfrac{5\sin^2\theta_1}{2(\lambda^2-\cos^2\theta_1)^2}+\dfrac{2\sin^4\theta_1}{(\lambda^2-\cos^2\theta_1)^3}\right]x_0^2\end{array}\right\}\quad(4\text{-}118)$$

分别选择不同杆长比和初始倾角得到隔振系统等效刚度曲线，如图 4-16 所

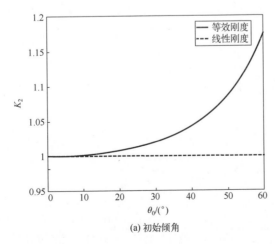

(a) 初始倾角

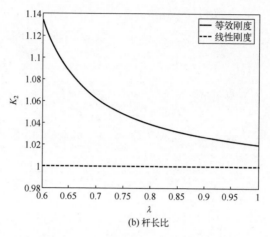

(b) 杆长比

图 4-16　不同参数对应等效刚度

示。由图可见，当杆长比固定，随着初始倾角增大，等效刚度逐渐增大且呈现非线性变化；另外，当初始倾角固定，随着杆长比增大，等效刚度呈现非线性减小规律。

图 4-17 分别给出不同初始倾角和杆长比对应隔振系统等效阻尼曲线。由图可见，随着初始倾角增大，等效阻尼呈现非线性增大趋势；相应的，随着杆长比增大，隔振系统等效阻尼逐渐减小且呈现非线性变化规律。

综上，通过调整初始倾角和杆长比可灵活调整隔振系统的减振性能。

3) 含 X 型结构改进三参数隔振器

含 X 型结构改进三参数隔振器对应等效刚度：

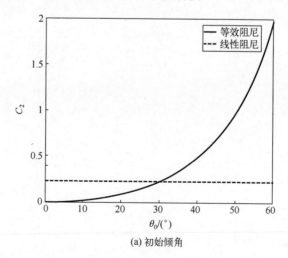

(a) 初始倾角

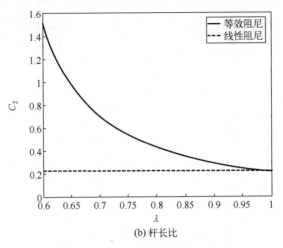

(b) 杆长比

图 4-17　不同参数对应等效阻尼

$$k_3 = k_v + \frac{k_e k_h \tan^2 \theta_0}{k_e + k_h \tan^2 \theta_0} \tag{4-119}$$

通过对上式进行无量纲化处理可得隔振系统等效刚度：

$$K_3 = 1 + \frac{\gamma_2 \gamma_1 \tan^2 \theta_0}{\gamma_2 + \gamma_1 \tan^2 \theta_0} \tag{4-120}$$

　　选择不同刚度比 γ_1 和 γ_2 计算得到隔振系统等效刚度，如图 4-18 所示。由图可见，随着刚度比 γ_1 和 γ_2 增大，等效刚度呈现非线性增大趋势；但是，受刚度比 γ_2 的影响，等效刚度增幅较小。随着初始倾角增大，等效刚度呈现非线性增大变化特征，如图 4-19 所示。

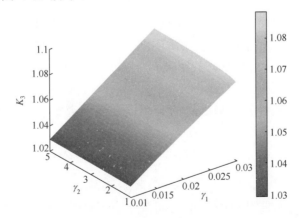

图 4-18　不同刚度比对应等效刚度

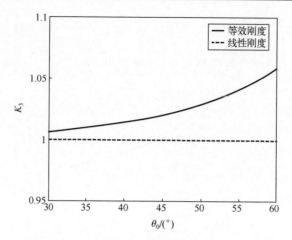

图 4-19　不同初始倾角对应等效刚度 2

含 X 型结构改进三参数隔振器对应的等效阻尼力为

$$F_{c3} = c\left(\tan^2\theta_0 + \frac{\sin\theta_0}{l\cos^4\theta_0}x + \frac{1+3\sin^2\theta_0}{2l^2\cos^6\theta_0}x^2\right)\frac{\mathrm{d}x}{\mathrm{d}t} \tag{4-121}$$

通过上式对 $\dot{x}$ 进行求导并无量纲化处理，得到隔振系统的等效阻尼系数：

$$C_3 = 2\xi\left(\tan^2\theta_0 + \frac{\sin\theta_0}{l\cos^4\theta_0}x_0 + \frac{1+3\sin^2\theta_0}{2l^2\cos^6\theta_0}x_0^2\right) \tag{4-122}$$

对比式(4-114)和式(4-122)可见，设计参数对不同隔振系统等效阻尼系数影响的变化规律一致，故此处不再赘述。

3. 隔振性能分析及评价

根据机械振动理论，隔振器的减振性能可以采用传递率进行评价。当隔振系统分别受到力激励和基础(位移)激励作用，相应的传递率可划分为力传递率，绝对位移传递率和相对位移传递率。

1) 力传递率

力传递率定义为传递到基础上的力幅值和激励力幅值之比，即：

$$T_f = \frac{|F_{tr}|}{|F_e|} \tag{4-123}$$

式中，F_{tr} 表示传递到基础的力幅值，F_e 表示激励力幅值。

根据前述所建隔振器模型，由达朗贝尔原理计算得到：

$$F_e + F_N - Ma = 0 \tag{4-124}$$

式中，F_N 表示基础提供的支反力(隔振系统传递到基础的力与基础提供的支反力等大且反向)，M 表示惯性质量，a 表示加速度。

由式(4-124)得到传递到基础的力为

$$|F_{tr}| = |F_N| = |F_e - Ma| \tag{4-125}$$

通过无量纲化处理，得到：

$$f_{tr} = \frac{|F_{tr}|}{M\omega_n^2 l} \tag{4-126}$$

进一步，计算得到：

$$f_{tr} = \sqrt{f_0^2 + (-x_0\Omega^2)^2 + 2f_0 x_0 \Omega^2 \cos\phi} \tag{4-127}$$

针对含 X 型结构隔振器，式(4-127)可以表示为

$$f_{tr1} = \sqrt{f_0^2 + [-x_{10}(\Omega_{12}^{f_1})^2]^2 + 2f_0 x_{10}(\Omega_{12}^{f_1})^2 \cos\phi^{f_1}} \tag{4-128}$$

针对含"嵌套式" X 型结构隔振器，式(4-127)可以表示为

$$f_{tr2} = \sqrt{f_0^2 + [-x_{20}(\Omega_{12}^{f_2})^2]^2 + 2f_0 x_{20}(\Omega_{12}^{f_2})^2 \cos\phi^{f_2}} \tag{4-129}$$

针对含 X 型结构改进三参数隔振器，式(4-127)可以表示为

$$f_{tr3} = \sqrt{f_0^2 + (-x_{10}^{f_3}\Omega^2)^2 + 2f_0 x_{10}^{f_3}\Omega^2 \cos\phi^{f_3}} \tag{4-130}$$

结合式(4-123)和式(4-128)~式(4-130)，得到

$$T_{f_i} = \frac{f_{tri}}{f_0} \tag{4-131}$$

式中，下标 $i=1$、2、3 分别表示不同类型的隔振器。

2)绝对位移传递率

隔振系统受位移激励所得稳态响应的绝对位移幅值和激励幅值之比定义为绝对位移传递率，可表示为

$$x = z + u = \sqrt{z_0^2 + u_0^2 + 2z_0 u_0 \cos\phi} \tag{4-132}$$

针对含 X 型结构隔振器，式(4-132)可以表示为

$$x_1 = z_1 + u_1 = \sqrt{z_0^2 + u_{10}^2 + 2z_0 u_{10} \cos\phi^{d_1}} \tag{4-133}$$

针对含"嵌套式" X 型结构隔振器，式(4-132)可以表示为

$$x_2 = z_2 + u_2 = \sqrt{z_0^2 + u_{20}^2 + 2z_0 u_{20} \cos\phi^{d_2}} \tag{4-134}$$

针对含 X 型结构改进三参数隔振器，式(4-132)可以表示为

$$x_3 = z_3 + u_3 = \sqrt{z_0^2 + (u_{10}^{d_3})^2 + 2z_0 u_{10}^{d_3} \cos \phi^{d_3}} \tag{4-135}$$

结合式(4-133)～式(4-135)，得到不同隔振器对应绝对位移传递率：

$$T_{rd_i} = \frac{x_i}{z_i} \tag{4-136}$$

式中，下标 i=1、2、3 分别表示不同类型的隔振器。

　　以力传递率为例，保证设计参数与激励条件相同，对比前述三种类型隔振器与传统线性隔振器的减振性能，如图 4-20 所示，相同设计参数条件下，含 X 型结构隔振器与传统线性隔振器相比，力传递率峰值频率略微增大，相应谐振幅值显著减小。含"嵌套式" X 型结构隔振器与含 X 型结构隔振器相比，峰值频率进一步向高频移动且谐振峰值也被更显著抑制，显然含 X 型结构隔振器相比传统线性隔振器，隔振系统等效刚度和等效阻尼均被放大，含"嵌套式" X 型结构隔振器则将放大效果进一步扩大。对于含 X 型结构改进三参数隔振器相应峰值频率和谐振幅值与含 X 型结构隔振器基本相同，但在高频段的减振效果更好且优于传统线性隔振器。

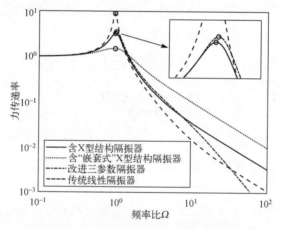

图 4-20　不同类型隔振器力传递率曲线

4.2.2　变杆长 X 型结构

　　通过第 4.2.1 节的研究，不难发现等杆长 X 型结构通过充分利用几何非线性特征实现对隔振系统等效刚度和等效阻尼的灵活调整。但是，X 型结构刚性铰接杆长度变化对系统减振性能的影响并未考虑。显然，针对变杆长 X 型结构隔振器力学特性研究所得结论更具普适性和应用价值[10, 11]。综上，本部分提出一种变杆长 X 型结构隔振器模型，如图 4-21 所示。由图可见，垂向弹簧 k_v 表示隔振器的主弹簧刚度，与 X 型结构并联安装，变杆长 X 型结构内部含沿水平安装的线性弹簧 k_h 和黏性阻尼 c；垂向弹簧 k_e 表示辅助弹簧刚度，与 X 型结构一端串联安装。

1. 动力学建模及响应

含变杆长 X 型结构隔振器力学模型，如图 4-21 所示，实线表示考虑惯性质量重力作用时的静平衡状态，虚线表示未考虑重力时的初始状态。构成 X 型结构的刚性杆长度分别表示为 L_1、L_2、$2L_1$ 和 $2L_2$，n_x 表示 X 型结构层数；θ_R 和 θ_L 分别表示刚性杆 L_1 和 L_2 相对水平轴 y 的初始夹角，φ_R 和 φ_L 分别表示刚性杆 L_1 和 L_2 相对水平轴的夹角变化量；隔振器受到外部激励为 $F = F_0 \cos \omega t$；坐标轴 x 和 y 的正方向分别表示为垂直向上和水平向右。

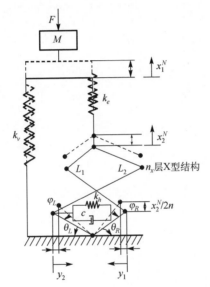

图 4-21 含变杆长 X 型结构（n 层）隔振器模型

根据牛顿第二定律，力激励条件下隔振系统运动微分方程为

$$\begin{cases} M \dfrac{\mathrm{d}^2 x_1^N}{\mathrm{d}t^2} + k_v x_1^N + k_e(x_1^N - x_2^N) = F \\ k_e(x_1^N - x_2^N) = \left(k_h y_1 + c\dfrac{\mathrm{d}y_1}{\mathrm{d}t}\right)\tan(\varphi_R + \theta_R) + \left(K_c y_2 + c\dfrac{\mathrm{d}y_1}{\mathrm{d}t}\right)\tan(\varphi_L + \theta_L) \end{cases} \tag{4-137}$$

式中，M 表示惯性质量，x_1^N 和 x_2^N 分别表示惯性质量和变杆长 X 型结构上端点沿 x 轴方向的垂向位移，y_1 和 y_2 分别表示刚性杆 L_1 和 L_2 铰接点的水平位移。

由图 4-21 得到含变杆长 X 型结构隔振器的几何关系：

$$\begin{cases} \tan(\theta_R + \varphi_R) = \dfrac{L_1 \sin\theta_R + x_2^N/2n_x}{L_1 \cos\theta_R - y_1} \\[2mm] \tan(\theta_L + \varphi_L) = \dfrac{L_2 \sin\theta_L + x_2^N/2n_x}{L_2 \cos\theta_L - y_2} \\[2mm] y_1 = L_1 \cos\theta_R - \sqrt{L_1^2 - (L_1 \sin\theta_R + x_2^N/2n_x)^2} \\[2mm] y_2 = L_2 \cos\theta_L - \sqrt{L_2^2 - (L_2 \sin\theta_L + x_2^N/2n_x)^2} \\[2mm] \dfrac{\mathrm{d}y_1}{\mathrm{d}t} = \dfrac{1}{2} \dfrac{L_1 \sin\theta_R + x_2^N/2n_x}{\sqrt{L_1^2 - (L_1 \sin\theta_R + x_2^N/2n_x)^2}} \dfrac{\mathrm{d}x_2^N}{\mathrm{d}t} \\[2mm] \dfrac{\mathrm{d}y_2}{\mathrm{d}t} = \dfrac{1}{2} \dfrac{L_2 \sin\theta_L + x_2^N/2n_x}{\sqrt{L_2^2 - (L_2 \sin\theta_L + x_2^N/2n_x)^2}} \dfrac{\mathrm{d}x_2^N}{\mathrm{d}t} \\[2mm] L_1 \sin\theta_R = L_2 \sin\theta_L \end{cases} \tag{4-138}$$

为了方便计算，对式(4-138)进行化简，定义函数：

$$\begin{cases} f_1(x_2^N) = k_h \left(L_1 \cos\theta_R - \sqrt{L_1^2 - (L_1 \sin\theta_R + x_2^N/2n_x)^2} \right) \dfrac{L_1 \sin\theta_R + x_2^N/2n_x}{\sqrt{L_1^2 - (L_1 \sin\theta_R + x_2^N/2n_x)^2}} \\[3mm] f_2(x_2^N) = \dfrac{(L_1 \sin\theta_R + x_2^N/2n_x)^2}{L_1^2 - (L_1 \sin\theta_R + x_2^N/2n_x)^2} \\[3mm] f_3(x_2^N) = k_h \left(L_2 \cos\theta_L - \sqrt{L_2^2 - \left(L_2 \sin\theta_L + x_2^N/2n_x\right)^2} \right) \dfrac{L_2 \sin\theta_L + x_2^N/2n_x}{\sqrt{L_2^2 - (L_2 \sin\theta_L + x_2^N/2n_x)^2}} \\[3mm] f_4(x_2^N) = \dfrac{(L_2 \sin\theta_L + x_2^N/2n_x)^2}{L_2^2 - (L_2 \sin\theta_L + x_2^N/2n_x)^2} \end{cases}$$

$$\tag{4-139}$$

由于函数 $f_1(x_2^N)$、$f_2(x_2^N)$、$f_3(x_2^N)$、$f_4(x_2^N)$ 在 $x_2^N = 0$ 处连续，将式(4-139)中各函数分别在零平衡位置采用二阶泰勒级数展开，可得：

$$\begin{cases} f_1(x_2^N) = \beta_0 + \beta_1 x_2^N + \beta_2 (x_2^N)^2 \\ f_2(x_2^N) = \beta_3 + \beta_4 x_2^N + \beta_5 (x_2^N)^2 \\ f_3(x_2^N) = \beta_6 + \beta_7 x_2^N + \beta_8 (x_2^N)^2 \\ f_4(x_2^N) = \beta_9 + \beta_{10} x_2^N + \beta_{11} (x_2^N)^2 \end{cases} \tag{4-140}$$

式中，$\beta_0 = 0$，$\beta_1 = \dfrac{k_h}{2n_x} \tan^2\theta_R$，$\beta_2 = \dfrac{3}{8} \dfrac{k_h}{n_x{}^2 L_1} \dfrac{\sin\theta_R}{\cos^4\theta_L}$，$\beta_3 = \tan^2\theta_R$，$\beta_4 = \dfrac{1}{n_x L_1} \dfrac{\sin\theta_R}{\cos^4\theta_R}$，

$\beta_5 = \dfrac{1 + 3\sin^2\theta_R}{4n_x{}^2 L_1^2 \cos^6\theta_R}$，$\beta_6 = 0$，$\beta_8 = \dfrac{3}{8} \dfrac{k_h}{n_x{}^2 L_2} \dfrac{\sin\theta_L}{\cos^4\theta_L}$，$\beta_9 = \tan^2\theta_L$，$\beta_{10} = \dfrac{1}{n_x L_2} \dfrac{\sin\theta_L}{\cos^4\theta_L}$，

$$\beta_{11} = \frac{1 + 3\sin^2 \theta_L}{4n_x^2 L_2^2 \cos^6 \theta_L}。$$

将上式代入运动微分方程 (4-137)，得到：

$$
\begin{cases}
M \dfrac{\mathrm{d}^2 x_1^N}{\mathrm{d}t^2} + k_v x_1^N + k_e (x_1^N - x_2^N) = F_0 \cos \omega t \\[2mm]
k_e (x_1^N - x_2^N) =
\begin{pmatrix}
k_h \left(\dfrac{\tan^2 \theta_R x_2^N}{2n_x} + \dfrac{3}{8n_x^2} \dfrac{1}{L_1} \dfrac{\sin \theta_R}{\cos^4 \theta_R} (x_2^N)^2 \right) \\[3mm]
+ \dfrac{1}{2} c \dfrac{\mathrm{d}x_2^N}{\mathrm{d}t} \left(\tan^2 \theta_R + \dfrac{1}{n_x L_1} \dfrac{\sin \theta_R}{\cos^4 \theta_R} x_2^N + \dfrac{1 + 3\sin^2 \theta_R}{4n_x^2 L_1^2 \cos^6 \theta_R} (x_2^N)^2 \right) \\[3mm]
+ k_h \left(\dfrac{\tan^2 \theta_L x_2^N}{2n_x} + \dfrac{3}{8n_x^2} \dfrac{1}{L_2} \dfrac{\sin \theta_L}{\cos^4 \theta_L} (x_2^N)^2 \right) \\[3mm]
+ \dfrac{1}{2} c \dfrac{\mathrm{d}x_2^N}{\mathrm{d}t} \left(\tan^2 \theta_L + \dfrac{1}{n_x L_2} \dfrac{\sin \theta_L}{\cos^4 \theta_L} x_2^N + \dfrac{1 + 3\sin^2 \theta_L}{4n_x^2 L_2^2 \cos^6 \theta_L} (x_2^N)^2 \right)
\end{pmatrix}
\end{cases}
\tag{4-141}
$$

为了方便计算，对式 (4-141) 进行无量纲化处理，定义无量纲化参数：

$$\omega_n = \sqrt{\frac{k_v}{M}}, \quad \tau = \omega_n t, \quad \gamma_1 = \frac{k_h}{k_v}, \quad \gamma_2 = \frac{k_e}{k_v}, \quad \Omega = \frac{\omega}{\omega_n},$$

$$\xi = \frac{C_a}{2\sqrt{Mk_v}}, \quad f_0 = \frac{F_0}{M\omega_n^2}, \quad \lambda = \frac{L_1}{L_2} = \frac{\sin \theta_R}{\sin \theta_L}$$

式中，ω_n 表示隔振系统固有频率，τ 表示无量纲时间，γ_1 表示隔振器水平刚度比，γ_2 表示隔振器垂直刚度比，Ω 表示频率比，ξ 表示阻尼比，f_0 表示无量纲激励力，λ 表示杆长比。

采用谐波平衡法求解式 (4-141) 对应隔振系统的位移幅频响应和相频响应，假设 x_1^N 和 x_2^N 的稳态解分别为

$$x_1^N = x_{10}^N \cos(\Omega \tau + \phi^N) \qquad x_2^N = x_{20}^N \cos(\Omega \tau + \psi^N) \tag{4-142}$$

利用谐波平衡法计算得到位移幅频响应为

$$x_{10}^N = f_0 \sqrt{\frac{\Omega^2 \xi^2 (\pi \tan^2 \theta_R + \tan^2 \theta_L)^2 + \left(\dfrac{\gamma_1}{2n_x} (\tan^2 \theta_R + \tan^2 \theta_L) + \gamma_2 \right)^2}{\begin{aligned} &\left[-\Omega \xi (\tan^2 \theta_R + \tan^2 \theta_L)(1 + \gamma_2 - \Omega^2) \right]^2 \\ &+ \left[\left(\dfrac{\gamma_1}{2n_x} (\tan^2 \theta_R + \tan^2 \theta_L) + \gamma_2 \right)(1 + \gamma_2 - \Omega^2) - \gamma_2^2 \right]^2 \end{aligned}}} \tag{4-143}$$

$$x_{20}^N = \frac{f_0 \gamma_2}{\left\{ \begin{array}{l} \left[-\Omega \xi (\tan^2 \theta_R + \tan^2 \theta_L)(1 + \gamma_2 - \Omega^2) \right]^2 \\ + \left[\left(\frac{\gamma_1}{2n_x}(\tan^2 \theta_R + \tan^2 \theta_L) + \gamma_2 \right)(1 + \gamma_2 - \Omega^2) - \gamma_2^2 \right]^2 \end{array} \right\}} \tag{4-144}$$

对应相频响应为

$$\psi^N = \arccos \left\{ \frac{f_0 \gamma_2 \left[\frac{\gamma_1}{2n_x}(\tan^2 \theta_R + \tan^2 \theta_L) + \gamma_2 - \frac{\gamma_2^2}{1 + \gamma_2 - \Omega^2} \right]}{x_{20}^N(1 + \gamma_2 - \Omega^2) \left\{ \begin{array}{l} \Omega^2 \xi^2 (\tan^2 \theta_R + \tan^2 \theta_L)^2 \\ + \left[\frac{\gamma_1}{2n_x}(\tan^2 \theta_R + \tan^2 \theta_L) + \gamma_2 - \frac{\gamma_2^2}{1 + \gamma_2 - \Omega^2} \right]^2 \end{array} \right\}} \right\} \tag{4-145}$$

$$\alpha = \arccos \left[\frac{f_0 + \gamma_2 x_{20}^N \cos \psi^N}{(1 + \gamma_2)x_{10}^N - \Omega^2 x_{10}^N} \right] \tag{4-146}$$

2. 等效刚度系数和等效阻尼系数

含变杆长 X 型结构隔振系统的等效弹性恢复力为

$$F_k = k_h \frac{\gamma_2 + 1}{\gamma_2} \left\{ \begin{array}{l} \frac{1}{2}[\tan^2 \theta_R + \tan^2(\arcsin(\lambda \sin \theta_R))]x_2^N \\ + \frac{3}{8n_x^2} \left[\frac{\sin \theta_R}{L_1 \cos^4 \theta_R} + \frac{\lambda^2 \sin \theta_R}{L_1 \cos^4(\arcsin(\lambda \sin \theta_R))} \right](x_2^N)^2 \end{array} \right\} + k_v x_2^N \tag{4-147}$$

通过对式（4-147）对 x_2^N 求导，可以得到隔振系统等效刚度系数：

$$K = k_v + k_h \frac{\gamma_2 + 1}{\gamma_2} \left\{ \begin{array}{l} \frac{1}{2}[\tan^2 \theta_R + \tan^2(\arcsin(\lambda \sin \theta_R))]x_2^N \\ + \frac{3}{4n_x^2} \left[\frac{\sin \theta_R}{L_1 \cos^4 \theta_R} + \frac{\lambda^2 \sin \theta_R}{L_1 \cos^4 \arcsin(\lambda \sin \theta_R)} \right]x_2^N \end{array} \right\} \tag{4-148}$$

为了便于对比，定义刚度比为含变杆长 X 型结构隔振系统等效刚度与传统线性隔振系统刚度之比：

$$\kappa = \frac{K}{k_t} \tag{4-149}$$

式中，k_t 表示传统线性隔振系统刚度系数。

图 4-22 给出刚度比随位移的变化曲线，随着位移增大，刚度比呈现线性增大的变化趋势，在计算位移范围内，含 X 型结构隔振器的等效刚度大于传统线性隔振器。

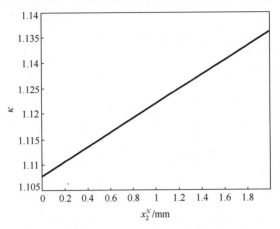

图 4-22　位移-刚度比曲线

另一方面，含变杆长 X 型结构隔振系统的等效阻尼恢复力为

$$F_c = \frac{1}{2}c\frac{\mathrm{d}x_2^N}{\mathrm{d}t}\left\{\begin{array}{l}\tan^2\theta_R + \dfrac{1}{n_xL_1}\dfrac{\sin\theta_R}{\cos^4\theta_R}x_2^N + \dfrac{1+3\sin^2\theta_R}{4n_x^2L_1^2\cos^6\theta_R}(x_2^N)^2 + \tan^2[\arcsin(\lambda\sin\theta_R)] \\ + \dfrac{1}{n_xL_1}\dfrac{\lambda^2\sin\theta_R}{\cos^4[\arcsin(\lambda\sin\theta_R)]}x_2^N + \dfrac{\lambda^2(1+3\lambda^2\sin^2\theta_R)}{4n_x^2L_1^2\cos^6\theta_R[\arcsin(\lambda\sin\theta_R)]}(x_2^N)^2\end{array}\right\}$$

$$(4\text{-}150)$$

通过式 (4-150) 对 $\dot{x}_2^N$ 求导，可以得到隔振系统等效阻尼系数：

$$C = \frac{c}{2}\left\{\begin{array}{l}\tan^2\theta_R + \dfrac{1}{n_xL_1}\dfrac{\sin\theta_R}{\cos^4\theta_R}x_2^N + \dfrac{1+3\sin^2\theta_R}{4n_x^2L_1^2\cos^6\theta_R}(x_2^N)^2 + \tan^2[\arcsin(\lambda\sin\theta_R)] \\ + \dfrac{1}{n_xL_1}\dfrac{\lambda^2\sin\theta_R}{\cos^4[\arcsin(\lambda\sin\theta_R)]}x_2^N + \dfrac{\lambda^2(1+3\lambda^2\sin^2\theta_R)}{4n_x^2L_1^2\cos^6\theta_R[\arcsin(\lambda\sin\theta_R)]}(x_2^N)^2\end{array}\right\}$$

$$(4\text{-}151)$$

图 4-23 给出变杆长 X 型结构隔振系统等效阻尼系数随位移 x_2^N 的变化规律。可见，随着位移增大，等效阻尼系数呈现线性增大的变化趋势。此外，图中还给出传统线性隔振器阻尼系数随位移变化曲线，即阻尼系数保持为一定值。在计算位移范围内，含变杆长 X 型结构隔振器的等效阻尼系数大于传统线性隔振器。

3. 隔振性能分析及评价

本部分选择力传递率作为含变杆长 X 型结构隔振系统的减振性能评价指

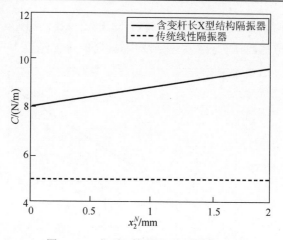

图 4-23　位移-等效阻尼系数曲线

标，具体定义详见第 4.2.1 节。图 4-24 分别给出含变杆长 X 型结构隔振器，传统两参数隔振器和传统三参数隔振器对应的力传递率曲线。可见，含变杆长 X 型结构隔振器传递率显著小于其他两类隔振系统，且谐振频率未发生显著变化，其他频段的传递率也未发生变化，即变杆长 X 型结构在保持隔振系统刚度不减小的情况下显著增大系统阻尼，呈现理想阻尼特征。

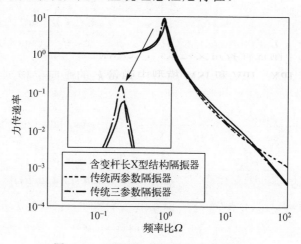

图 4-24　不同类型隔振器力传递率

4.2.3　含惯容器-X 型结构

惯容器的概念最早于 2002 年被剑桥大学 Smith 教授首次提出[12]，并将其引入传统弹簧-阻尼悬架推广应用于 F1 赛车和摩托车，有效改善了车辆的综合性能[13]。

惯容器与传统质量元件的物理性质类似，主要有两个突出优势：①惯容器是一种两端点装置，实际安装时不限于传统质量元件的单点连接，可以灵活安装；②惯容器产生的惯性质量远远大于自身的物理质量，即产生相等惯性力的条件下，所用惯容器元件的物理质量要远小于传统质量元件，从而有利于实现结构轻量化。

在振动控制领域，众多研究将惯容器引入动力吸振器或者隔振器，研究表明，惯容器可以有效降低系统的共振频率，使系统的低频隔振效果得到明显改善[14-16]。

已有研究将中间质量引入含 X 型结构非线性隔振系统以拓宽有效隔振频带[17]，将惯容器作为一个独立元件引入隔振系统，并将惯容器和 X 型结构以不同方式布置，从而提出四种含惯容器的高阻尼非线性隔振系统[18]。

①惯容器与弹簧 k_e 并联，简称为 IPE(inerter-parallel-k_e)模型；

②惯容器与 X 型结构并联，简称为 IPX(inerter-parallel-X)模型；

③惯容器与弹簧 k_v 并联，简称为 IPV(inerter-parallel-k_v)模型；

④惯容器串联在 X 型结构和弹簧 k_e 之间，简称为 ISM(inerter-series-mass)模型。

上述四种隔振系统所含的物理元件均相同，因此，模型中各字符所表征物理量一致，具体含义：k_v 表示主支撑弹簧刚度系数，M 表示被隔振质量，k_e 表示辅助支撑弹簧的刚度系数，k_h 表示水平弹簧刚度系数，c 表示水平阻尼元件阻尼系数，b 表示惯容系数，θ_0 表示刚性杆与水平轴的初始倾角，φ_E、φ_X、φ_V、φ_M 表示运动过程中刚性杆转角变化量，l 表示刚性杆长度。x_1^E、x_1^X、x_1^V、x_1^M 分别表示为 IPE、IPX、IPV 和 ISM 模型中弹簧 k_v 的垂向位移，x_2^E、x_2^X、x_2^V 分别表示为 IPE、IPX 和 IPV 模型中铰接点 1 的垂向位移，x_3^M 表示 ISM 模型中铰接点 1 的垂向位移，y_1 表示铰接点 2 的水平位移，y_2 表示铰接点 3 的水平位移，F 表示外部激励力。

1. 动力学建模及响应

1) IPE 模型

图 4-25 给出 IPE 隔振系统力学模型；其中，运动初始状态使用实线表示，平衡状态用虚线表示。

此处，假设隔振系统受到简谐激励力 $F = F_0 \cos\omega t$，相应运动微分方程为

$$\begin{cases} M\ddot{x}_1^E + k_v x_1^E + b(\ddot{x}_1^E - \ddot{x}_2^E) + k_e(x_1^E - x_2^E) = F \\ b(\ddot{x}_1^E - \ddot{x}_2^E) + k_e(x_1^E - x_2^E) = [k_h(y_1 - y_2) + c(\dot{y}_1 - \dot{y}_2)]\tan(\theta_0 + \varphi_E) \end{cases} \tag{4-152}$$

模型中，各变量之间的几何关系：

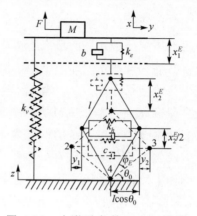

图 4-25　力激励条件下 IPE 模型

$$
\begin{cases}
\tan(\theta_0 + \varphi_E) = \dfrac{l\sin\theta_0 + x_2^E/2}{l\cos\theta_0 - y_1} \\[2mm]
y_1 = l\cos\theta_0 - \sqrt{l^2 - (l\sin\theta_0 + x_2^E/2)^2} \\[2mm]
y_1 = -y_2 \\[2mm]
\dot{y}_1 = \dfrac{l\sin\theta_0 + x_2^E/2}{2\sqrt{l^2 - (l\sin\theta_0 + x_2^E/2)^2}}\,\dfrac{\mathrm{d}x_2^E}{\mathrm{d}t}
\end{cases}
\tag{4-153}
$$

将式 (4-153) 代入式 (4-152)，整理可得：

$$
\begin{cases}
M\ddot{x}_1^E + k_v x_1^E + c\,\dfrac{(l\sin\theta_0 + x_2^E/2)^2}{l^2 - (l\sin\theta_0 + x_2^E/2)^2}\dot{x}_2^E \\[4mm]
\quad + 2k_h\,\dfrac{\left[l\cos\theta_0 - \sqrt{l^2 - (l\sin\theta_0 + x_2^E/2)^2}\,\right](l\sin\theta_0 + x_2^E/2)}{\sqrt{l^2 - (l\sin\theta_0 + x_2^E/2)^2}} = F_0\cos\omega t \\[6mm]
b(\ddot{x}_1^E - \ddot{x}_2^E) + k_e(x_1^E - x_2^E) = c\,\dfrac{(l\sin\theta_0 + x_2^E/2)^2}{l^2 - (l\sin\theta_0 + x_2^E/2)^2}\dot{x}_2^E \\[4mm]
\quad + 2k_h\,\dfrac{\left[l\cos\theta_0 - \sqrt{l^2 - (l\sin\theta_0 + x_2^E/2)^2}\,\right](l\sin\theta_0 + x_2^E/2)}{\sqrt{l^2 - (l\sin\theta_0 + x_2^E/2)^2}}
\end{cases}
\tag{4-154}
$$

为了方便计算，定义函数如下：

$$
f_1(x_2^E) = 2k_h\,\dfrac{\left[l\cos\theta_0 - \sqrt{l^2 - (l\sin\theta_0 + x_2^E/2)^2}\,\right](l\sin\theta_0 + x_2^E/2)}{\sqrt{l^2 - (l\sin\theta_0 + x_2^E/2)^2}}
\tag{4-155}
$$

$$f_2(x_2^E) = \frac{(l\sin\theta_0 + x_2^E/2)^2}{l^2 - (l\sin\theta_0 + x_2^E/2)^2} \tag{4-156}$$

由于上述两个函数 $f_1(x_2^E)$ 和 $f_2(x_2^E)$ 在 $x_2^E=0$ 处连续，通过二阶泰勒级数展开，将 $x_2^E=0$ 代入上述函数，可以得到：

$$f_1(x_2^E) = \beta_0 + \beta_1 x_2^E + \beta_2 (x_2^E)^2 \tag{4-157}$$

$$f_2(x_2^E) = \beta_3 + \beta_4 x_2^E + \beta_5 (x_2^E)^2 \tag{4-158}$$

式中，$\beta_0 = 0$，$\beta_1 = k_h \tan^2\theta_0$，$\beta_2 = \dfrac{3k_h \sin\theta_0}{2l\cos^4\theta_0}$，$\beta_3 = \tan^2\theta_0$，$\beta_4 = \dfrac{\sin\theta_0}{l\cos^4\theta_0}$，

$\beta_5 = \dfrac{1+3\sin^2\theta_0}{2l^2\cos^6\theta_0}$。

为了便于计算，定义无量纲变量：

$$\omega_n = \sqrt{\frac{k_v}{M}}，\quad \tau = \omega_n t，\quad \gamma_1 = \frac{k_h}{k_v}，\quad \gamma_2 = \frac{k_e}{k_v}，\quad \Omega = \frac{\omega}{\omega_n}，$$

$$u_1^E = \frac{x_1^E}{l}，\quad u_2^E = \frac{x_2^E}{l}，\quad \xi = \frac{c}{2\omega_n M}，\quad f_0 = \frac{F_0}{M\omega_n^2 l}，\quad b_0 = \frac{b}{M}$$

式中，ω_n 表示系统固有频率，Ω 表示系统频率比，γ_1 表示 X 型结构内部弹簧 k_h 与主支撑弹簧 k_v 的比值，γ_2 表示弹簧 k_e 与系统主支撑弹簧 k_v 的比值，τ 表示无量纲时间，u_1^E 和 u_2^E 分别表示系统无量纲位移，ξ 表示阻尼比，f_0 表示无量纲力，b_0 表示惯容比。

将无量纲参数代入式（4-154），并略掉高次项后，得到系统无量纲运动微分方程：

$$\begin{cases} \dfrac{\mathrm{d}^2 u_1^E}{\mathrm{d}\tau^2} + u_1^E + b_0\left(\dfrac{\mathrm{d}^2 u_1^E}{\mathrm{d}\tau^2} - \dfrac{\mathrm{d}^2 u_2^E}{\mathrm{d}\tau^2}\right) + \gamma_2(u_1^E - u_2^E) = f_0\cos\Omega\tau \\[2mm] b_0\left(\dfrac{\mathrm{d}^2 u_1^E}{\mathrm{d}\tau^2} - \dfrac{\mathrm{d}^2 u_2^E}{\mathrm{d}\tau^2}\right) + \gamma_2(u_1^E - u_2^E) - \gamma_1\tan^2\theta_0 u_2^E - 2\xi\tan^2\theta_0\dfrac{\mathrm{d}u_2^E}{\mathrm{d}\tau} = 0 \end{cases} \tag{4-159}$$

假设隔振系统的稳态解为：$u_1^E = u_{10}^E\cos(\Omega\tau + \phi^E)$，$u_2^E = u_{20}^E\cos(\Omega\tau + \psi^E)$，代入式（4-159）并保证等式两侧一次谐波项相等，得到：

$$\begin{cases} (1+\gamma_2-\Omega^2-b_0\Omega^2)u_{10}^E\cos\phi^E + (b_0\Omega^2-\gamma_2)u_{20}^E\cos\psi^E = f_0 \\ -(1+\gamma_2-\Omega^2-b_0\Omega^2)u_{10}^E\sin\phi^E - (b_0\Omega^2-\gamma_2)u_{20}^E\sin\psi^E = 0 \end{cases} \tag{4-160}$$

$$\begin{cases} (\gamma_2-b_0\Omega^2)u_{10}^E\cos\phi^E + (b_0\Omega^2-\gamma_2-\gamma_1\tan^2\theta_0)u_{20}^E\cos\psi^E + 2\xi\tan^2\theta_0 u_{20}^E\sin\psi^E = 0 \\ -(\gamma_2-b_0\Omega^2)u_{10}^E\sin\phi^E - (b_0\Omega^2-\gamma_2-\gamma_1\tan^2\theta_0)u_{20}^E\sin\psi^E + 2\xi\tan^2\theta_0 u_{20}^E\cos\psi^E = 0 \end{cases}$$

$$\tag{4-161}$$

进一步，计算得到：

$$
\begin{cases}
\cos\phi^E = \dfrac{f_0 - (b_0\Omega^2 - \gamma_2)u_{20}^E\cos\psi^E}{(1+\gamma_2-\Omega^2-b_0\Omega^2)u_{10}^E}, \quad \cos\psi^E = \dfrac{f_0-(1+\gamma_2-\Omega^2-b_0\Omega^2)u_{10}^E\cos\phi^E}{(b_0\Omega^2-\gamma_2)u_{20}^E}\\[4mm]
\sin\phi^E = \dfrac{(b_0\Omega^2-\gamma_2)u_{20}^E\sin\psi^E}{(1+\gamma_2-\Omega^2-b_0\Omega^2)u_{10}^E}, \quad \sin\psi^E = \dfrac{(1+\gamma_2-\Omega^2-b_0\Omega^2)u_{10}^E\sin\phi^E}{(b_0\Omega^2-\gamma_2)u_{20}^E}
\end{cases}
$$

$$(4\text{-}162)$$

将式(4-162)代入式(4-161)，可得：

$$
\begin{cases}
Du_{10}^E\cos\phi^E + Eu_{10}^E\sin\phi^E = F\\[2mm]
-Du_{10}^E\sin\phi^E + Eu_{10}^E\cos\phi^E = G
\end{cases}
\tag{4-163}
$$

式中，

$$
E = -\frac{2\xi\tan^2\theta_0(1+\gamma_2-\Omega^2-b_0\Omega^2)}{b_0\Omega^2-\gamma_2}, \quad F = -\frac{(b_0\Omega^2-\gamma_2-\gamma_1\tan^2\theta_0)f_0}{b_0\Omega^2-\gamma_2},
$$

$$
D = \gamma_2-b_0\Omega^2-\frac{(b_0\Omega^2-\gamma_2-\gamma_1\tan^2\theta_0)(1+\gamma_2-\Omega^2-b_0\Omega^2)}{b_0\Omega^2-\gamma_2}, \quad G = -\frac{2\xi\tan^2\theta_0 f_0}{b_0\Omega^2-\gamma_2}
$$

通过式(4-163)计算得到 IPE 隔振模型对应幅频响应和相频响应表达式：

$$
u_{10}^E = \sqrt{\frac{F^2+G^2}{D^2+E^2}}, \quad \cos\alpha^E = \frac{F+\dfrac{EG}{D}}{\left(D+\dfrac{E^2}{D}\right)u_{10}^E}
$$

2）IPX 模型

IPX 隔振系统力学模型，如图 4-26 所示，其中，运动初始状态使用实线表示，平衡状态用虚线表示。图中各字符及变量的含义与 IPE 模型相同，且定义的函数及中间变量也与前述模型相同。

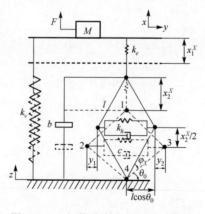

图 4-26　力激励条件下 IPX 模型

隔振系统受简谐力 $F=F_0\cos\omega t$ 激励条件下，系统运动微分方程为

$$\begin{cases} M\ddot{x}_1^X + k_v x_1^X + k_e(x_1^X - x_2^X) = F \\ b\ddot{x}_2^X + [k_h(y_1 - y_2) + c(\dot{y}_1 - \dot{y}_2)]\tan(\theta_0 + \varphi_X) = k_e(x_1^X - x_2^X) \end{cases} \tag{4-164}$$

模型中，各变量之间的几何关系与 IPE 模型相同。

采用与 IPE 模型相同方法，定义函数和中间变量，引入以下无量纲变量：

$$\omega_n = \sqrt{\frac{k_v}{M}}, \quad \tau = \omega_n t, \quad \gamma_1 = \frac{k_h}{k_v}, \quad \gamma_2 = \frac{k_e}{k_v}, \quad \gamma_2 = \frac{k_e}{k_v}, \quad \Omega = \frac{\omega}{\omega_n},$$

$$u_1^X = \frac{x_1^X}{l}, \quad u_2^X = \frac{x_2^X}{l}, \quad \xi = \frac{c}{2\omega_n M}, \quad f_0 = \frac{F_0}{M\omega_n^2 l}, \quad b_0 = \frac{b}{M}$$

将上述无量纲参数代入方程，并忽略高次项后，得到 IPX 模型无量纲运动微分方程：

$$\begin{cases} \dfrac{\mathrm{d}^2 u_1^X}{\mathrm{d}\tau^2} + u_1^X + \gamma_2(u_1^X - u_2^X) = F_0\cos\omega t \\ \gamma_2(u_1^X - u_2^X) = b_0\dfrac{\mathrm{d}^2 u_2^X}{\mathrm{d}\tau^2} + \gamma_1\tan^2\theta_0 u_2^X + 2\xi\tan^2\theta_0\dfrac{\mathrm{d}u_2^X}{\mathrm{d}\tau} \end{cases} \tag{4-165}$$

假设隔振系统的稳态解为：$u_1^X = u_{10}^X\cos(\Omega\tau + \phi^X)$，$u_2^X = u_{20}^X\cos(\Omega\tau + \psi^X)$，代入式 (4-165)并保证等式两侧一次谐波项相等，得到：

$$\begin{cases} (1 + \gamma_2 - \Omega^2)u_{10}^X\cos\phi^X - \gamma_2 u_{20}^X\cos\psi^X = f_0 \\ -(1 + \gamma_2 - \Omega^2)u_{10}^X\sin\phi^X + \gamma_2 u_{20}^X\sin\psi^X = 0 \end{cases} \tag{4-166}$$

$$\begin{cases} \gamma_2 u_{10}^X\cos\phi^X + (b_0\Omega^2 - \gamma_2 - \gamma_1\tan^2\theta_0)u_{20}^X\cos\psi^X + 2\xi\tan^2\theta_0 u_{20}^X\sin\psi^X = 0 \\ -\gamma_2 u_{10}^X\sin\phi^X - (b_0\Omega^2 - \gamma_2 - \gamma_1\tan^2\theta_0)u_{20}^X\sin\psi^X + 2\xi\tan^2\theta_0 u_{20}^X\cos\psi^X = 0 \end{cases} \tag{4-167}$$

进一步，计算得到：

$$\begin{cases} \cos\phi^X = \dfrac{f_0 + \gamma_2 u_{20}^X\cos\psi^X}{(1 + \gamma_2 - \Omega^2)u_{10}^X}, & \cos\psi^X = \dfrac{(1 + \gamma_2 - \Omega^2)u_{10}^X\cos\phi^X - f_0}{\gamma_2 u_{20}^X} \\ \sin\phi^X = \dfrac{\gamma_2 u_{20}^X\sin\psi^X}{(1 + \gamma_2 - \Omega^2)u_{10}^X}, & \sin\psi^X = \dfrac{(1 + \gamma_2 - \Omega^2)u_{10}^X\sin\phi^X}{\gamma_2 u_{20}^X} \end{cases} \tag{4-168}$$

将式 (4-168)代入式 (4-167)，可得：

$$\begin{cases} Au_{10}^X\cos\phi^X + Bu_{10}^X\sin\phi^X = C \\ -Au_{10}^X\sin\phi^X + Bu_{10}^X\cos\phi^X = D \end{cases} \tag{4-169}$$

式中，$A = \gamma_2 + \dfrac{(b_0 \Omega^2 - \gamma_2 - \gamma_1 \tan^2 \theta_0)(1 + \gamma_2 - \Omega^2)}{\gamma_2}$，　$B = \dfrac{2\xi \tan^2 \theta_0 (1 + \gamma_2 - \Omega^2)}{\gamma_2}$，

$C = \dfrac{(b_0 \Omega^2 - \gamma_2 - \gamma_1 \tan^2 \theta_0) f_0}{\gamma_2}$，　$D = \dfrac{2\xi \tan^2 \theta_0 f_0}{\gamma_2}$。

进一步，可计算得到 IPX 隔振模型对应幅频响应和相频响应表达式：

$$u_{10}^X = \sqrt{\frac{C^2 + D^2}{A^2 + B^2}}, \quad \cos\phi^X = \frac{C + \dfrac{BD}{A}}{\left(A + \dfrac{B^2}{A}\right) u_{10}^X}$$

3) IPV 模型

IPV 隔振系统力学模型，如图 4-27 所示，图中各字符及变量的含义与 IPE 模型相同，且定义的函数及中间变量也与前述模型相同。

隔振系统受简谐力 $F = F_0 \cos\omega t$ 激励条件下，系统运动微分方程为

$$\begin{cases} M\ddot{x}_1^V + b\ddot{x}_1^V + k_v x_1^V + k_e (x_1^V - x_2^V) = F \\ \left[k_h (y_1 - y_2) + c(\dot{y}_1 - \dot{y}_2) \right] \tan(\theta_0 + \varphi_V) - k_e (x_1^V - x_2^V) = 0 \end{cases} \tag{4-170}$$

模型中，各变量之间的几何关系与 IPE 模型相同。采用与 IPE 模型相同方法，定义函数和中间变量，引入以下无量纲变量：

$$\omega_n = \sqrt{\frac{k_v}{M}}, \quad \tau = \omega_n t, \quad \gamma_1 = \frac{k_h}{k_v}, \quad \gamma_2 = \frac{k_e}{k_v}, \quad \Omega = \frac{\omega}{\omega_n}$$

$$u_1^V = \frac{x_1^V}{l}, \quad u_2^V = \frac{x_2^V}{l}, \quad \xi = \frac{c}{2\omega_n M}, \quad f_0 = \frac{F_0}{M\omega_n^2 l}, \quad b_0 = \frac{b}{M}$$

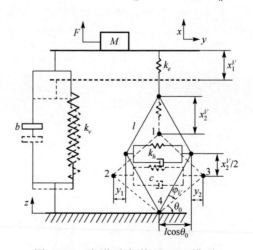

图 4-27　力激励条件下 IPV 模型

　　将上述无量纲参数代入方程，并忽略高次项后，得到 IPV 模型无量纲运动微分方程：

$$\begin{cases} (1+b_0)\dfrac{\mathrm{d}^2 u_1^V}{\mathrm{d}\tau^2} + u_1^V + \gamma_2(u_1^V - u_2^V) = f_0 \cos\Omega\tau \\ -\gamma_2(u_1^V - u_2^V) + \gamma_1 \tan^2\theta_0^2 u_2^V + 2\xi\tan^2\theta_0 \dfrac{\mathrm{d}u_2^V}{\mathrm{d}\tau} = 0 \end{cases} \quad (4\text{-}171)$$

　　假设隔振系统的稳态解为 $u_1^V = u_{10}^V \cos(\Omega\tau + \phi^V)$，$u_2^V = u_{20}^V \cos(\Omega\tau + \psi^V)$，代入式 (4-171) 并保证等式两侧一次谐波项相等，得到：

$$\begin{cases} Au_{10}^V \cos\phi^V - \gamma_2 u_{20}^V \cos\psi^V = f_0 \\ -Au_{10}^V \sin\phi^V + \gamma_2 u_{20}^V \sin\psi^V = 0 \end{cases} \quad (4\text{-}172)$$

$$\begin{cases} -\gamma_2 u_{10}^V \cos\phi^V + (\gamma_1\tan^2\theta_0 + \gamma_2)u_{20}^V \cos\psi^V - Bu_{20}^V \sin\psi^V = 0 \\ \gamma_2 u_{10}^V \sin\phi^V - (\gamma_1\tan^2\theta_0 + \gamma_2)u_{20}^V \sin\psi^V - Bu_{20}^V \cos\psi^V = 0 \end{cases} \quad (4\text{-}173)$$

式中，$A = -\Omega^2(1+b_0) + 1 + \gamma_2$，$B = 2\xi\tan^2\theta_0\Omega$。

　　进一步，计算得到：

$$\begin{cases} \cos\phi^V = \dfrac{f_0 + \gamma_2 u_{20}^V \cos\psi^V}{Au_{10}^V}, \quad \sin\phi^V = \dfrac{\gamma_2 u_{20}^X \cos\psi^V}{Au_{10}^X} \\ \sin\psi^V = \dfrac{f_0 - Au_{10}^V \sin\phi^V}{\gamma_2 u_{20}^V}, \quad \sin\psi^V = \dfrac{Au_{10}^V \sin\phi^V}{\gamma_2 u_{20}^V} \end{cases} \quad (4\text{-}174)$$

将式 (4-174) 代入式 (4-173)，可得：

$$\begin{cases} Cu_{10}^V \cos\phi^V - Du_{10}^V \sin\phi^V = E \\ -Cu_{10}^V \sin\phi^V - Du_{10}^V \cos\phi^V = F \end{cases} \quad (4\text{-}175)$$

式中，$C = \dfrac{A\gamma_1\tan^2\theta_0}{\gamma_2} + A - \gamma_2$，$D = \dfrac{AB}{\gamma_2}$，$E = \dfrac{\gamma_1\tan^2\theta_0 f_0}{\gamma_2} + f_0$，$F = -\dfrac{Bf_0}{\gamma_2}$。

　　进一步，可计算得到 IPV 隔振模型对应幅频响应和相频响应表达式：

$$u_{10}^V = \sqrt{\dfrac{E^2 + F^2}{C^2 + D^2}}, \quad \cos\phi^V = \dfrac{E - \dfrac{DF}{C}}{\left(C + \dfrac{D^2}{C}\right)u_{10}^V}$$

4）ISM 模型

ISM 隔振系统力学模型，如图 4-28 所示，其中，运动初始状态使用实线表示，平衡状态用虚线表示。图中各字符及变量的含义与 IPE 模型相同，且定义的函数及中间变量也与前述模型相同。

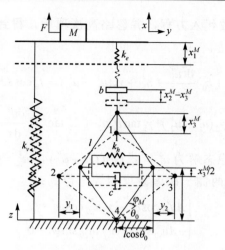

图 4-28　力激励条件下 ISM 模型

隔振系统受简谐力 $F=F_0\cos\omega t$ 激励条件下，系统运动微分方程为

$$\begin{cases} M\ddot{x}_1^M + k_v x_1^M + k_e(x_1^M - x_2^M) = F \\ b(\ddot{x}_2^M - \ddot{x}_3^M) = k_e(x_1^M - x_2^M) \\ k_e(x_1^M - x_2^M) = [k_h(y_1 - y_2) + c(\dot{y}_1 - \dot{y}_2)]\tan(\theta_0 + \varphi_M) \end{cases} \tag{4-176}$$

模型中，各变量之间的几何关系：

$$\begin{cases} x_4^M = x_2^M - x_3^M \\ \tan(\theta_0 + \varphi_M) = \dfrac{l\sin\theta_0 + x_3^M/2}{l\cos\theta_0 - y_1} \\ y_1 = l\cos\theta_0 - \sqrt{l^2 - (l\sin\theta_0 + x_3^M/2)^2} \\ y_1 = -y_2 \\ \dot{y}_1 = \dfrac{l\sin\theta_0 + x_3^M/2}{2\sqrt{l^2 - (l\sin\theta_0 + x_3^M/2)^2}}\dfrac{\mathrm{d}x_3^M}{\mathrm{d}t} \end{cases} \tag{4-177}$$

采用与 IPE 模型相同方法，定义函数和中间变量，引入以下无量纲变量：

$$\omega_n = \sqrt{\frac{k_v}{M}}, \quad \tau = \omega_n t, \quad \gamma_1 = \frac{k_h}{k_v}, \quad \gamma_2 = \frac{k_e}{k_v}, \quad \Omega = \frac{\omega}{\omega_n}$$

$$u_1^M = \frac{x_1^M}{l}, \quad u_3^M = \frac{x_3^M}{l}, \quad u_4^M = \frac{x_4^M}{l}, \quad \xi = \frac{c}{2\omega_n M}, \quad f_0 = \frac{F_0}{M\omega_n^2 l}, \quad b_0 = \frac{b}{M}$$

将上述无量纲参数代入方程，并忽略高次项后，得到 ISM 模型无量纲运动微分方程：

$$
\begin{cases}
\dfrac{\mathrm{d}^2 u_1^M}{\mathrm{d}\tau} + u_1^M + \gamma_2(u_1^M - u_3^M - u_4^M) = f_0 \cos\Omega\tau \\[2mm]
\gamma_2(u_1^M - u_3^M - u_4^M) - \gamma_1 \tan^2\theta_0 u_3^M - 2\xi\tan^2\theta_0 \dfrac{\mathrm{d}u_3^M}{\mathrm{d}\tau} = 0 \\[2mm]
b_0 \dfrac{\mathrm{d}^2 u_4^M}{\mathrm{d}\tau} - \gamma_2(u_1^M - u_3^M - u_4^M) = 0
\end{cases}
\tag{4-178}
$$

假设隔振系统的稳态解为：$u_1^M = u_{10}^M \cos(\Omega\tau + \phi^M)$，$u_3^M = u_{30}^M \cos(\Omega\tau + \psi^{M1})$，$u_4^M = u_{40}^M \cos(\Omega\tau + \psi^{M2})$，代入式（4-178）并保证等式两侧一次谐波项相等，得到：

$$
\begin{cases}
(1+\gamma_2-\Omega^2)u_{10}^M \cos\phi^M - \gamma_2 u_{30}^M \cos\psi^{M1} - \gamma_2 u_{40}^M \cos\psi^{M2} = f_0 \\[2mm]
-(1+\gamma_2-\Omega^2)u_{10}^M \sin\phi^M + \gamma_2 u_{30}^M \sin\psi^{M1} + \gamma_2 u_{40}^M \sin\psi^{M2} = 0
\end{cases}
\tag{4-179}
$$

$$
\begin{cases}
\gamma_2 u_{10}^M \cos\phi^M - (\gamma_2 + \gamma_1\tan^2\theta_0)u_{30}^M \cos\psi^{M1} \\[1mm]
-\gamma_2 u_{10}^M \cos\psi^{M2} + 2\xi\gamma_1\tan^2\theta_0\Omega u_{30}^M \sin\psi^{M1} = 0 \\[2mm]
-\gamma_2 u_{10}^M \sin\phi^M + (\gamma_2 + \gamma_1\tan^2\theta_0)u_{30}^M \sin\psi^{M1} \\[1mm]
+\gamma_2 u_{10}^M \sin\psi^{M2} + 2\xi\gamma_1\tan^2\theta_0\Omega u_{30}^M \cos\psi^{M1} = 0
\end{cases}
\tag{4-180}
$$

$$
\begin{cases}
(-b_0\Omega^2 + \gamma_2)u_{40}^M \cos\psi^{M2} - \gamma_2 u_{10}^M \cos\phi^M + \gamma_2 u_{30}^M \cos\psi^{M1} = 0 \\[2mm]
-(-b_0\Omega^2 + \gamma_2)u_{40}^M \sin\psi^{M2} + \gamma_2 u_{10}^M \sin\phi^M - \gamma_2 u_{30}^M \sin\psi^{M1} = 0
\end{cases}
\tag{4-181}
$$

求解式（4-179），得到：

$$
\begin{cases}
\cos\psi^{M1} = \dfrac{f_0 + \gamma_2 u_{40}^M \cos\psi^{M2} - (1+\gamma_2-\Omega^2)u_{10}^M \cos\phi^M}{-\gamma_2 u_{30}^M} \\[4mm]
\sin\psi^{M1} = \dfrac{(1+\gamma_2-\Omega^2)u_{10}^M \cos\phi^M - \gamma_2 u_{40}^M \sin\psi^{M2}}{\gamma_2 u_{30}^M}
\end{cases}
\tag{4-182}
$$

将式（4-182）代入式（4-181），得到：

$$
\begin{cases}
-b_0\Omega^2 u_{40}^M \cos\psi^{M2} + (1-\Omega^2)u_{10}^M \cos\phi^M = f_0 \\[2mm]
b_0\Omega^2 u_{40}^M \sin\psi^{M2} - (1-\Omega^2)u_{10}^M \sin\phi^M = 0
\end{cases}
\tag{4-183}
$$

进一步，计算得到：

$$
\begin{cases}
\cos\psi^{M2} = -\dfrac{f_0 - (1-\Omega^2)u_{10}^M \cos\phi^M}{b_0\Omega^2 u_{40}^M} \\[4mm]
\sin\psi^{M2} = \dfrac{(1-\Omega^2)u_{10}^M \sin\phi^M}{b_0\Omega^2 u_{40}^M}
\end{cases}
\tag{4-184}
$$

将式(4-184)代入式(4-185)，得到：

$$\begin{cases} \cos\psi^{M1} = -\dfrac{I + Hu_{10}^{M}\cos\phi^{M}}{\gamma_2 u_{30}^{M}} \\[4mm] \sin\psi^{M1} = -\dfrac{Hu_{10}^{M}\sin\phi^{M}}{\gamma_2 u_{30}^{M}} \end{cases} \tag{4-185}$$

式中，$H = \dfrac{\gamma_2(1-\Omega^2)}{b_0\Omega^2} - (1+\gamma_2-\Omega^2)$，$I = f_0 - \dfrac{\gamma_2 f_0}{b_0\Omega^2}$。

将式(4-185)和式(4-184)代入式(4-180)，得到：

$$\begin{cases} Ju_{10}^{M}\cos\phi^{M} - Ku_{10}^{M}\sin\phi^{M} = L \\ -Ju_{10}^{M}\sin\phi^{M} - Ku_{10}^{M}\cos\phi^{M} = M \end{cases} \tag{4-186}$$

式中，$J = \gamma_2 - \dfrac{\gamma_2(1-\Omega^2)}{b_0\Omega^2} + H + \dfrac{\gamma_1\tan^2\theta_0 H}{\gamma_2}$，$K = \dfrac{2\xi\gamma_1\tan^2\theta_0\Omega H}{\gamma_2}$，$L = -\dfrac{\gamma_2 f_0}{b_0\Omega^2} - I -$

$\dfrac{\gamma_1\tan^2\theta_0 I}{\gamma_2}$，$M = \dfrac{2\xi\gamma_1\tan^2\theta_0\Omega I}{\gamma_2}$。

进一步，可计算得到 ISM 隔振模型对应幅频响应和相频响应表达式：

$$u_{10}^{M} = \sqrt{\dfrac{L^2 + M^2}{J^2 + K^2}}, \quad \cos\Phi^{M} = \dfrac{L - \dfrac{KM}{J}}{\left(J + \dfrac{K^2}{J}\right)u_{10}^{M}}$$

2. 等效刚度系数和等效阻尼系数

本节提出含惯容器-X 型结构四种隔振系统模型，均含有相同的阻尼和刚度单元，且布置方式相同，如图 4-25～图 4-28 所示。因此，四种隔振系统的等效刚度和等效阻尼相同，对应无量纲表达式为

$$K_d = 1 + \dfrac{\gamma_1\gamma_2\tan^2\theta_0}{\gamma_2 + \gamma_1\tan^2\theta_0} \tag{4-187}$$

$$C_d = 2\xi\left(\tan^2\theta_0 + \dfrac{\sin\theta_0}{\cos^4\theta_0}u_2 + \dfrac{1+3\sin^2\theta_0}{2\cos^6\theta_0}u_2^2\right) \tag{4-188}$$

结合式(4-187)和式(4-188)可得，隔振系统等效刚度和等效阻尼与 X 型结构的刚性杆长度无关。进一步，分析 X 型结构对隔振系统等效刚度和等效阻尼的影响，计算结果如图 4-29 所示。

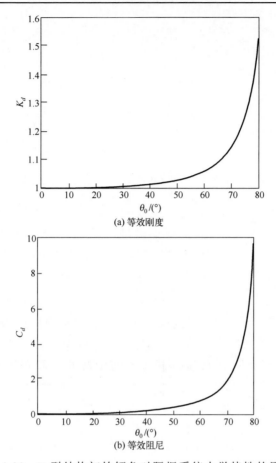

(a) 等效刚度

(b) 等效阻尼

图 4-29　X 型结构初始倾角对隔振系统力学特性的影响

由图可见，当 X 型结构的初始倾角在[0°，80°]范围内变化时，隔振系统的等效刚度和等效阻尼具有明显的非线性特性，且均随着初始倾角的增大而呈现出指数增长的趋势。此外，当初始倾角在[0°，40°]范围内时，隔振系统的等效刚度和等效阻尼呈现线性变化特征；随着 X 形结构初始倾角继续增大，隔振系统的等效刚度和等效阻尼呈现显著的非线性放大特征，进而实现放大隔振系统输出刚度和阻尼特征的设计目标。

3. 隔振性能分析及评价

利用前述章节建立的四种含惯容器-X 型结构非线性隔振系统的频响特性，选择使用力传递率作为其隔振性能评价指标[19]，具体表达式为

$$T = \frac{|f_{tr}|}{|f_0|} \tag{4-189}$$

式中，T 表示力传递率，f_{tr} 表示隔振系统传递到基础的力，f_0 表示外部施加的激励。对于不同隔振系统（IPE、IPX、IPV、ISM），传递到基础的力可以分别表示为

$$f_{tr}^E = \sqrt{f_0^2 + (-u_{10}^E \Omega^2)^2 - 2f_0(-u_{10}^E \Omega^2)\cos\phi^E} \tag{4-190}$$

$$f_{tr}^X = \sqrt{f_0^2 + (-u_{10}^X \Omega^2)^2 - 2f_0(-u_{10}^X \Omega^2)\cos\phi^X} \tag{4-191}$$

$$f_{tr}^V = \sqrt{f_0^2 + (-u_{10}^V \Omega^2)^2 - 2f_0(-u_{10}^V \Omega^2)\cos\phi^V} \tag{4-192}$$

$$f_{tr}^M = \sqrt{f_0^2 + (-u_{10}^M \Omega^2)^2 - 2f_0(-u_{10}^M \Omega^2)\cos\phi^M} \tag{4-193}$$

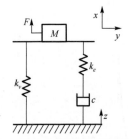

图 4-30　传统三参数隔振器

为了进一步评估上述四种含惯容器-X 型隔振器的隔振性能，给出传统三参数隔振器（图 4-30）和含 X 型结构改进三参数隔振器（图 4-13）对应力传递率。为了便于描述，传统三参数隔振器简称为"TTP（traditional-three-parameter）"隔振器，含 X 型结构改进三参数隔振器简称为"NTP（nonlinear-three-parameter）"隔振器。

由图 4-30，得到传统三参数隔振器力传递率：

$$T_f^T = \sqrt{\frac{1 + 4[(1+\gamma_2)/\gamma_2]^2 \xi^2 \Omega^2}{(1-\Omega^2)^2 + (4/\gamma_2^2)\Omega^2 \xi^2 (\gamma_2 + 1 - \Omega^2)^2}} \tag{4-194}$$

含 X 型结构改进三参数隔振器对应力传递率详见第 4.2.1 节。六种不同的隔振系统力传递率曲线如图 4-31 所示。由图可见，与未安装惯容器的 TTP 模型和 NTP 模型相比，IPE、IPX 和 ISM 模型的力传递率曲线呈现两个谐振峰，且两个谐振峰中间存在一个反共振峰，在反共振峰处，三个模型的力传递率被大幅降低，说明当外部激励频率位于反共振频率附近时，IPE、IPX 和 ISM 模型的隔振效果较 TTP 模型和 NTP 模型呈现显著改善。

当 $1.8 < \Omega < 3.4$ 时，IPX 模型的力传递率高于其他五种模型；当 $2.62 < \Omega < 8.7$ 时，ISM 模型、IPE 模型以及 NTP 模型力传递率基本一致；当 $\Omega > 8.7$ 时，ISM 模型与 IPE 模型力传递率保持一致且均小于含 X 型结构改进三参数隔振器。与 TTP 模型相比，本节所提四种模型的各谐振峰值均低于 TTP 模型，IPV 隔振器的谐振峰值及相应频率最低，ISM 隔振器第一个峰值及 IPX 隔振器的第二个峰值除外；在高频段，TTP、NTP、ISM 以及 IPE 模型力传递率相近，IPX 模型力传递率略高于其他模型，而 IPV 模型受惯容器影响高频力传递率趋近于 1，隔振效果最差。

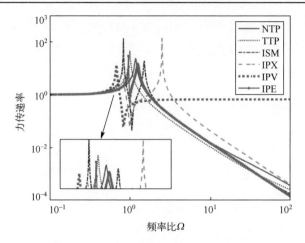

图 4-31　不同隔振器对应力传递率

本节提出的 IPV 模型与其他五种模型相比，谐振频率最低，且谐振频率附近的有效频带更宽，说明其低频隔振性能较好；在高频范围，IPV 隔振器的力传递率高于其他五种模型，并且 IPV 模型谐振峰的位置、幅值以及高频范围的力传递率均可以通过灵活调整设计参数实现设计目标。

综上，IPV 模型中低频段的隔振效果最优。

4.3　实　验　验　证

4.3.1　等杆长 X 型结构

1. 实验目的

为了验证第 4.2.1 节所建立的三种含 X 型结构隔振器理论模型及分析结果的正确性，设计不同含 X 型结构隔振器实验件并开展正弦扫频实验，在此基础上，通过改变隔振系统结构参数，明确不同参数对其隔振性能的影响，通过与理论结果进行对比，判断产生计算误差的原因。

2. 实验系统及实验件状态

实验系统主要包括：激振器、信号采集仪、信号发生器、功率放大器、计算机等，如图 4-32 所示。具体工作原理：信号发生器产生正弦信号，经功率放大器在激振器产生正弦加速度激励；激振器柔性杆端通过力传感器与实验件一端连接，从而对实验件施加正弦力激励；实验件另一端通过力传感器与实验台面连接；力传感器信号输出端与信号采集仪相连，通过计算机实时显示采集数据；最后，使用专用数据处理软件获得评价隔振器减振性能的结果曲线，如频响曲线和传递率曲线等。

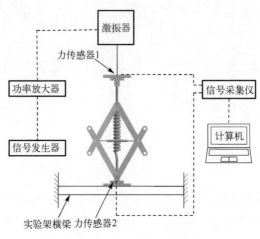

图 4-32　实验系统原理图

三种含等杆长 X 型结构隔振器实验件照片，如图 4-33 所示。含 X 型结构隔振器实验件主要由连接板、金属杆、连接凸台、导向杆、弹簧和质量块组成，如图 4-33(a) 所示。其中，四个金属杆通过螺栓两两铰接，通过螺栓与上下两个连接凸台相连，连接凸台通过螺栓固定在上下连接板，质量块与上连接板固定，垂向弹簧利用导向杆约束在两个连接板之间，X 型结构内部弹簧通过无弹性绳与铰接螺栓连接。为了约束上连接板只沿垂向运动，在上连接板安装直线轴承，并通过与下连接板固定的导向杆施加约束。

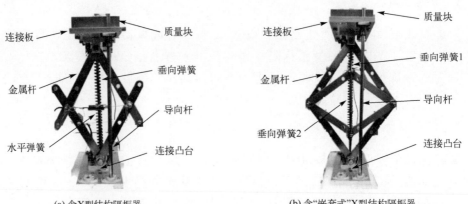

(a) 含X型结构隔振器　　　　　　　　(b) 含"嵌套式"X型结构隔振器

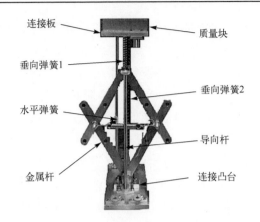

(c) 含X型结构改进三参数隔振器

图 4-33　含等杆长 X 型结构隔振器实验件

与含 X 型结构隔振器实验件不同，含"嵌套式"X 型结构隔振器由八根刚性杆组成，在内嵌四根刚性杆组成的菱形中部采用如图 4-33(b)所示连接方式，并沿垂向连接弹簧。

含 X 型结构改进三参数隔振器实验件，如图 4-33(c)所示，连接方式与前述两种隔振器基本相同，主要区别在于在含 X 型结构隔振器上端串联一个垂向弹簧。

各种类型隔振器实验件具体设计参数，如表 4-1 所示。

表 4-1　三种隔振器参数

物理参数	含 X 型结构隔振器	含"嵌套式"X 型结构隔振器	含 X 型结构改进三参数隔振器
质量块质量 M/kg	2.3	2.3	2
刚性杆 l/m	1.5×10^{-1}	1.4×10^{-1}(内部)	1.5×10^{-1}
		2×10^{-1}(外部)	
垂向弹簧刚度 k_v / (N/m)	7×10^3	8.5×10^3(内部)	7.5×10^3(内部)
		3×10^4(外部)	2.625×10^4(外部)
水平弹簧刚度 k_h / (N/m)	2.3×10^3	3.2×10^3	2.25×10^3
刚性杆与水平面夹角 θ_0/(°)	60	60	65

另外，隔振系统阻尼部分包括各部件之间相对运动产生的摩擦阻尼、结构材料阻尼和空气阻尼。

3. 实验结果与分析

含 X 型结构隔振系统理论计算和实测位移传递率曲线，如图 4-34(a)所示。

由图可见，不同方法获得的位移传递率曲线峰值频率约为 12Hz，谐振峰值约为 2.5，且整体变化趋势基本一致。但是，在高频范围受结构高频局部模态影响，实测隔振系统位移传递率相比理论模型计算结果呈现波动特征。

由图 4-34(b) 给出含"嵌套式"X 型结构隔振系统位移传递率曲线，可见，力传递率峰值频率约为 10Hz，共振峰值约为 2.7；解析计算结果与数据变化规律良好一致；在中高频段，受实验件高频局部模态影响，实验所得传递率曲线出现波动；进而，导致解析结果与实测数据曲线出现差异。

含 X 型结构改进三参数隔振系统的传递率曲线，如图 4-34(c) 所示，可见，解析计算结果与数据变化规律良好一致；在中低频段，实验与解析曲线基本完全重合，在高频段，实验与解析曲线有略微差异，这是实验件受高频局部模态的影响所致，吻合度较好；进而，导致解析结果与实测数据曲线出现差异。

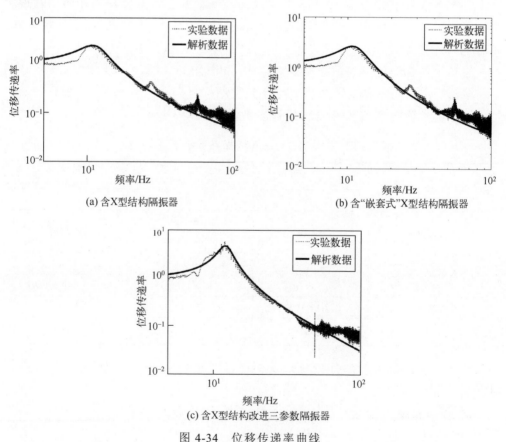

(a) 含X型结构隔振器　　　　　　　　　　　　(b) 含"嵌套式"X型结构隔振器

(c) 含X型结构改进三参数隔振器

图 4-34　位移传递率曲线

4.3.2　变杆长 X 型结构

1. 实验目的

为了确认变杆长 X 形结构隔振器的减隔振性能、所建理论模型和分析结论的正确性，设计含单层变杆长 X 型结构隔振器实验件并开展正弦扫频实验。

2. 实验系统及实验件状态

实验系统主要包括：信号发生器、功率放大器、激振器、加速度传感器、信号采集仪和计算机等。具体实验系统原理与图 4-32 相同，工作原理参见第 4.3.1 节。

单层变杆长 X 型结构隔振器实验件如图 4-35 所示，主要由质量块、底座、四根刚性杆、五根导杆、主弹簧、竖直辅助弹簧以及水平辅助弹簧组成。四根刚性杆通过螺栓两两铰接，并且用螺栓将其与连接凸台相连；连接凸台与光轴支架通过螺栓与底座连接，直线轴承通过螺栓与质量块连接，保证质量块只能沿竖直方向移动；X 型结构内部用无弹性绳将弹簧连接到螺栓两端；M 表示实验件上部连接板与连接件的质量总和；k_v 表示四根垂向安装的长弹簧刚度；k_e 表示竖直辅助弹簧刚度；k_h 表示水平辅助弹簧刚度。

图 4-35　变杆长 X 形结构隔振系统

实验件具体设计参数：惯性质量 $M=0.65\mathrm{kg}$，初始倾角 $\theta_1=55°$，杆长 $L_1=0.05\mathrm{m}$，杆长比 $\lambda=0.5$，$k_v=5000\mathrm{N/m}$，$k_e=8000\mathrm{N/m}$，$k_h=1600\mathrm{N/m}$，X 型结构层数 $n=1$。需要说明的是，隔振系统的阻尼主要由空气阻尼、结构材料阻尼以及各部件相对运动产生的摩擦阻尼构成。

3. 实验结果与分析

实测含变杆长 X 型结构隔振器传递率曲线如图 4-36 所示。可见，实测所得的结果与解析计算结果趋于一致，但在共振区域附近以及高频段，曲线存在一定误差。可能产生误差的原因是为了保证实验件上下板能够保证沿垂向运动，在上板安装了四个直线轴承，但由于上下两个板存在加工误差以及轴承的安装误差较大，导致摩擦力较大。因此，所得实测隔振器位移传递率变化不稳定，引起较大实验误差。在高频段，高频局部模态导致实验件传递率曲线出现波动，由于隔振系统主要是用于中低频段的振动控制，不包含高频段的模态影响，所以对高频段不做分析。综上所得，所建解析模型及分析结果正确。

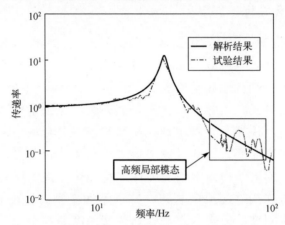

图 4-36　含变杆长 X 型结构隔振器传递率曲线

4.3.3　含惯容器-X 型结构

1. 实验目的

设计杠杆式惯容器及含惯容器-X 型结构隔振器实验件，进一步对该类隔振系统的理论模型、分析结论和减隔振性能进行验证评估。

2. 实验系统及实验件状态

实验系统主要包括：信号采集仪、力传感器、信号发生器、功率放大器及激振器，如图 4-37 所示。实验件下面板连接力传感器，并与平台通过螺纹连接；激振器柔性杆输出端连接力传感器，并与实验件上面板连接，保证上面板几何中心和柔性杆保持同轴；将力传感器与信号采集仪通过电缆连接，功率放大器分别与信号发生器和激振器相连，将信号采集仪分别与力传感器和计算机相连，从而得到相应的数据。具体实验系统原理与图 4-32 相同，工作原理参见第 4.3.1 节。

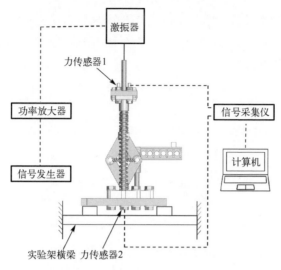

图 4-37 实验系统原理图

根据第 4.2.3 节对 IPE 模型、IPX 模型、IPV 模型以及 ISM 模型建模分析可知，IPV 模型在中低频段的隔振性能优于其他三种模型，故本节实验件将杠杆式惯容器引入 IPV 模型并完成实验件设计，如图 4-38 所示。可见，实验件的惯容器采用杠杆形式，通过调整杠杆端部配重块的位置实现对惯容器惯容系数的调整，并与上下面板相连接；实验件中 X 型结构由四根等长杆通过连接轴以铰接方式连接，连接轴两端均设计专用卡槽通过卡扣限制 X 型结构横向运动，X 型结构底部与下面板通过凸台连接，并使用螺栓将凸台和实验件下底板连接。X 型结构内部水平布置一个拉簧对应弹簧刚度为 k_h；拉簧两端含连接钩可以安装在 X 型结构水平方向布置的连接轴；X 型结构通过连接轴两端分别与垂向弹

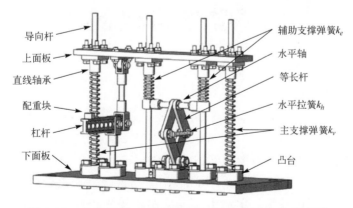

图 4-38 含惯容器-X 型结构隔振器实验件结构示意图

簧相连对应辅助支撑弹簧刚度为 k_e；实验件两侧分别安装两根垂向弹簧对应主支撑弹簧刚度为 k_v；弹簧直接与上下面板连接，为限制弹簧的自由度，采用螺栓连接方式将直线轴承固定在实验件上面板；将光轴支架通过螺栓固定在实验件下面板，并使用导向杆将上下面板连接，实现对上面板及弹簧运动的限制。

实验件具体设计参数：上面板等效质量为 0.1kg，X 型结构刚性杆长度为 0.35m，铰接杆与水平方向初始倾角为 60°，惯容系数为 0.54kg，水平拉簧刚度 $k_1 = k_h = 219$N/m，单个垂向辅助弹簧刚度 $k_2 = \frac{1}{2}k_e = 1585$N/m，单个垂向主弹簧刚度 $k_3 = \frac{1}{2}k_v = 729$N/m。

需要说明，实验件中各连接结构处均存在摩擦力，考虑理论模型所设计阻尼系数较小，如单独引入阻尼元件将导致整体结构阻尼过大，所测得的传递率曲线呈现无谐振峰现象。因此，本实验件阻尼主要由各连接部件之间的摩擦阻尼提供，不再单独引入阻尼元件。隔振器实物如图 4-39 所示。

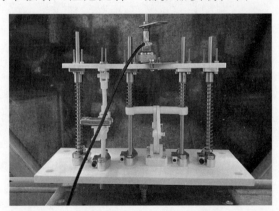

图 4-39　含惯容器-X 型结构隔振器实物照片

3. 实验结果与性能分析

含惯容器-X 型结构隔振器实测力传递率曲线如图 4-40 所示。可见，理论计算隔振系统力传递率峰值约为 6.60dB(5.79Hz)，反共振峰值约为 –23.36dB(14.75Hz)；相应实测结果则为 4.82dB(7.64Hz)和 –21.68 dB(24.39 Hz)。谐振峰值误差约为 26.97%，频率偏差为 1.85Hz；反共振峰值误差约为 7.15%，频率偏差为 9.73Hz。在中低频段，实测力传递率略小于理论计算结果；在中高频段，实验所得力传递率高于理论计算结果。此外，构成 X 型结构四根铰接杆、杠杆式惯容器活动点之间、弹簧与导杆之间均存在一定摩擦，导致隔振系统阻尼偏大；整体而言，在分析频段实测数据和理论计算结果变化趋势基本一致，证明所建模型及分析结论的有效性。

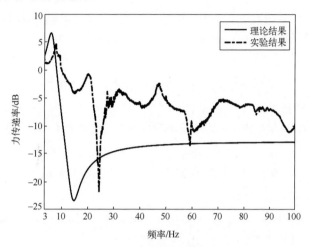

图 4-40　隔振系统力传递率曲线

参 考 文 献

[1]　Liang D, Lakes R. Advanced damper with high stiffness and high hysteresis damping based on negative structural stiffness[J]. International Journal of Solids and Structures, 2013, 50: 2416-2423.

[2]　刘海平, 丁峰, 马涛. 高刚度高阻尼结构试验研究[J]. 振动与冲击, 2020, 39(3): 186-192.

[3]　Bian J, Jing X J. Nonlinear passive damping of the X-shaped structure[J]. Procedia Engineering, 2017, 199: 1701-1706.

[4]　Bian J, Jing X J. Superior nonlinear passive damping characteristics of the bio-inspired limb-like or X-shaped structure[J]. Mechanical Systems and Signal Processing, 2018, 125(15): 21-51.

[5]　赵鹏鹏. 基于X型结构高刚度高阻尼隔振器性能研究[D]. 北京: 北京科技大学, 2020.

[6]　Antoniadis I A, Kyriakopoulos K J, Papadopoulos E G. Hyper-damping behavior of stiff and stable oscillators with embedded statically unstable stiffness elements[J]. International Journal of Structural Stability and Dynamics, 2017, 17(5): 1740008-1-15.

[7]　Liu H P, Zhao P P. Displacement transmissibility of a four-parameter isolator with geometric nonlinearity[J]. International Journal of Structural Stability and Dynamics, 2020, 20(8): 2050092.

[8]　Liu H P, Xiao K L, Zhao P P, et al. Theoretical and experimental studies of a novel nested oscillator with high-damping characteristics[J]. Journal of Vibration and Control, 2021, 27(13/14): 1479-1497.

[9]　刘海平, 申大山, 赵鹏鹏. 非线性三参数隔振器动力学特性研究[J]. 振动工程学报, 2021, 34(3): 490-498.

[10]　刘伟. 基于 X 型结构星载飞轮高阻尼隔振器的力学性能研究[D]. 北京: 北京科技大学, 2022.

[11]　朱冬梅, 刘伟, 刘海平, 等. 变杆长 X 形结构隔震系统动力学特性研究[J]. 北京理工大学学报, 2022, 42(11): 1136-1143.

[12]　Smith M C. Synthesis of mechanical networks: The inerter[J]. IEEE Transactions on Automatic Control, 2002, 47(10): 1648-1662.

[13]　Smith M C, Wang F C. Performance benefits in passive vehicle suspensions employing inerters[J]. Vehicle System Dynamics, 2004, 42(4): 235-257.

[14]　Chen M Z Q, Hu Y L, Huang L X, et al. Influence of inerter on natural frequencies of vibration systems[J]. Journal of Sound and Vibration, 2014, 333(7): 1874-1887.

[15]　温华兵, 昝浩, 陈宁, 等. 惯容器对隔振系统动态性能影响研究[J]. 实验力学, 2015, 30(4): 483-490.

[16]　昝浩, 温华兵, 潘朝峰, 等. 惯容器对双层隔振系统动态性能的影响[J]. 机械设计与研究, 2015, 31(3): 17-21, 26.

[17]　朱冬梅, 肖凯莉, 刘海平. 含中间质量改进三参数隔振器动力学特性研究[J]. 湖南大学学报(自然科学版), 2022, 49(8): 72-81.

[18]　肖凯莉. 含惯容器的高阻尼非线性系统力学特性分析及验证[D]. 北京: 北京科技大学, 2022.

[19]　刘海平, 肖凯莉, 朱冬梅. 含 X 形机构的惯容型隔振器动态特性研究[J]. 华中科技大学学报(自然科学版), 2022, 50(1): 119-124.

实践应用篇

第 5 章　激光跟踪仪宽频高稳定隔振装置设计

　　激光跟踪仪是一种利用激光进行高精度测距，利用高精度角度编码器测量俯仰角和方位角的空间坐标测量系统，适用于大尺寸、高精度的三维空间测量，在精密测量领域得到广泛应用[1-3]。采用激光跟踪仪组建的测量系统其基本工作原理[3]为：在目标点上放置一个反射器，跟踪仪发出的激光投射到反射器，又反射到跟踪仪。当目标移动时，跟踪仪调整光束方向对准目标，同时反射的光束被检测系统接收，以此确定目标的空间位置。激光跟踪仪含有两个垂直正交的旋转轴，每个轴有无刷驱动直流电机和角度编码器用以测量和计算跟踪仪的水平偏移角度和俯仰角度，在将激光测距获得的数据汇总后由主机计算得到测量点在当前工作坐标系的位置。由于激光跟踪仪的全能型、通用性、便携性，大大提高了测量的效率，使得在加速器准直测量方面变得更方便，并逐渐取代了铟钢丝测距、经纬仪测角等传统手段。

　　实际工作过程中，激光跟踪仪测试精度受到环境、仪器自身及操作等因素的影响较大。在保证仪器自身及操作对测量精度的影响范围内，测试所处的环境(包括外界温度变化、温度梯度、大气抖动、外界振动、仪器支架和被测对象的稳定性)对其测量精度影响较大。因此，结合激光跟踪仪结构特点及使用环境，有必要开发一种具备宽频高稳定特征的减隔振装置。

5.1　背景介绍

　　我国在建的大科学装置-高能同步辐射光源(high energy photon source，HEPS)主要由环形加速器组成，其储存环周长约 1360m，要求相邻设备之间的相对点位误差小于 5×10^{-5}m。该大科学装置通过布设环形控制网，可令电子在闭合轨道中做平滑运动，并沿轨道切线方向产生同步光[4-6]，为保证设备安装精度及控制网轨道高度的平滑性，需要使用激光跟踪仪对控制网和设备元件进行变形监测。同时，为了保证可以实施长时间精准定位，还需要保证激光跟踪仪安装支架的稳定性，即静态变形量不能太大。由于环状轨道切线方向为直伸狭长结构，激光跟踪仪需要从隧道一端到另一端依次测量隧道范围内所有控制点坐标[1]，且隧道中不同位置处由施工过程中产生的振动噪声会经狭窄空间结构反射，严重影响激光跟踪仪的测量精度。另外，通过分析已有光源地基振动试验结果发现，低频振动对激光跟踪仪的测量精度影响较大，甚至导致系统内部零部件损坏[7]。

目前，针对激光跟踪仪的减隔振研究报道较少，常规的方法是通过数据处理方式修正受环境影响产生的数据偏差，但是，相比实际结果仍然存在较显著的误差[8]。因此，需要尽量避免受工作环境振动（如搬运设备、人员走动等）对激光跟踪仪实测数据造成的随机误差。目前，高精度光电设备的减隔振方案主要包括：被动控制、主动控制和主被动混合控制。其中，无论主动控制[9,10]，还是主被动混合控制[11,12]均因其需要外部能量输入、系统复杂、结构可靠性及控制算法稳定性要求较高而未能实现工程应用。

在被动控制方面，传统线性隔振器受制于静态承载变形不能过大的约束，隔振频率难以实现低频宽带特征。为了改善上述问题，科研人员提出准零刚度（又称"高静低动"）隔振器的概念，其工作原理主要通过将正负刚度元件组合应用，保证其静态承载能力不削弱的条件下，显著减小隔振系统动刚度实现宽频隔振目标。利用上述原理，众多研究中提出可实现准零刚度隔振效果的隔振器方案包括：斜置螺旋弹簧[13]、斜置薄片梁[14]、屈曲板[15]、"永磁弹簧+橡胶隔振"[16]和组合永磁体[17]等。虽然准零刚度隔振器具备高静态稳定、宽频动态隔振的显著优点，但是受制于其强非线性特征，减隔振性能受初始设计参数和输入激励的影响较大，不利于工程应用。

5.2　宽频高稳定隔振装置设计

根据激光跟踪仪的具体使用要求及准零刚度隔振原理，本节提出利用弹性薄片梁非线性特征构建准零刚度隔振特征，结合环形切槽阻尼支撑结构构建高稳定宽频隔振器，以有效解决常规准零刚度隔振器稳定性差的问题[18]。

5.2.1　隔振器组成及工作原理

宽频高稳定隔振器主要由薄片梁、转接件、基座、底座和环形切槽阻尼支撑结构组成，薄片梁一端与基座连接固定在底座上，另一端采用螺钉与转接件连接，实物照片如图 5-1 所示。宽频高稳定隔振器工作原理主要采用"高静刚度低动刚度"特性实现宽频隔振目标，通过将正负刚度元件组合应用，可在保证静态承载能力不削弱的条件下，显著减小隔振系统的动刚度，从而拓宽其有效隔振频带。

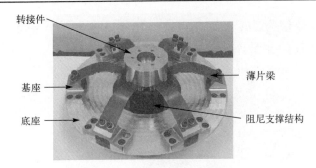

图 5-1　宽频高稳定隔振器

实际使用过程中：当隔振系统处于工作状态时，由于存在负载重力，隔振系统处于平衡位置时，即竖直方向重力与隔振器反力相互抵消。其中，隔振器反力由变截面薄片梁和周期结构的变形来提供，变形量为施加静载后隔振器从初始位置到平衡位置的变形。当隔振系统受周围环境影响发生振动时，变截面薄片梁提供的负刚度及周期结构附带的带隙特性对系统的振动可以起到很好的抑制效果。

根据现场使用要求，宽频高稳定隔振器主要用于抑制大科学装置施工现场环境振动对激光跟踪仪工作性能的影响，而且，要求使用宽频高稳定隔振器后，激光跟踪仪和三角支架组合体的静态刚度不发生显著变化且三个坐标轴方向的长时间(一般不少于 5 小时)静压变形量不大于 $\pm 5 \times 10^{-5}$m。

5.2.2　宽频隔振器设计

1. 变截面薄片梁

变截面薄片梁构成的负刚度元件是隔振器的关键元件之一。与水平压杆、斜置线性弹簧、滑动梁、屈曲梁等负刚度结构相比，变截面薄片梁抗蠕变性能更好，易于实现轻量化。根据变截面薄片梁端部约束条件和工作时受力状态，建立有限元网格模型，如图 5-2 所示。通过静力学分析计算得到单根变截面薄片梁的力-位移曲线，如图 5-3 所示。由图可见，单根变截面薄片梁初始变形时，对应力-位移曲线斜率为负，即结构呈现负刚度特征。

2. 高稳定支承结构

为提高隔振器的稳定性，采用周期结构与黏弹材料构建高稳定支承结构，参见图 5-4，然后与变截面薄片梁组合成高稳定支承结构进行使用[19]。其中，周期结构由多层间隔配置的弹性金属片组成。以单层弹性金属片作为研究对象，每层金属片可以分解为$2n_Z$个短金属片，且可以视为一个环形悬臂梁。其中，n_Z表示每层支承柱的数量。

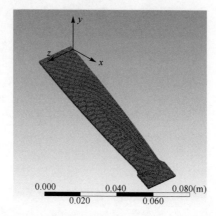

图 5-2   变截面薄片梁有限元网格模型

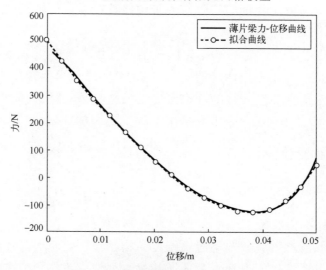

图 5-3   变截面薄片梁的力-位移曲线

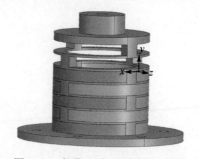

图 5-4   高稳定支承结构示意图

环形悬臂梁横截面的惯性矩为

$$I = \frac{(D_S - d_S)H_1^3}{24} \tag{5-1}$$

式中，I 表示环形悬臂梁横截面对转动轴的惯性矩，D_S 表示环形金属片外径，d_S 表示环形金属片内径，H_1 表示环形金属片的厚度。

环形悬臂梁中性层长度 l_H 为

$$l_H = \frac{\pi(D_S + d_S)(180 - n_Z\theta_Z)}{720 n_Z} \tag{5-2}$$

式中，l_H 表示环形悬臂梁中性层长度，θ_Z 表示支承柱角度，n_Z 表示每层支承柱数量。

进一步，将环形悬臂梁视为等效悬臂直梁如图 5-5 所示，可获得其挠度 w。

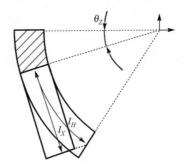

图 5-5　环形悬臂梁等效力学模型

假设，等效悬臂梁长度：

$$l_X = \frac{t_y\pi(D_S + d_S)(180 - n_Z\theta_Z)}{720 n_Z} \tag{5-3}$$

式中，l_X 表示等效悬臂梁长度，t_y 表示投影系数（$0 < t_y < 1$）。需要说明，由于环形悬臂梁与等效悬臂梁在支承柱处的横截面面积不变，故惯性矩 I 保持不变。

假设，周期支承结构受到集中载荷 F_Z，则等效悬臂梁所受作用力为 $P_Z = F_Z/2n_Z$，如图 5-6 所示。

图 5-6　悬臂梁结构受力示意图

将环形悬臂梁等效为悬臂直梁，得到相应最大挠度为

$$w_1 = \frac{P_Z l_X^3}{3EI} = \frac{F_Z t_y^3 \pi^3 (D_S + d_S)^3 (180 - n_Z\theta_Z)^3}{180 \times (720 n_Z)^4 (D_S - d_S)EH_1^3} \tag{5-4}$$

暂定周期支承结构每层含两个支承柱，则每个支承柱所受作用力为 $P_Z = F_Z/n_Z$，则每个支承柱的压缩量为

$$w_2 = \frac{F_Z H_2}{n_Z E S} = \frac{1440 F_Z H_2}{n_Z \theta_Z \pi E (D_S^2 - d_S^2)} \tag{5-5}$$

式中，w_1 表示悬臂梁的最大挠度，w_2 表示支承柱的压缩量，E 表示弹性模量，H_2 表示支承柱的高度，S 表示支承柱的横截面面积。

结合周期支承结构的设计参数，可以得到单个等效悬臂梁挠度和单个支承柱变形量的参数分别为

$$w_1 = 5.25 \times 10^{-7} F_Z t_y^3 \pi^3 , \quad w_2 = \frac{1.24 \times 10^{-9} F_Z}{\pi} \tag{5-6}$$

因周期支承结构每层含支承柱数量 $n_Z = 2$，故根据等效前后悬臂梁的几何关系，如图 5-7 所示。进一步，可以得到投影系数：

$$l_X = \frac{D_S - \left(\dfrac{D_S}{2} - \dfrac{d_S}{2} \right)}{2} \cos 15° = 0.02 \mathrm{m} , \quad l_H = \frac{\pi (D_S + d_S)(180 - n_Z \theta_Z)}{720 n_Z} = 0.03 \mathrm{m} \tag{5-7}$$

故，$t_y = \dfrac{l_X}{l_H} = \dfrac{2}{3}$。

进一步，得到 $w_1 = 1.56 \times 10^{-7} F_Z \pi^3$，单个等效悬臂梁的总刚度为

$$k = \frac{P_Z}{w_1 + w_2} \approx 7.14 \times 10^4 \mathrm{N/m} \tag{5-8}$$

结合图 5-7 所示几何结构，四个环形悬臂梁并联组成单层金属片，得到总刚度为

$$K_G = 4k \approx 2.86 \times 10^5 \mathrm{N/m} \tag{5-9}$$

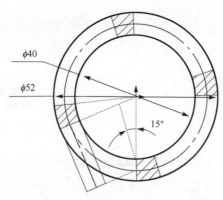

图 5-7　等效悬臂梁的几何关系

为了验证上述等效方法的有效性，通过有限元方法建立单层金属片的有限元网格模型，如图 5-8 所示。其中，对模型下支承柱底面完全固支，沿支承柱上表面施加垂直方向位移约束 1×10^{-3} m，计算得到支承柱底面沿垂直方向的反力约为 2.68×10^{2} N。所以，四个环形悬臂梁组成的单层金属片总刚度约为 $K_{G} = 2.67 \times 10^{5}$ N/m。不难发现，经过理论分析和数值计算所得单层金属片总刚度的误差约为 6%，满足工程计算精度要求。

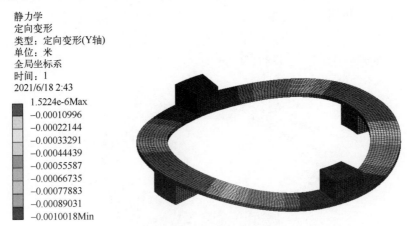

图 5-8　单层金属片的静态变形云图（见彩图）

综上，多层金属片受集中载荷 F_Z 作用所得总压缩量为

$$w_N = Nw_1 + (N+1)w_2$$
$$= \frac{NF_Z t_y^3 \pi^4 (D_S + d_S)^4 (180 - n_Z \theta_Z)^3}{180 \times 720^2 n_Z^4 (D_S - d_S) E H_1^3} + \frac{1440 F_Z H_2 (N+1)}{n_Z \theta_Z \pi E (D_S^2 - d_S^2)} \tag{5-10}$$

故考虑 $t_y = \dfrac{2}{3}$，结合式（5-10），得到 $k_N = 3.46 \times 10^4$ N/m。

为了验证理论方法所得周期支承结构刚度的精度，采用有限元方法计算得到其刚度约为 3.39×10^4 N/m，计算误差约为 1.8%，满足工程计算精度要求。

根据圆柱形橡胶隔振器压缩刚度的经验公式，单层橡胶块刚度为

$$K_R = \frac{A_L f(n_A)}{H} E \tag{5-11}$$

式中，$f(n_A) = 1 + 1.645 n_A^2$，n_A=约束面积 A_L/自由面积 A_F，H 表示橡胶块厚度，E 表示橡胶弹性模量。显然，橡胶隔振器刚度的计算精度，取决于公式中的形状系数。

实际中，$f(n_A)$ 的关系相当复杂，对于不同配方和工艺加工所得橡胶，众多学者提出不同的表达式，例如：

$$f(n_A) = 1 + 1.645n_A^2 \qquad (5\text{-}12)$$

根据周期支承结构中的橡胶形状，计算得到 $n_A=1$，$f(n)=2.645$。结合《橡胶原材料手册》（第二版）中三元乙丙橡胶的性能参数，橡胶材料弹性模量 $E=4.9\times10^6\text{Pa}$，$H=6\times10^{-3}\text{m}$，约束面积 $A_L=8.6\times10^{-4}\text{m}^2$。

将上述参数代入式（5-11），可得单层橡胶刚度约为 $K_R=1.86\times10^6\text{N/m}$。

为了验证所提出理论方法的有效性，采用有限元方法建立橡胶块有限元网格模型，如图 5-9 所示。其中，橡胶块下端面完全固定，沿垂直方向施加位移约束 $1\times10^{-3}\text{m}$。进一步，计算得到沿垂直方向的反力约为 $1.67\times10^3\text{N}$。故，相应单层橡胶块刚度约为 $K_1=1.67\times10^6\text{N/m}$。

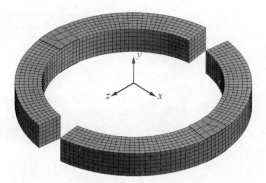

图 5-9　橡胶块有限元网格模型（见彩图）

橡胶块的力学性能与其材料属性和几何尺寸相关；因此，橡胶块的几何尺寸主要取决于以下因素。

（1）第一影响系数 S_1。

第一影响系数是橡胶受压面积（受约束面积）与单层橡胶块外侧自由鼓出面积（单层橡胶层自由表面积）的比值：

$$S_1 = \frac{\pi(D_r^2 - d_r^2)}{4\pi(D_r + d_r)t_r} = 0.5 \qquad (5\text{-}13)$$

式中，D_r 表示单层橡胶外径，t_r 表示单层橡胶厚度，d_r 表示单层橡胶内径。

第一影响系数表明金属片叠层对橡胶层的约束能力，S_1 越大则表示金属片叠层对橡胶层的约束越强；因此，橡胶的受压承载力更大，竖向刚度更大。

（2）第二影响系数 S_2。

第二影响系数是指橡胶层直径与橡胶层的总厚度的比值，表示橡胶块受压时的稳定性：

$$S_2 = \frac{D_r}{n_R t_r} = 1.24 \tag{5-14}$$

式中，n_R 表示橡胶叠层数。

第二影响系数表明橡胶块宽高比（长细比），S_2 越小表示橡胶水平刚度越小，抗倾覆能力越差（受屈曲载荷越小）。

根据橡胶支座标准，竖向刚度计算公式：

$$K_V = \frac{E_{cb} A_R}{n t_r} \tag{5-15}$$

式中，E_{cb} 表示考虑体积模量修正后的弹性模量，A_R 表示橡胶层有效面积。

橡胶层竖向刚度计算公式考虑了其体积模量的影响；另外，由于各种添加剂（如炭黑、硫化剂等）及约束形式（第一影响系数）的影响，也会导致橡胶弹性模量与实测结果存在偏差。因此，需要根据橡胶硬度对弹性模量引入修正系数。

$$E_c = E_0(1 + 2\kappa S_1^2) \tag{5-16}$$

式中，E_0 表示天然橡胶弹性模量，κ 表示修正系数。

天然橡胶属于不可压缩材料，体积变化可忽略不计，泊松比 $v=0.5$。通常，弹性材料的弹性模量和剪切模量满足关系：$E_0 = 2(1+v)G$，因此，$E_0 = 3G$。

理论上，橡胶材料属于非压缩材料。当橡胶受压时体积会发生变化，导致橡胶体积变化对其弹性模量的影响必须考虑，因此，引入体积弹性模量对橡胶弹性模量进行修正：

$$\frac{1}{E_{cb}} = \frac{1}{E_c} + \frac{1}{E_b} \tag{5-17}$$

式中，E_{cb} 表示修正后的弹性模量，E_c 表示名义弹性模量，E_b 表示体积弹性模量。

通过对修正系数和橡胶剪切模量的拟合，得到：

$$\kappa = 0.97939 + 0.17743G - 1.4516G^2 + 0.86783G^3 \tag{5-18}$$

根据《橡胶原材料手册》（第二版）中三元乙丙橡胶材料参数，选择弹性模量 $E_0=4.9\text{MPa}$，相应剪切模量 $G=1.63\text{MPa}$，体积弹性模量 $E_b=1.1\times10^3\text{MPa}$。

根据式（5-16）～式（5-18），可分别得到：$\kappa=1.17$，$E_c=7.77\text{MPa}$，$E_{cb}=7.72\text{MPa}$，代入式（5-15），得到：

$$K_V = \frac{E_{cb} A_R}{n t_r} = 1.59 \times 10^5 \, \text{N/m} \tag{5-19}$$

通过上述对周期支承结构单层金属片和橡胶块刚度特征的理论推导，可将单层带支柱金属片和橡胶块视为弹簧-质量-阻尼系统。其中，刚度由橡胶刚度和弹簧刚度并联组成，阻尼则由橡胶提供。

3. 宽频高稳定隔振器

将高稳定支承结构和变截面薄片梁组合构成宽频高稳定隔振器(图 5-1)。考虑激光跟踪仪安装支架采用三点支承方式参见图 5-10，为了简化计算，仅考虑激光跟踪仪和支架组合体沿垂直方向的主振特征，分析单个宽频高稳定隔振器的振动控制效果，建立相应的单自由度等效力学模型，如图 5-11 所示。其中，F'表示隔振器等效非线性弹性恢复力，δ表示初始位置到静态平衡位置的位移，c表示等效阻尼。

图 5-10　安装隔振器前后激光跟踪仪现场照片

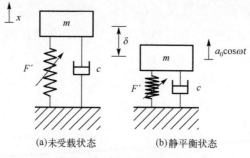

(a)未受载状态　　　　(b)静平衡状态

图 5-11　宽频隔振器等效力学模型

根据图 5-3 给出的变截面薄片梁力-位移曲线，采用多项式拟合，获得等效弹性力表达式：

$$F_T = 563.6 - 45600x + 1881000x^2 - 62500000x^3 + 839200000x^4 \qquad (5\text{-}20)$$

式中，F_T 表示弹性恢复力，x 表示惯性质量垂向位移。采用拟合结果与设计曲线相比最大误差约为 5%，证明一致性较好，满足精度要求。

　　实际中，宽频高稳定隔振器安装在激光跟踪仪三角支架的支腿位置，如图 5-10 所示。假设，单个隔振器支承质量为 $m = M_Z/3$，M_Z 表示激光跟踪仪和三角支架总质量；每个宽频高稳定隔振器包括六个变截面薄片梁，高稳定支承结构刚度为 k_G；进而，可以获得隔振器对应非线性弹性恢复力：

$$F' = 6F_T + k_G x \qquad (5\text{-}21)$$

　　根据牛顿第二定理，得到简谐激励条件下隔振系统运动微分方程：

$$M\frac{\mathrm{d}^2 x}{\mathrm{d}t^2} + c\frac{\mathrm{d}x}{\mathrm{d}t} + F' - Mg = Ma_0 \cos\omega t \qquad (5\text{-}22)$$

式中，M 表示单个隔振器支承质量，ω 表示激励圆频率，a_0 表示激励幅值。

　　为了便于计算，定义中间变量 $u_D = x - \delta$，代入式（5-21），得到：

$$M\frac{\mathrm{d}^2 u_D}{\mathrm{d}t^2} + c\frac{\mathrm{d}u_D}{\mathrm{d}t} + k_1 u_D + k_2 u_D^2 + k_3 u_D^3 + k_4 u_D^4 = Ma_0 \cos\omega t \qquad (5\text{-}23)$$

式中，u_D 表示相对位移，k_1、k_2、k_3、k_4 分别表示非线性弹性恢复力对应的线性刚度、平方刚度、立方刚度和高次刚度项。

　　为了便于求解，引入无量纲化参数：

$$X = \frac{u_D}{H_2}, \quad \omega_n = \sqrt{\frac{k_1}{M}}, \quad \tau = \omega_n t, \quad \Omega = \frac{\omega}{\omega_n}, \quad \xi = \frac{c}{2M\omega_n}, \quad A_0 = \frac{Ma_0}{H_2\omega_n^2}$$

式中，H_2 表示高稳定支承结构的总高度，ω_n 表示隔振系统固有频率。

　　通过变换，得到：

$$K_2 = \frac{k_2 H_2}{k_1}, \quad K_3 = \frac{k_3 H_2^2}{k_1}, \quad K_4 = \frac{k_4 H_2^3}{k_1}$$

化简式（5-23），可得：

$$\ddot{X} + 2\xi\dot{X} + X + K_2 X^2 + K_3 X^3 + K_4 X^4 = A_0 \cos\Omega t \qquad (5\text{-}24)$$

　　根据所建理论模型，采用复变量-平均法求解其稳态响应。首先，定义复变量：

$$\varphi e^{\mathrm{i}\Omega\tau} = \dot{X} + \mathrm{i}\Omega X, \quad \varphi^* e^{-\mathrm{i}\Omega\tau} = \dot{X} - \mathrm{i}\Omega X \qquad (5\text{-}25)$$

将式（5-25）代入式（5-24），得到：

$$\frac{1}{2}[\dot{\varphi}e^{\mathrm{i}\Omega\tau} + \mathrm{i}\Omega(\varphi e^{\mathrm{i}\Omega\tau} - \varphi^* e^{-\mathrm{i}\Omega\tau})] + \xi(\varphi e^{\mathrm{i}\Omega\tau} + \varphi^* e^{-\mathrm{i}\Omega\tau}) - \frac{\mathrm{i}}{2\Omega}(\varphi e^{\mathrm{i}\Omega\tau} - \varphi^* e^{-\mathrm{i}\Omega\tau})$$

$$+K_2\left[-\frac{\mathrm{i}}{2\Omega}(\varphi e^{\mathrm{i}\Omega\tau} - \varphi^* e^{-\mathrm{i}\Omega\tau})\right]^2 + K_3\left[-\frac{\mathrm{i}}{2\Omega}(\varphi e^{\mathrm{i}\Omega\tau} - \varphi^* e^{-\mathrm{i}\Omega\tau})\right]^3 \quad (5\text{-}26)$$

$$+K_4\left[-\frac{\mathrm{i}}{2\Omega}(\varphi e^{\mathrm{i}\Omega\tau} - \varphi^* e^{-\mathrm{i}\Omega\tau})\right]^4 = \frac{A_0}{2}$$

整理，可得：

$$\dot{\varphi} + \mathrm{i}\Omega\varphi + 2\xi\varphi - \frac{\mathrm{i}}{\Omega}\varphi - \mathrm{i}\frac{3K_3}{4\Omega^3}|\varphi|^2\varphi = A_0 \quad (5\text{-}27)$$

引入时间变量函数 a 和 b，令：

$$\varphi = a + \mathrm{i}b, \quad \dot{\varphi} = \dot{a} + \mathrm{i}\dot{b} \quad (5\text{-}28)$$

将式 (5-28) 代入式 (5-27)，得到：

$$\begin{cases} \dot{a} = A_0 + \Omega b - 2\xi a - \dfrac{1}{\Omega}b - \dfrac{3K_3}{4\Omega^3}b(a^2 + b^2) \\ \dot{b} = -\Omega a - 2b\xi + \dfrac{1}{\Omega}a + \dfrac{3K_3}{4\Omega^3}a(a^2 + b^2) \end{cases} \quad (5\text{-}29)$$

令 $\dot{a} = 0$，$\dot{b} = 0$，通过求解非线性代数方程，得到主系统稳态响应幅值：

$$X = \frac{\sqrt{a^2 + b^2}}{\Omega} \quad (5\text{-}30)$$

利用所建理论模型可得到宽频高稳定隔振器加速度传递率曲线，如图 5-12 所示。同时，为了验证所建模型的正确性，图中还给出采用有限元方法计算所得响应曲线。由图可见，采用复变量–平均法得到的稳态响应解与数值有限元方法所得结果吻合良好，证明所建理论模型及计算结果正确有效。

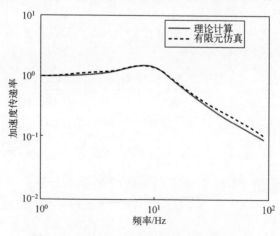

图 5-12　宽频隔振器加速度传递率曲线

　　宽频高稳定隔振器利用变截面薄片梁的非线性特征实现宽频隔振效果，故属于一类典型的非线性系统。以下针对该隔振系统稳定性进行分析，假设系统的稳态解为

$$X = X_0 \cos(\Omega\tau + \theta_Z) \tag{5-31}$$

　　将式(5-31)代入式(5-23)，考虑动态响应频率与激励频率的基础频率占主要部分，因此可忽略掉高次谐波项，可得：

$$\begin{cases} -2\xi\Omega X_0 = MA_0 \sin\theta_Z \\ (1-\Omega^2)X_0 + \dfrac{3}{4}K_3 X_0^3 = MA_0 \cos\theta_Z \end{cases} \tag{5-32}$$

联列式(5-31)和式(5-32)，得到：

$$X_0^2\Omega^4 + \left(4\xi^2 X_0^2 - 2X_0^2 - \frac{3}{2}K_3 X_0^4\right)\Omega^2 + X_0^2 + \frac{3}{2}K_3 X_0^4 + \frac{9}{16}K_3^2 X_0^6 - M^2 A_0^2 = 0 \tag{5-33}$$

求解，得到：

$$\Omega_{1,2} = \sqrt{1 - 2\xi^2 + \frac{3}{4}K_3 X_0^2 \pm \sqrt{4\xi^4 - 4\xi^2 - 3K_3\xi^2 X_0^2 + \frac{M^2 A_0^2}{X_0^2}}} \tag{5-34}$$

　　利用隔振系统跳变频率可以得到该系统的不稳定响应区域。由于在幅频曲线垂直切线位置出现稳定状态变化，故令 $\dfrac{\mathrm{d}\Omega}{\mathrm{d}X_0} = 0$，并根据式(5-32)可确定稳态响应特征值。进而，导出稳定极限条件：

$$\Omega^4 + (4\xi^2 - 2 - 3K_3 X_0^2)\Omega^2 + 1 + 3K_3 X_0^2 + \frac{27}{16}K_3^2 X_0^4 = 0 \tag{5-35}$$

根据上述计算结果得到宽频高稳定隔振器的非稳定区域，如图 5-13 所示。

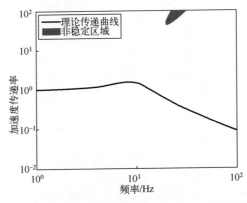

图 5-13　宽频高稳定隔振器加速度传递率曲线

可见，阴影区域表示宽频高稳定隔振器的非稳定区域，而隔振系统的加速度响应传递率曲线与非稳定区域未发生重叠；因此，宽频高稳定隔振器构成的系统稳定。

5.3　静动态力学性能实验研究

5.3.1　长时间静压实验

结合实际工况，大科学装置施工现场要求激光跟踪仪在每个工作周期内，须保证至少 5 个小时的稳定工作状态，即安装隔振器后，连续工作 5 小时及以上，要求保证激光跟踪仪沿三个轴向的静态变形量不超过 $\pm 5 \times 10^{-5}$ m。

因此，需要对安装宽频高稳定隔振器后激光跟踪仪开展长时间静压实验，分别开展 5 小时及 15 小时两个工况的静压实验，测试状态如图 5-14 所示。对应不同工况实测激光跟踪仪的静态变形量如表 5-1 所示。由表可见，5 小时静压试验最大变形量约为 1.2×10^{-5} m，15 小时静压试验最大变形量约为 5×10^{-5} m，静态最大承载量在允许误差范围内（要求各轴向不大于 $\pm 5 \times 10^{-5}$ m），故满足现场使用要求。

图 5-14　宽频高稳定隔振器长时间静压力学实验照片

表 5-1　长时间静压实验实测变形量　　　　　　（单位：m）

测试工况		5 小时	15 小时
方向	X	-1.2×10^{-5}	1.6×10^{-5}
	Y	6×10^{-6}	-2.1×10^{-5}
	Z	-1.2×10^{-5}	5×10^{-5}

5.3.2　动力学性能实验

1. 测试系统及实验工况

为验证所建模型及设计方法的有效性，搭建地面测试系统，具体包括：宽频高稳定隔振器样机、数据采集仪、计算机、加速度传感器和激光跟踪仪等，如图 5-15 所示。另外，图中还给出各典型测点编号及具体位置，如表 5-2 所示。各测点加速度传感器通过数据采集仪与计算机 1 连接，计算机 2 与激光跟踪仪连接。

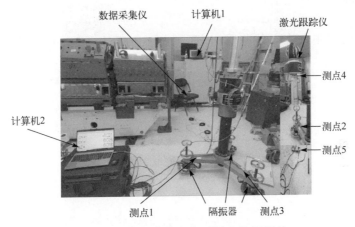

图 5-15　测试系统及典型测点位置照片

此外，为验证宽频高稳定隔振器对激光跟踪仪动态响应特性的控制效果，分别采用两种激励方式模拟工作环境激励条件。

（1）激励条件一：在测点 3 附近，采用 10kg 钢块规律敲击地面，以此模拟施工现场冲击设备的振动激励。

（2）激励条件二：在激光跟踪仪工作期间，在三角支架上部靠近激光跟踪仪安装面附近沿水平方向推动支架，以此模拟施工过程中人员走动或者设备搬运过程中发生意外碰撞的情况。

表 5-2　实验工况表

序号	工况	测点编号及位置
1	未安装隔振器，钢块敲击地面	#1、#2、#3；支架支腿位置
2	安装隔振器，钢块敲击地面前后，支架处响应	#1、#2、#3；支架支腿位置
3	安装隔振器，钢块敲击地面，地面、支架及激光跟踪仪处响应	#2、#4、#5；支架支腿、激光跟踪仪及地面垂向
4	安装隔振器，钢块敲击地面，激光跟踪仪处响应	#4；激光跟踪仪安装面垂向
5	安装隔振器，钢块敲击地面，激光跟踪仪处响应	#4；激光跟踪仪安装面水平向
6	安装隔振器，水平推动激光跟踪仪处响应	#4；激光跟踪仪安装面水平向

2. 理论模型及设计方法验证

为验证所建理论模型与设计方法的正确性，将安装宽频高稳定隔振器整体模型的理论推导结果、数值有限元仿真结果和实测数据进行对比，计算结果如图 5-16 所示。

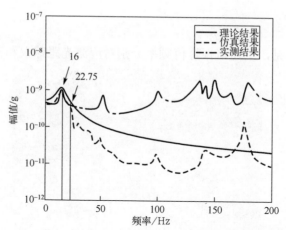

图 5-16　安装隔振器系统加速度幅频响应曲线

需要说明，理论模型和数值有限元模型的适用范围不完全一致；其中，理论模型仅考虑宽频高稳定隔振器沿垂直方向的运动，设计频率对应系统第 1 阶固有频率；有限元模型则考虑宽频高稳定隔振器沿三个轴向的运动；模型中，宽频高稳定隔振器等效为由壳单元表示的变截面薄片梁和弹簧单元表示的高稳定支承结构；激光跟踪仪等效为集中质点；支架等效为梁单元表示的弹性结构。

由图 5-16 可见，不同方法所得加速度幅频响应曲线在频点约 16Hz 附近呈现谐振峰且保持一致，该频率正好对应系统的第 1 阶模态固有频率；在大于

22.75Hz 频率范围内，有限元数值仿真和理论模型的计算结果曲线整体呈下降趋势；考虑理论模型为单自由度系统，仅考虑系统第 1 阶模态响应的影响；故，在高频范围，对比数值有限元仿真和实测数据曲线，在约 52.25Hz、100.75Hz、135.25Hz 及 178Hz 附近，均呈现谐振峰。在全频范围内，理论模型、数值有限元模型和物理实验所得结果曲线在中低频范围变化规律一致性较好。在高频范围，受制于不同模型均进行不同程度的简化，导致模型所得高频响应特征误差较大。

3. 隔振性能实测结果分析

1) 频率响应特性 (激励条件一)

未安装宽频高稳定隔振器，测试工况 1 对应激光跟踪仪三角支架支腿位置的加速度响应曲线 (测点编号 1、2、3)，如图 5-17 所示。由图可见，三个测点处的加速度幅频响应基本重合且全频段变化规律一致，并且影响激光跟踪仪工作性能的动态响应主要集中在 100Hz 以下低频范围。其中，两个较明显谐振峰值频率分别为 14.75Hz 和 42.75Hz。结合数值有限元模型给出的模态分析结果，如表 5-3 所示。可见，上述谐振峰值频率分别对应激光跟踪仪和三角支架组合体的第 1 阶和第 2 阶模态的固有频率，计算误差不超过 3%。但是，随着频率增加，从第 4 阶模态开始，数值有限元模拟结果和实测数据误差达到 20%以上。显然，上述现象的出现主要归因于有限元模型网格无法准确模拟高频高阶模态振动特征所致。

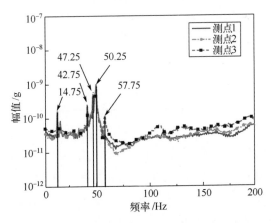

图 5-17　未安装宽频高稳定隔振器系统幅频响应曲线 (测试工况 1) (见彩图)

另外，通过观测激光跟踪仪和三角支架组合体的模态分析结果，表 5-3 中实测频率为 50.25Hz 时，对应组合体的模态振型以围绕 x 轴方向弯曲振动为主，该模态频率对应图 5-17 实测数据中振幅最大处。

表 5-3　模态固有频率及振型

模态阶数	固有频率			模态振型
	仿真结果/Hz	实测结果/Hz	误差/%	
1	14.31	14.75	3.0	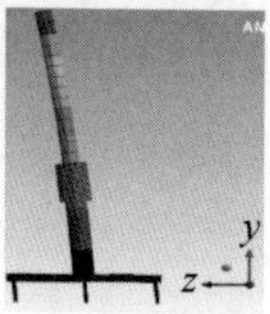
2	41.91	42.75	2.0	
3	60.50	47.25	3.3	
4	86.99	50.25	21.9	
5	88.66	57.75	34.9	

　　图 5-18 和图 5-19 分别给出安装宽频高稳定隔振器，测试工况 2 对应支架支腿处的幅频响应曲线。由图可见，仅考虑施工环境背景噪声的影响，不同测点位置的频响曲线变化规律基本一致；受加工制造误差影响，三角支架各支腿处的动态响应存在差异，如图 5-18 所示。考虑钢块敲击地面的影响，测点 3 处频响曲线幅值明显高于测点 1 和测点 2 处响应。产生上述现象的原因在于：钢块敲击位置距离测点 3 处较近所致。其中，在高频范围(约 100Hz 以上频段)，安装宽频高稳定隔振器后组合体幅频响应曲线呈现多个谐振峰。

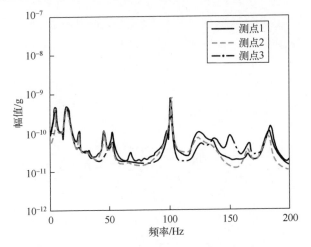

图 5-18　幅频响应曲线（测试工况 2）

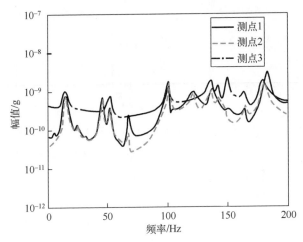

图 5-19　钢块敲击对应系统幅频响应曲线（测试工况 2）

　　为评价安装宽频高稳定隔振器对激光跟踪仪和三角支架组合体动态响应的控制效果，将测点 2、4 和 5 按照图 5-15 所示方式布置。

　　测试工况 3 中支架支腿、激光跟踪仪及地面垂向的加速度频响曲线，如图 5-20 所示。可见，激励位置在低频范围（约 100Hz 以下）响应幅值较大；随着频率增大，幅频响应峰值稳定在约 10^{-9}g。安装宽频高稳定隔振器后，支架安装面在低频范围（约 100Hz 以下）的频响幅值被有效抑制，但在高频范围约 100.75Hz、120.5Hz、137Hz、142.5Hz 及 180Hz 等频点的频响峰值均高于激励位置的频响幅值。产生上述现象主要原因在于安装宽频高稳定隔振器组合体的耦合共振所致。由图 5-20 可以看到，在分析频率范围内激光跟踪仪安装面频响幅值均小于激励位置的频响幅值；但是，在约 25.5Hz 及 32.75Hz 处的频响幅值较大，原因在于受激光跟踪仪开机工作时产生的扰振频率影响所致。

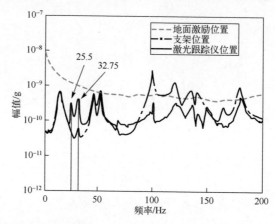

图 5-20　安装宽频高稳定隔振器，不同位置加速度幅频响应曲线(测试工况 3)

测试工况 4，安装宽频高稳定隔振器前后，激光跟踪仪安装面的加速度频响曲线，如图 5-21 所示。由图可见，未安装宽频高稳定隔振器，在整个测试频率范围内激光跟踪仪安装面的频响幅值较大；其中，峰值频率约为 49.75Hz，对应幅值约为 3.74×10^{-9}g；安装宽频高稳定隔振器后，激光跟踪仪安装面在 49.75Hz 频点的谐振峰值由 3.74×10^{-9}g 降低至约 7.19×10^{-10}g，加速度衰减率约为 81%。受宽频高稳定隔振器影响，在整个测试频率范围内，激光跟踪仪安装面的加速度频响幅值均得到不同程度的衰减。

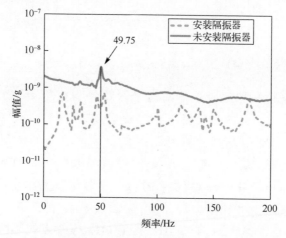

图 5-21　安装宽频高稳定隔振器前后，激光跟踪
仪安装面垂向加速度幅频响应曲线(测试工况 4)

综上，宽频高稳定隔振器能够在较宽的频率范围内对激光跟踪仪安装面的垂向振动响应实现有效抑制。

在相同激励工况下，实测安装宽频高稳定隔振器前后，测试工况 5 中激光跟踪仪安装面沿水平方向的动态响应，如图 5-22 所示。由图可见，与未安装宽频高稳定隔振器相比，在 100Hz 以下低频范围宽频高稳定隔振器可以有效控制激光跟踪仪沿水平方向的动态响应。其中，在激光跟踪仪基频(约 25.5Hz)以下频段，安装宽频高稳定隔振器前后，加速度衰减率最高可达约 97%；而基频以上频段，加速度衰减率最高可达约 88%。

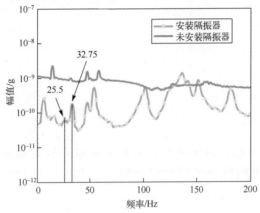

图 5-22　安装宽频高稳定隔振器前后，激光跟踪仪安装面水平向
加速度幅频响应曲线(测试工况 5)

另外，安装宽频高稳定隔振器系统实测频响曲线在约 130Hz 处与系统在该频率附近的弯扭振动模态耦合，如图 5-23 所示，故导致安装宽频高稳定隔振器

图 5-23　安装宽频高稳定隔振器后系统高频弯扭组合模态振型(见彩图)

后整个系统在水平方向发生共振，并使该处响应被放大。

2）时域响应特性（激励条件二）

针对激励条件二进行实验，评价宽频高稳定隔振器的有效性，实测结果如图 5-24 所示。可见，安装宽频高稳定隔振器后，激光跟踪仪和隔振器组合体经过 2.94s 可完全恢复稳定状态；同时，观察计算机 2 监测的激光跟踪仪实时位置偏差监测数据，三个轴向瞬时误差均不大于 $\pm 5 \times 10^{-5}$ m，故满足设计要求。

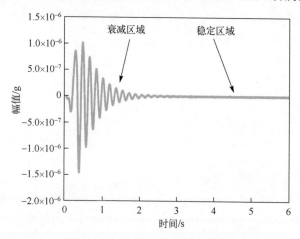

图 5-24　时域加速度响应曲线

参 考 文 献

[1] 李广云, 范百兴. 精密工程测量技术及其发展[J]. 测绘学报, 2017, 46(10): 1742-1751.

[2] Muralikrishnan B, Phillips S, Sawyer D. Laser trackers for large-scale dimensional metrology: A review[J]. Precision Engineering, 2016, 44: 13-28.

[3] 李云朋. 激光跟踪仪在起落架水平测量中的应用[J]. 中国科技信息, 2022, 17: 75-77.

[4] 罗涛, 何晓业, 汪昭义, 等. 粒子加速器隧道准直测量中激光跟踪仪光束法平差的误差分析和应用研究[J]. 武汉大学学报(信息科学版), 2023, 48(6): 919-925.

[5] Jiao Y, Duan Z, Guo Y Y, et al. Progress in the design and related studies on the high energy photon source[J]. Physics Procedia, 2016, 84: 40-46.

[6] 王铜, 周维虎, 董岚, 等. 粒子加速器中激光跟踪仪控制网测量精度研究[J]. 武汉大学学报(信息科学版), 2021: 1-14.

[7] Omidalizarandi M, Kargoll B, Paffenholz J A, et al. Robust external calibration of terrestrial laser scanner and digital camera for structural monitoring[J]. Journal of

Applied Geodesy, 2019, 13: 105-134.

[8] 徐亚明, 郑琪, 管啸. Leica AT960 激光跟踪仪测量精度分析[J]. 测绘地理信息, 2020, 45(1): 8-12.

[9] Bronowicki J, Abhyankar N S, Griffin S F. Active vibration control of large optical space structures[J]. Smart Materials and Structures, 1999, 8(6): 740.

[10] Davis L, Hyland D, Yen G, et al. Adaptive neural control for space structure vibration suppression[J]. Smart Materials & Structures, 1999, 8(6): 753.

[11] Onoda J, Minesugi K. Alternative control logic for type-II variable-stiffness system[J]. AIAA Journal, 1996, 34(1): 207-209.

[12] Chen S B, Xuan M, Xin J, et al. Design and experiment of dual micro-vibration isolation system for optical satellite flywheel[J]. International Journal of Mechanical Sciences, 2020, 179: 105592.

[13] Carrella A, Brennan M J, Waters T P. Static analysis of a passive vibration isolator with quasi-zero-stiffness characteristic[J]. Journal of Sound & Vibration, 2007, 301(3/5): 678-689.

[14] Yao J M, Wu K, Guo M Y, et al. An ultralow-frequency active vertical vibration isolator with geometric antispring structure for absolute gravimetry[J]. IEEE Transactions on Instrumentation and Measurement, 2020, 69(6): 2670-2677.

[15] Xu D L, Yu Q P, Zhou J X, et al. Theoretical and experimental analyses of a nonlinear magnetic vibration isolator with quasi-zero-stiffness characteristic[J]. Journal of Sound & Vibration, 2013, 332(14): 3377-3389.

[16] 李强, 徐登峰, 李林, 等. 基于正负刚度并联永磁隔振器的隔振性能分析及实验验证[J]. 振动与冲击, 2019, 38(16): 100-107, 114.

[17] 严博, 马洪业, 韩瑞祥, 等. 可用于大幅值激励的永磁式非线性隔振器[J]. 机械工程学报, 2019, 55(11): 169-175.

[18] 刘海平, 张世乘, 门玲鸰, 等. 面向激光跟踪仪宽频隔振器的理论分析及试验评价[J]. 物理学报, 2022, 71(16): 160701.

[19] 范占贝. 周期结构隔振器力学性能及应用研究[D]. 北京: 北京科技大学, 2019.

彩　　图

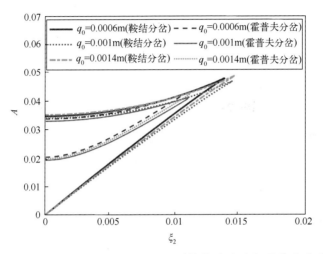

图 2-21　不同初始挠度对应振动系统鞍结分岔与霍普夫分岔

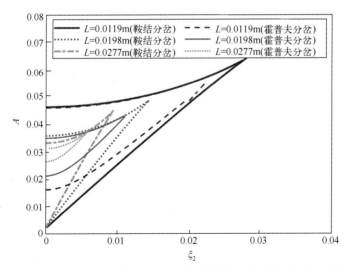

图 2-22　不同初始长度 L 对应振动系统鞍结分岔和霍普夫分岔

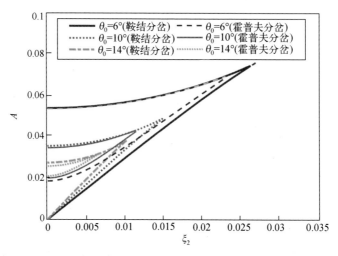

图 2-23　不同斜置倾角对应振动系统鞍结分岔和霍普夫分岔

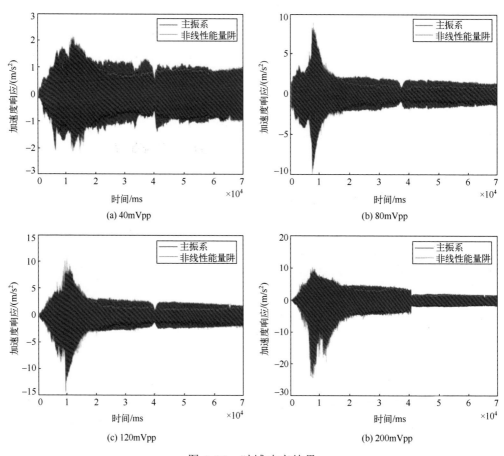

(a) 40mVpp

(b) 80mVpp

(c) 120mVpp

(b) 200mVpp

图 2-29　时域响应结果

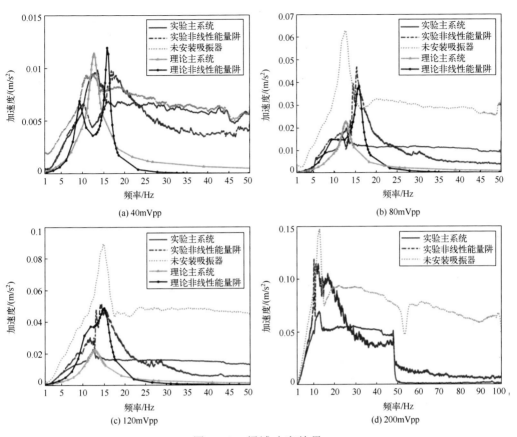

图 2-30 频域响应结果

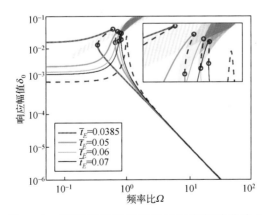

图 3-13 不同倾斜侧壁厚度比对应频响曲线 1

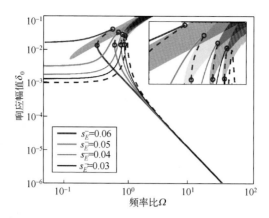

图 3-14　不同倾斜侧壁高度比对应频响曲线 1

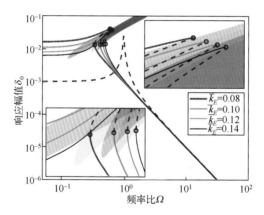

图 3-15　不同局部厚度比对应频响曲线

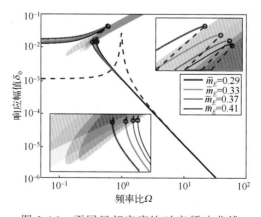

图 3-16　不同局部宽度比对应频响曲线

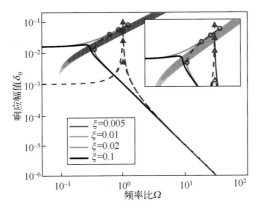

图 3-17　不同阻尼比对应频响曲线

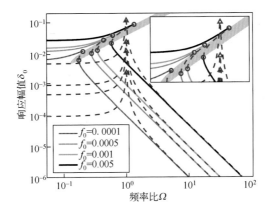

图 3-18　不同激励幅值对应频响曲线

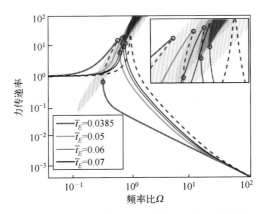

图 3-19　不同倾斜侧壁厚度比对应力传递率 1

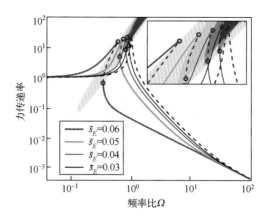

图 3-20　不同倾斜侧壁高度比对应力传递率 1

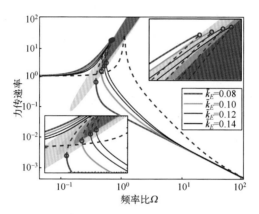

图 3-21　不同倾斜侧壁局部厚度比对应力传递率 1

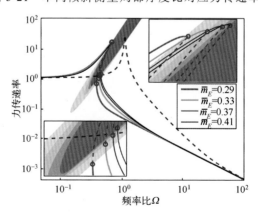

图 3-22　不同倾斜侧壁局部宽度比对应力传递率 1

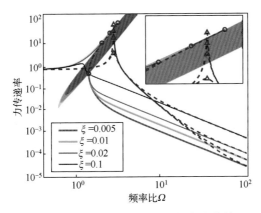

图 3-23　不同阻尼比对应力传递曲线

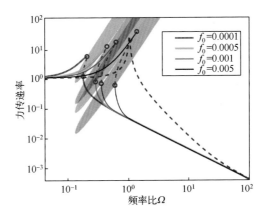

图 3-24　不同激励幅值对应力传递曲线

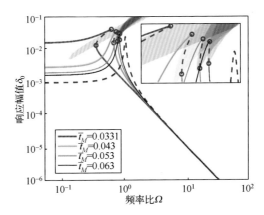

图 3-29　不同倾斜侧壁厚度比对应频响曲线 2

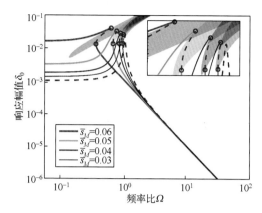

图 3-30　不同倾斜侧壁高度比对应频响曲线 2

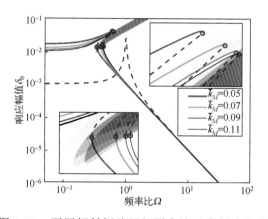

图 3-31　不同倾斜侧壁局部厚度比对应频响曲线

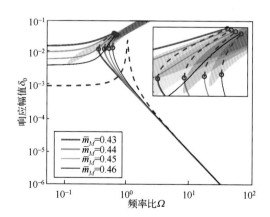

图 3-32　不同倾斜侧壁局部宽度比对应频响曲线

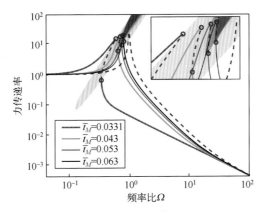

图 3-33   不同倾斜侧壁厚度比对应力传递率 2

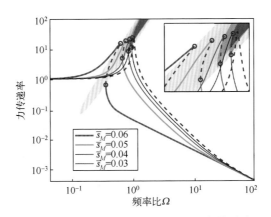

图 3-34   不同倾斜侧壁高度比对应力传递率 2

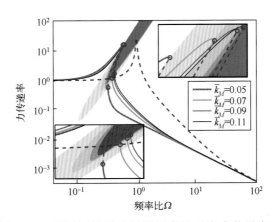

图 3-35   不同倾斜侧壁局部厚度比对应力传递率 2

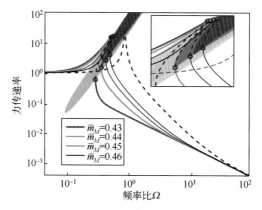

图 3-36　不同倾斜侧壁局部宽度比对应力传递率 2

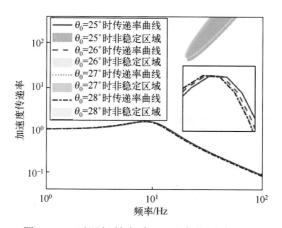

图 3-46　不同初始角度 θ_0 对应传递率曲线

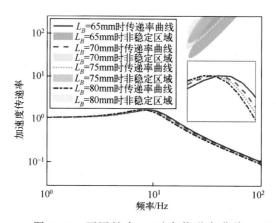

图 3-47　不同长度 L_B 对应传递率曲线

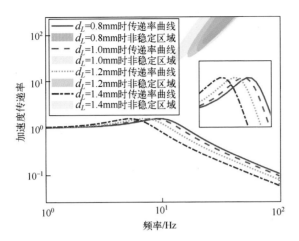

图 3-48　不同薄片梁厚度 d_L 对应传递率曲线

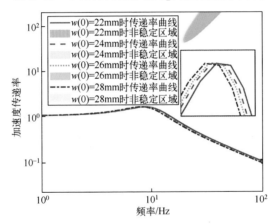

图 3-49　不同薄片梁宽度 $w(0)$ 对应传递率曲线

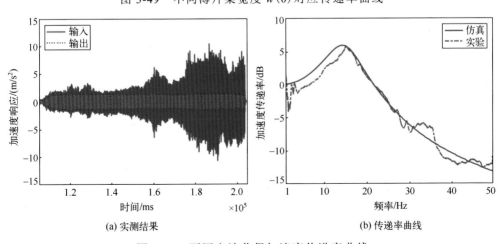

(a) 实测结果　　　　　　　　　　(b) 传递率曲线

图 3-70　不同方法获得加速度传递率曲线

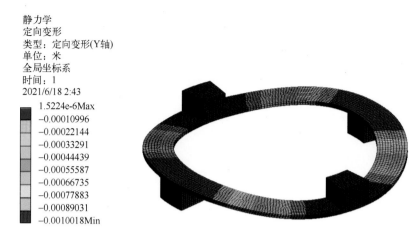

图 5-8　单层金属片的静态变形云图

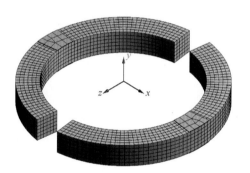

图 5-9　橡胶块有限元网格模型

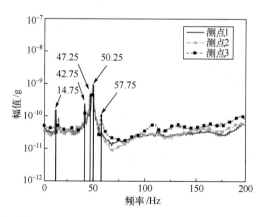

图 5-17　未安装宽频高稳定隔振器系统幅频响应曲线(测试工况 1)

图 5-23　安装宽频高稳定隔振器后系统高频弯扭组合模态振型